"十二五"职业教育国家规划教材 修订版

经全国职业教育教材审定委员会审定

电梯自动控制技术

第2版

U0240125

常国兰 编

崔友联 周 立 审

机械工业出版社

CHINA MACHINE PRESS

本书是"十二五"职业教育国家规划教材《电梯自动控制技术》的修订版，以"工作过程系统化"的职业教育课程体系改革思想为基础，经过广泛的市场调研，借鉴电梯生产厂家的实践经验，将学校教学内容和企业工作内容统一，学校教学过程和企业工作过程统一，建立一个以能力培养为核心，以知识、技能、素质一体化的学生为主体的教学模式。

本书共9个模块，分别为：电梯概述、电梯的供电与接地、电梯的电气设备、电梯调速系统、基于PLC的自动控制技术、基于单片机的自动控制技术、电梯控制系统、电梯电路的故障和检修、自动扶梯。本书在第一版的基础上进行了完善，并增加了自动扶梯的相关内容。

本书收录了电梯部件的大量图片和部分真实电梯控制电路、程序，并配有电子教案、PPT课件、工作页等教学资源。选择本书作为授课教材的教师可登录 www.cmpedu.com，注册并免费下载教学资源。

本书以电梯的相关国家标准和地方标准的要求为基准，编写电梯基础知识，准确度高、重点突出，有助于学生和社会从业人员考取职业技能证书。

图书在版编目（CIP）数据

电梯自动控制技术／常国兰编 . — 2 版 . —北京：机械工业出版社，2022.3
（2024.7 重印）
"十二五"职业教育国家规划教材：修订版
ISBN 978-7-111-70401-0

Ⅰ . ①电⋯　Ⅱ . ①常⋯　Ⅲ . ①电梯-自动控制-职业教育-教材
Ⅳ . ①TU857

中国版本图书馆 CIP 数据核字（2022）第 046329 号

机械工业出版社（北京市百万庄大街 22 号　邮政编码 100037）
策划编辑：赵红梅　　　　　责任编辑：赵红梅　王　荣
责任校对：张晓蓉　王　延　封面设计：张　静
责任印制：常天培
天津嘉恒印务有限公司印刷
2024 年 7 月第 2 版第 4 次印刷
184mm×260mm · 16 印张 · 405 千字
标准书号：ISBN 978-7-111-70401-0
定价：49.00 元

电话服务　　　　　　　　　　网络服务
客服电话：010-88361066　　机　工　官　网：www.cmpbook.com
　　　　　010-88379833　　机　工　官　博：weibo.com/cmp1952
　　　　　010-68326294　　金　书　网：www.golden-book.com
封底无防伪标均为盗版　　　机工教育服务网：www.cmpedu.com

前　言

本书是基于"工作过程系统化"的职业教育课程体系改革思想，经过广泛的市场调研，借鉴电梯生产厂家的实践经验，将学校教学内容和企业工作内容统一，学校教学过程和企业工作过程统一，建立一个以能力培养为核心，以知识、技能、素质一体化的学生为主体的教学模式。

本书的知识点涉及"电工电子技术""电力拖动技术""供电技术""电子测量技术""PLC 控制技术""单片机控制技术""变频调速技术"等课程，打破了原有的学科体系，将课程内容综合化、知识结构系统化，减少课程内容上不必要的重复，并且在内容编排上突出"变频拖动、PLC 控制、微机控制"等电梯行业的新技术，力求还原真实的工作情境。这样既缩短了企业用工要求和学生技能水平的差距，又为学生的再深造奠定了一定的理论基础。

本书编写了 9 个模块，分别为：电梯概述、电梯的供电与接地、电梯的电气设备、电梯调速系统、基于 PLC 的自动控制技术、基于单片机的自动控制技术、电梯控制系统、电梯电路的故障和检修、自动扶梯。本书在第 1 版的基础上进行了完善，并增加了自动扶梯的内容。

本书的模块化结构利于学生根据个性特点和未来需要自由选择学习内容，或对学习内容做适当增减，有助于培养学生的职业能力和增强学生对职业的适应性，同时便于实现灵活的教学安排，更有效地组织教学。

本书收录了电梯部件的大量图片和部分真实电梯控制电路、程序，以便加强学生对电梯部件和电梯控制的直观认识、了解。

本书以电梯的相关国家标准和地方标准的要求为基准，编写电梯基础知识，准确度高、重点突出，并在取证考试重点上多做讲解，适合学生和社会从业人员用于进行职业技能证书考试的备考。

电梯是复杂的电气设备，也是机电设备，所以本书不仅可以作为电梯相关专业的教材，还可以作为电气工程专业、机电专业的电气设备自动控制技术理实一体化课程教材。

本书在完善技术内容的同时也将课程思政的内容贯穿其中。一是通过对当前电梯行业发展的现状和前景分析，使学生对电梯行业充满信心，有勇气去攻克学习路上的一系列难点；二是内容上理论联系实际，以理论指导实践，使学生在学习中进行实践和应用，成长为"应用型、技能型"人才；三是着重培养学生的科学思维和科学素养，促使其向"创新型"人才方向发展；四是学生学习的最终目的是为社会服务，为人民服务，所以教材融入了培养学生以"为社会做贡献，为人民做贡献"作为自己的理想信仰的内容。

本书由北京燕园图新电梯自动化技术有限责任公司崔友联和北京铁路电气化学校周立审稿，在编写过程中，还得到了王贯山、刘慧英、余川波、李忠生、刘素丽、聂忠博、张庆峰、孙晨亮等人的大力支持和帮助，在此一并表示衷心的感谢。

由于本书涉及的范围比较广泛，编者的水平有限，难免有疏漏之处，敬请各位读者批评指正。

编　者

目　录

模块1

电 梯 概 述

知识目标

1. 掌握电梯的定义，了解各种类型电梯的特点。
2. 了解电梯的四大空间和八大系统。
3. 掌握电梯机房、井道、轿厢、层站四部分各设备的结构、作用和运行要求。
4. 掌握电梯机械安全装置的安装位置、作用和工作原理。
5. 掌握电梯电气安全装置的安装位置、作用和工作原理。
6. 掌握电梯在正常和检修状态下的正确操作程序。
7. 掌握电梯的基本功能和可选功能的运行特点。
8. 了解电梯的性能要求，掌握电梯的主要参数。

能力目标

1. 能正确分析各类电梯的特点。
2. 能正确分析曳引机的结构、各部分作用和运行要求。
3. 能正确分析限速器、安全钳、限速器张紧装置的作用和工作原理。
4. 能正确分析端站保护开关、自动门机、平层感应装置的作用和工作原理。
5. 能正确分析层门的安全技术要求。
6. 能正确分析电梯安全保护装置的作用和工作原理。
7. 能正确识别电梯安全保护装置。
8. 能正确分析电梯集选控制的运行原则。
9. 在正常和检修运行状态下，能正确操作电梯。
10. 能正确分析电梯基本功能和可选功能的特点。

素质目标

1. 培养学生遵时守纪、踏实肯干的态度。
2. 培养学生团队合作和沟通交流的能力。
3. 培养学生自我学习和信息化学习的能力。
4. 培养学生安全第一的意识。
5. 培养学生分析问题、解决问题的能力。

单元 1　电梯的定义与分类

一、电梯的定义

电梯是动力驱动，利用沿刚性导轨运行的箱体或者沿固定线路运行的梯级（踏步），进行升降或者平行送人、货物的机电设备，包括载人（货）电梯、自动扶梯、自动人行道等。这是广义电梯的定义。

GB/T 7024—2008《电梯、自动扶梯、自动人行道术语》中规定：电梯是服务于建筑物内若干特定的楼层，其轿厢运行在至少两列垂直于水平面或铅垂线倾角小于 15°的刚性导轨运动的永久运输设备。这是狭义电梯的定义，只限于上下运行的升降式电梯。后面章节中提到的电梯均指狭义电梯。

二、电梯的分类

1. 按用途分类

（1）乘客电梯　乘客电梯是为运送乘客而设计的电梯，必须有十分安全可靠的安全装置。

（2）载货电梯　载货电梯是主要为运送货物而设计的电梯，但通常会有人伴随，应有必要的安全保护装置。

（3）客货两用电梯　客货两用电梯主要用作运送乘客，也可以运送货物。它与乘客电梯的区别在于轿厢内部装饰结构和使用场合不同。

（4）病床电梯　病床电梯是为运送医院病人及其病床而设计的电梯，其轿厢具有窄而长的特点。

（5）杂物电梯　杂物电梯供图书馆、办公楼、饭店等运送图书、文件、食品等，是决不允许人员进入的小型运货电梯。国标规定它的轿厢尺寸不大于 $1m \times 1m \times 1.2m$。

（6）消防电梯　消防电梯为火警情况下能适应消防员专用的电梯，非火警情况下可作为一般客梯或客货梯使用。

（7）船用电梯　船用电梯为安装在船舶上的电梯，能在船舶正常摇晃中运行。

（8）观光电梯　观光电梯的轿厢壁透明，供乘客浏览观光建筑物周围外景。

（9）汽车电梯　汽车电梯为专门用于运输汽车的电梯。其特点是轿厢大、载重量大。

（10）自动扶梯和自动人行道　自动扶梯和自动人行道专门用于客流量大的运送乘客的场所，如地铁、机场、车站、大型商场等，带有循环运行梯级或走道，倾斜或水平输送乘客。

2. 按电梯额定速度分类

（1）低速电梯　电梯的额定运行速度 $v < 1m/s$，通常用在 10 层以下建筑物的客货两用电梯或货梯。

（2）快速电梯　电梯的额定运行速度为 $1m/s \leqslant v < 2m/s$，通常用在 10 层以上的建筑物内。

（3）高速电梯　电梯的额定运行速度为 $2m/s \leqslant v \leqslant 5m/s$，通常用在 16 层以上的建筑物内。

（4）超高速电梯　电梯的额定运行速度 $v > 5m/s$，通常用在超高层建筑物内。

3. 按拖动方式分类

（1）直流电梯　直流电梯为用直流电动机作为驱动力的电梯。

（2）交流电梯　交流电梯为用交流感应电动机或交流永磁同步电动机作为驱动力的电梯，根据拖动方式又分为交流单速、交流双速、交流调压调速电梯、交流变压变频调速电梯。

（3）液压电梯　液压电梯靠油压驱动电梯升降，根据柱塞安装位置分为：柱塞直顶式，其油缸柱塞直接支撑轿厢底部，使轿厢升降；柱塞侧置式，其油缸柱塞设置在井道侧面，借助曳引绳通过滑轮组与轿厢连接，使轿厢升降，梯速为1m/s以下。

4. 按驱动方式分类

（1）曳引驱动　此类电梯为提升绳靠主机的驱动轮绳槽的摩擦力驱动的电梯，现用电梯大多采用这种方式。

（2）强制驱动　此类电梯为用链或钢丝绳悬吊的非摩擦方式驱动的电梯，包括卷筒驱动的电梯。

（3）齿轮齿条驱动　此类电梯由电动机带动齿轮旋转，齿轮与齿条啮合带动轿厢或梯级的运行。

（4）链轮链条驱动　此类电梯大多使用在自动扶梯或人行道，由电动机带动链轮旋转，链轮与链条啮合带动梯级或走道运行。

5. 按控制方式分类

（1）信号控制　此类电梯即有司机电梯，除了具有自动平层和自动开门功能外，还有轿厢命令登记、厅外召唤登记、自动停层、顺向截停和自动换向等功能。

（2）集选控制　集选控制即单台自动控制，不用司机操作，电梯将优先、按顺序应答与轿厢运行同一方向的厅外召唤，当该方向的召唤信号全部应答完毕后，电梯将自动应答相反方向的召唤。

（3）并联控制　两台电梯的控制电路并联起来进行逻辑控制，共用层站召唤按钮，使两台电梯进行高效率运行。

（4）梯群程序控制　梯群程序控制即群控，用微机控制和统一调度多台集中并列的电梯，它使多台电梯集中排列，共用厅外召唤按钮，按规定程序集中调度和控制。

（5）梯群智能控制　这种电梯有数据采集、交换、存储功能，还有进行分析、筛选、报告的功能，由电脑根据客流情况，自动选择最佳运行控制方式。

6. 按机房的位置分类

（1）机房上置式　电梯控制机房设在电梯井道的上方。这种方式使曳引形式简单、曳引机质量小，是现在常用的形式。

（2）机房下置式　此种方式用得较少，除非建筑物上方的确无法建造电梯机房时才采用。这种方式使电梯结构复杂、曳引机承重大，对以后维修不方便。

（3）机房侧置式　如液压电梯，控制机房放在距离电梯井道50m以内的任何地方。

（4）无机房电梯　无须建造普通意义上的机房，将机房与机械部件融为一体，安装在电梯井道的上方导轨上。

实训1.1　认识电梯

一、实训目的

1. 识别电梯的类型。

2. 掌握各种类型电梯的特点。

二、实训器材

　　电梯实训场各种类型的电梯。

　　三、实训内容

　　带领学生参观电梯实训场。让学生对机房上置式、无机房、液压电梯、自动扶梯这几种电梯有直观的认识。

　　四、实训报告

　　1. 总结各种类型的电梯特点。

　　2. 实训心得体会。

单元 2　电梯的结构

一、电梯的结构组成

　　电梯的四大空间为：机房、井道、轿厢部分、层站。

　　(1) 机房　机房为安装曳引机和有关设备的房间。机房内安置曳引机、控制柜、限速器等。

　　(2) 井道　井道是为轿厢和对重运行而设置的空间。该空间以井道底坑的底、井道壁和顶为界限。井道内安置导轨、对重、缓冲器、限速器钢丝绳张紧装置等。

　　(3) 轿厢部分　轿厢部分运载乘客或其他载荷的部件。轿厢部分包括轿厢、安全钳、自动门机、平层装置、操纵盘等。

　　(4) 层站　层站为电梯在各楼层的停靠站，乘客出入电梯的地方，其中上（下）端站是最高（最低）的层站。层站包括层门、呼梯盒、层楼显示装置等。

二、电梯的八大系统

　　按功能区分，电梯由八大系统组成，见表1-1。

表1-1　电梯八大系统功能表

系统名称	功　　能	组成的主要部件与装置
曳引系统	输出与传递动力，驱动电梯运行	曳引钢丝绳、导向轮、反绳轮等
导向系统	限制轿厢和对重的活动自由度，使轿厢和对重只能沿着导轨上、下运动	轿厢的导轨、对重的导轨及其导轨架
轿厢	用以运送乘客和（或）货物的组件，是电梯的工作部分	轿厢架和轿厢体
门系统	乘客或货物的出入口，保证电梯安全运行必不可少的部分	轿门、层门、自动门机、联动机构、门锁等
重量平衡系统	相对平衡轿厢质量以及补偿高层电梯中曳引绳长度的影响	对重和质量补偿装置等

(续)

系统名称	功　能	组成的主要部件与装置
电力拖动系统	提供动力，对电梯实行速度控制	供电系统、曳引电动机、速度反馈装置、电动机调速装置等
电气控制系统	对电梯的运行实行操纵和控制	操纵装置、位置显示装置、控制柜、平层装置、选层器等
安全保护系统	保证电梯安全使用，防止一切危及人身安全的事故发生	机械方面有：限速器、安全钳、缓冲器等 电气方面有：超速保护装置，断、错相保护装置，端站保护装置，层门锁和轿门电气联锁装置等

三、电梯的结构图及各部件的安装位置

电梯的结构图及各部件的安装位置如图 1-1 所示。

（一）电梯机房

电梯机房一般设置在电梯井道顶部。虽然乘客看不到它，但它和人的心脏一样重要，电梯的运行全靠它。具体介绍如下几种设备。

1. 曳引机

曳引机由电动机、制动器、减速器、曳引轮、导向轮和底座等组成，如图 1-2 所示。

（1）电动机　电动机是电梯的动力来源，有断续周期性工作、频繁起动、正反向运转、较大的起动转矩、较硬的机械特性、较小的起动电流等特性。调速电梯一般选用单速笼型交流电动机，极数为 4 极，同步转速为 1500r/min。

（2）制动器　制动器是电梯曳引机中最重要的安全装置，它能使运行的电梯轿厢和对重在断电后立即停止运行，并在任何停车位置定位不动。

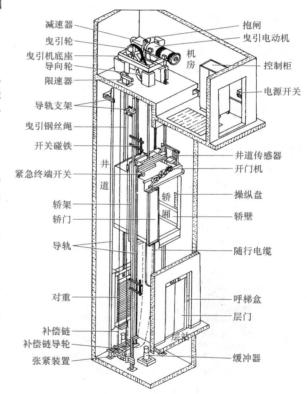

图 1-1　电梯整体结构图

电梯一般都采用常闭式双瓦块型直流电磁制动器，其性能稳定、噪声小，制动可靠。这种制动器由制动电磁铁、制动轮、制动瓦块、制动弹簧等组成，如图 1-3 和图 1-4 所示。

对制动器的要求有：

1）制动器应动作灵活、工作可靠。

2）正常运行时，制动器应在持续通电下保持松开状态，且松闸时要求开档间隙均匀一致，制动瓦块与制动轮间隙应不大于 0.7mm。

图 1-2 电梯曳引机

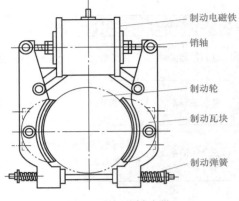

图 1-3 电磁制动器 1

3）制动时两侧制动瓦块应紧密、均匀地贴合在制动轮工作面上。

4）切断制动器电流至少应由两个独立的电气装置实现。

5）制动轮和制动瓦块表面应清洁无油污。

（3）减速器 减速器的作用是降低曳引机输出转速，增加输出转矩。电梯曳引机中的减速器通常为蜗轮蜗杆减速器。蜗轮如图 1-5 所示，蜗杆如图 1-6 所示。

对减速器运行的要求有：

1）曳引机减速器油温升不应超过 60℃，温度不应超过 85℃。

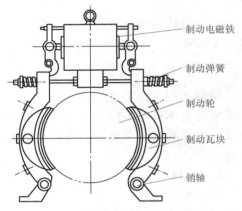

图 1-4 电磁制动器 2

图 1-5 减速器的蜗轮

图 1-6 减速器的蜗杆

2）曳引机减速器中，除蜗杆轴伸出端渗漏油面积平均每小时不超过 150cm^2 外，其余各处不得有油渗漏。

（4）曳引轮 曳引轮安装在曳引机主轴上，由电动机通过减速器带动旋转。电梯动力的传递由曳引钢丝绳与曳引轮绳槽的摩擦力来实现。

（5）导向轮 为了防止轿厢和对重之间距离太小，产生碰撞，设置了导向轮，用来调整轿厢与对重的相对位置。GB 7588—2003 规定：轿厢与对重及其关联部件之间的距离不应小于 50mm。如图 1-7所示。

对曳引轮和导向轮的设置要求有：

曳引轮和导向轮外侧面上应涂成黄色，以起警示作用：注意旋转部件！

曳引轮上设置防护装置，以避免人身伤害，避免钢丝绳脱离绳槽及异物进入绳与绳槽之间。

（6）底座　曳引机底座是连接电动机、制动器、减速器的机座，由铸铁或型钢与钢板焊接在一起构成，曳引机各部件均安装在底座上，便于整体运输、安装和调整。安装电梯时，底座又被固定在制定型号的两个平行且具有承重作用的工字钢梁上。

图1-7　电梯曳引轮和导向轮

2. 盘车手轮和松闸扳手

当电梯运行中遇到突然停电使电梯停止运行，而又没有停电自投运行设备时，如果轿厢又停在两层门之间，乘客无法走出轿厢。此时，就需要维修人员用盘车手轮和松闸扳手人为操纵轿厢就近停靠，以便放出被困在轿厢内的乘客。盘车手轮如图1-8所示，松闸扳手如图1-9所示。

图1-8　盘车手轮

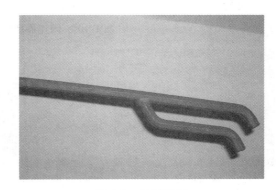

图1-9　松闸扳手

3. 曳引钢丝绳

电梯的曳引钢丝绳是连接轿厢和对重的重要构件，承载着轿厢、对重、额定载重量等质量的总和。

对曳引钢丝绳的要求如下：

1）为了确保人身和电梯设备的安全，各类电梯的曳引钢丝绳的根数和安全系数都有严格的要求。例如，客梯和货梯规定：曳引钢丝绳的根数不得少于4根，安全系数不得低于12。

2）无打结、死弯、扭曲、断丝、松股、锈蚀等现象；擦洗洁净并消除内应力，表面不得涂润滑剂。

3）每根钢丝绳张力与平均值偏差不大于平均值的5%。

4）曳引钢丝绳要漆出轿厢在各层的平层标记，并将其识别图表挂在易观察的墙上。

4. 控制柜

控制柜安装在曳引机旁边，是电梯的电气装置和信号控制中心。

控制柜的电源由机房的总电源开关引入，电梯控制信号线由电线管或电线槽引出，进入井道再由扁形或圆形随行电缆传输。

5. 限速器

限速器是一种限制轿厢或对重速度的装置，通常安装在机房或井道顶部。限速器结构示意图如图 1-10 所示，实物图如图 1-11 所示。

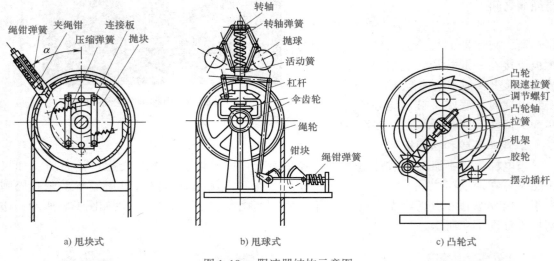

图 1-10　限速器结构示意图

图 1-11　限速器实物图

限速器工作原理：轿厢运行时，在额定速度范围内，限速器的限速钢丝绳带动限速轮转动。当轿厢速度达到限速器动作值时，限速器发出信号切断回路，使电动机失电且制动器动作，限速器以机械方式操纵安全钳动作，将轿厢制停在导轨上。

两者的动作顺序：当电梯额定速度小于或等于 1m/s 时，电气制动和机械制动同时动作；当电梯额定速度大于 1m/s 时，电气制动先动作；如果电梯未减速并达到规定值，机械制动动作。

限速器动作发生在速度至少等于额定速度的 115% 时，但要低于 GB 7588—2003 规定的下列情况的各数值：对于除不可脱落滚柱式以外的瞬时式安全钳为 0.8m/s；对于不可脱落滚柱式瞬时式安全钳为 1m/s；对于额定速度 $v \leqslant 1$m/s 的渐进式安全钳为 1.5m/s；对于额定速度 $v > 1$m/s 的渐进式安全钳为 $\left(1.25v + \dfrac{0.25}{v}\right)$m/s。

对于限速器的设置要求如下：

1）限速器上要标明与安全钳动作相应的旋转方向。

2）限速器应是可接近的，以便于检查和维修。

3）限速器动作后，提升轿厢、对重能使限速器自动复位。

（二）电梯井道

1. 导轨

轿厢和对重各自应至少由两根刚性的钢质导轨导向。导轨及其附件和接头应能承受施加的载重量和力。常用T形导轨，导轨被敷设在井道壁的导轨支架上，用压导板及专用螺栓加以固定。导轨的实物图如图1-12所示。

2. 导靴

导靴的凹形面与导轨的凸形工作面配合，使轿厢或对重沿着导轨上下移动。

导靴的安装位置：轿厢导靴安装在轿厢上梁和底部安全钳座的下面，与导轨接触处，共安装4套；对重导靴安装在上、下横梁两侧端部，共安装4套。

导靴分为3类：

（1）固定式 此类导靴的靴头是固定的，没有调节的余地。要求：与导轨顶面间隙之和为（2.5±1.5）mm。

（2）弹性式 此类导靴必须在其上部带机油油杯，在电梯运行时机油通过导油毛毡不断润滑导轨。弹性导靴的靴头只能在弹簧的压缩方向上做轴向移动。靴衬的底部始终紧贴在导轨的工作面上，并且吸收电梯运行中产生的振动和冲击。

要求：弹性伸缩范围不大于4mm；压力均匀、不歪斜、中心一致；上下导靴在同一垂直线上，不歪斜偏扭。

（3）滚轮式 此类导靴的3个滚轮在弹簧力的作用下，紧贴在导轨的3个工作面上。导靴3个滚轮浮动地压在导轨3个工作面上，可消除电梯运行时产生的振动和噪声。

滚轮式导靴绝对不允许在导轨的工作面上加油润滑，否则会使滚轮打滑，无法运转。要求：压力均匀、不歪斜、中心一致；上下导靴在同一垂直线上，不歪斜偏扭。

导靴如图1-13所示。

图1-12 导轨

a）弹性导靴　　　　　　　　b）滚轮导靴

图1-13 导靴

3. 缓冲器

缓冲器是电梯安全保护系统中最后一道保护装置。

当电梯的极限开关、制动器、限速器-安全钳都失控或未及时动作，轿厢或对重已坠落到井道底坑发生蹲底现象时，井道底坑的轿厢缓冲器或对重缓冲器将吸收和消耗下坠轿厢或对重的能量，使其安全减速、停止，起到安全保护的作用。

（1）缓冲器种类及适用范围 缓冲器分为弹簧缓冲器和液压缓冲器两类其外观如图1-14所示。弹簧缓冲器又叫蓄能型缓冲器，以弹簧的形变来吸收轿厢或对重产生的动能的缓冲器；液压缓冲器又叫耗能型缓冲器，是以油作为介质吸收轿厢或对重产生的动能的缓冲器。

a) 弹簧缓冲器　　　　　b) 液压缓冲器

图 1-14　缓冲器

弹簧缓冲器只能用于额定速度小于或等于 1m/s 的电梯。液压缓冲器适用于任何额定速度的电梯。

（2）缓冲冲程 缓冲器的缓冲冲程指的是轿厢与底层平层时，轿厢底部碰撞板与其缓冲器顶面之间的距离，或轿厢与顶层平层时，对重底部碰撞板与其缓冲器顶面之间的距离。

对缓冲器的要求为：弹簧缓冲器的缓冲冲程为 200～350mm，液压缓冲器的缓冲冲程为 150～400mm。

（3）工作行程 液压缓冲器的工作行程是指液压缓冲器柱塞端面受压后所移动的垂直距离。弹簧缓冲器的工作行程是指弹簧受压后形变的垂直距离。

4. 随行电缆

轿厢内外所有电气开关、照明、信号控制线等都要与机房控制柜连接，所有这些信号的信息传输都需要通过电梯随行电缆。随行电缆在轿厢底部固定牢靠并接入轿厢。

5. 限速器张紧装置

限速器张紧装置是能使限速器钢丝绳始终保持张紧状态的装置。它由张紧轮、配重、防断绳电气安全开关等组成，如图1-15所示。

对限速器张紧装置的要求如下：

1）润滑应良好，有导向措施，张紧力不小于300N。

2）限速器张紧装置底部距底坑地面的距离随梯速不同而设置不同。梯速 $v \leq 1m/s$ 时，设置为（400±50）mm；$1m/s < v \leq 2m/s$ 时，为（550±50）mm；$2m/s < v \leq 2.5m/s$ 时，为（750±50）mm。

3）限速器钢丝绳断裂或过分伸长，应通过电气安全装置使电动机停止运转。要求在张紧轮下落大于50mm时，保护装置动作。

6. 隔磁板（隔板）

隔磁板（隔板）安装在电梯井道内每个层站平层区域内，如图1-16所示。

7. 对重

（1）组成 对重由对重架、导靴、对重块和缓冲器撞头等组成，如图1-17所示。

（2）对重质量设置 对重质量＝轿厢净重＋（0.4～0.45）×额定载重量

图 1-15　限速器张紧装置

图 1-16　井道隔磁板

（3）作用　对重可以保证曳引绳与曳引轮绳槽之间产生摩擦力，从而使轿厢质量与有效载重量保持平衡，这样可以在电梯运行时，降低电梯曳引机的输出功率。

8. 端站保护开关

为了防止电梯因电器失灵使电梯到达上、下端站后无法停止而产生的"冲顶"或"蹲底"现象，电梯设置了强迫减速开关、限位开关和极限开关，在电气控制上加以保护，如图 1-18 所示。

（1）强迫减速开关　强迫减速开关安装在电梯井道内顶层和底层附近。对于低速电梯，该开关应在正常换速点相应位置动作，迫使电梯减速运行，能保证电梯有足够的换速距离，防止轿厢越位。对于高速电梯，该开关安装在多层减速开关之后。在低速电梯中，一般只有一对强迫减速开关，而高速电梯中可能有两对或三对强迫减速开关，以确保电梯正常减速。

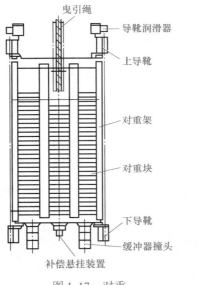

图 1-17　对重

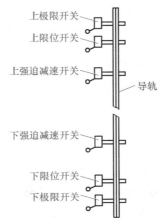

图 1-18　端站保护开关

（2）限位开关　电梯中有上、下限位开关各一个，安装在上、下强迫减速开关的后面。一旦强迫减速开关失灵，未能使电梯上行或下行减速停止，轿厢越过上端站或下端站平层位置超过 50mm 时，上或下限位开关动作，阻止危险方向的运行，但电梯可以反向运行。

（3）极限开关　极限开关安装在井道上、下终端极限位置，轿厢或对重撞缓冲器之前应起作用。当电梯运行接近行程的极限时，由于强迫减速开关、限位开关失效而使轿厢超过上端站或下端站平层位置 150mm 时，极限开关动作，切断电梯动力电源，迫使电梯停止运行。该开关动作后电梯不能再起动，经查明原因排除故障后，同时按下复位按钮和慢车按钮，离开此位置后才能使电梯恢复运行。

（三）电梯轿厢部分

1. 轿厢

轿厢是电梯中装载乘客或货物的金属结构体。它由轿厢架和轿厢体组成，其结构示意图如图 1-19 所示。

轿厢架是轿厢中的承重构件，也是轿厢的骨架，由上梁、下梁、底座、立柱和安全钳拉杆组成。轿厢体由轿壁、轿底、轿顶、轿门、轿厢操纵盘等组成。

同时，在轿厢架下梁两侧装有安全钳，在轿顶弹性导靴上端装有润滑油杯，在轿顶或轿底装有限速器拉杆，在轿底与轿厢底座之间装有防振装置，在轿底还装有缓冲器碰撞板。

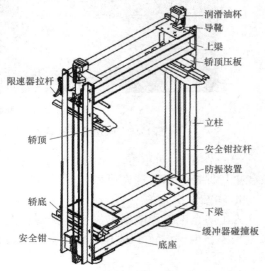

图 1-19　轿厢结构示意图

为了保证电梯维保人员轿顶检修时的安全，一般在轿顶设置有防护栏。轿顶应有一块不小于 $0.12m^2$ 可以站人的净面积，其短边不应小于 $0.25m$，且应能支撑两个人的体重。

有的电梯在轿顶安装了安全窗，是向外开启的封闭窗，只能由安装、检修人员开启。在电梯发生事故或出现故障停止时，安全窗是用于援救和撤离乘客的轿厢应急出口。由于安全要求，安全窗必须设置为向上开启并只能在轿顶打开的安全部件。

出入轿厢时的金属踏板叫地坎，在轿厢地坎上装有护脚板，宽度等于相应层站入口的整个净宽度；垂直高度不小于 $0.75m$，斜面与水平面的夹角不大于 $60°$，用来防止轿门坠落、剪切等事故的发生。

2. 自动门机

自动门机安装在轿顶靠近轿门处。轿厢停靠层站且处于开锁区域时，门机动作。由门电动机通过传动装置开、关轿门，再由轿门门刀插入层门滚轮内，使门联锁首先断开电气开关，然后带动层门打开、闭合。所以轿门是主动门，层门是被动门。目前比较先进的是永磁同步电机驱动，无级调速变频控制的门驱动系统，门机如图 1-20 所示。门刀安装在门机挂板上，如图 1-21 所示。传统的自动门机如图 1-22 所示。

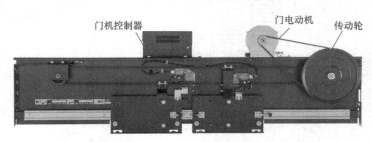

图 1-20　变频调速门机

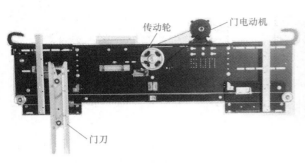

图 1-21　变频调速门机及门刀　　　　　　　　图 1-22　传统自动门机

3. 安全钳

安全钳是一种使轿厢（或对重）停止运动的机械装置。凡是由钢丝绳或链条悬挂的载人轿厢，均需设置安全钳。

（1）安全钳设置位置及要求　安全钳设置在轿厢架下梁上，成对地同时在导轨上作用。正常情况下，要求安全钳楔块距导轨侧面为 2~4mm，安全钳口与导轨侧面间隙不小于 4mm。

（2）安全钳种类及适用范围　安全钳分为瞬时式和渐进式。瞬时式安全钳在动作时，在导轨上施加一个迅速增加的压力，动作时间和制动距离都很短，对轿厢产生的冲击大。当电梯额定速度小于或等于 1m/s 时，可采用瞬时式安全钳。渐进式安全钳增加了弹簧装置，在动作时，制动力均匀，在导轨上施加一个有限压力，制动力逐渐增大或保持恒定，制动距离与梯速有关，但是要符合标准。当电梯额定速度大于 1m/s 时，应采用渐进式安全钳。瞬时式和渐进式安全钳的结构示意图如图 1-23 所示，外形如图 1-24所示。

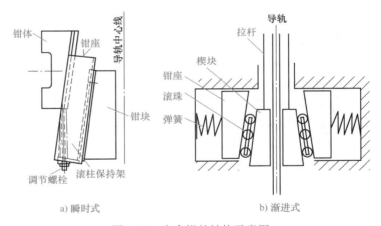

图 1-23　安全钳的结构示意图

（3）安全钳动作及恢复　电梯发生超速时，限速器动作，带动安全钳动作，将轿厢制停在导轨上。安全钳动作以后，只有当轿厢或对重向上提起，才能使安全钳释放并自动恢复。在安全钳释放到原始状态后，方可重新使用。

4. 平层感应装置

平层是使轿厢地坎与层门地坎达到同一平面的运动。平层区域是轿厢停靠站上方和下方的一段有限区域，在此区域内可以用平层感应装置使轿厢运行达到平层要求。

平层感应装置安装在轿顶上，与装在每一层站平层位置附近井道壁上的平层隔磁（或隔光）板配合使用。平层感应装置如图 1-25 所示。

a) 瞬时式

b) 渐进式

图 1-24　安全钳外形图

图 1-25　平层感应装置

5. 超载与称重装置

凡有自动运行功能的电梯都必须设置电梯称重装置，以防有意或随意超载造成电梯运行事故发生。一旦电梯轿厢承重超载，称重装置检测出超载，则超载灯亮、警铃响、电梯不关门、不运行，直到卸载到额定载重量以内，电梯才恢复正常工作。

6. 内选指令盘和操纵箱

内选指令盘和操纵箱设在轿厢内部。内选指令盘是乘客在轿厢内选层的信号输入设备，一般包括电梯楼层显示器、内选指令按钮、电梯运行方向指示灯、开门按钮和关门按钮等。操纵箱是电梯控制信号输入设备，一般有运行-急停转换开关，司机-自动运行转换开关，检修-正常运行转换开关，检修运行上行，下行按钮等。

（四）电梯层站

层站是电梯在各楼层的停靠站，乘客出入电梯的地方。最低的轿厢停靠站称为底层端站，最高的轿厢停靠站称为顶层端站。基站是指轿厢无运行指令时停靠的层站，一般位于大厅或底层端站即乘客最多的地方。预定基站是指并联或群控控制的轿厢无运行指令时，制定停靠待命运行的层站。层站包括层门、层站呼梯盒、楼层显示器等。

1. 层门

（1）层门组成及要求　层门由门框、门板、门头架、吊门滚轮、层门地坎和门联锁组成。无论电梯运行与否，除了电梯轿厢所在层外，其余所有层门都必须是封闭门。

（2）层门联锁装置　电梯层门上的门联锁又叫层门钩子锁，这是一种带有电气触点的机械门锁，每一个楼层的层门上都应安装这种门锁。门锁的锁壳和电气触点被安装在门头架上，锁钩装在层门上。电梯安全规范要求所有层门锁的电气触点都必须串联在控制电路内。

只有在所有楼层的层门都关好，且其门上的联锁锁钩与门头架上的锁壳锁钩勾上以后，锁钩的啮合深度大于 7mm 以上，门锁电气触点才被接通，所有楼层层门的门锁电气触点都接通以后，电梯的门回路接通，电梯起动运行。如果任何一层层门未关好，或关上后锁钩啮合不符合深度要求，致使电气触点未接通，电梯都将不能再运行。层门钩子锁如图 1-26 所示。门锁电气触点如图 1-27 所示。

（3）层门的关闭及间隙要求　层门在门锁作用下平时是紧闭的，且每个层门应有自动关门装置（层门应由重力、永久磁铁或弹簧来产生和保持锁紧动作），当轿厢不在层站时，能自动将层门关闭。层门关闭后，门扇之间、门扇与门套、门扇与下端地坎之间的间隙应尽可能小。对于客梯，此间隙不大于 6mm；对于货梯，此间隙不大于 8mm。由于磨损，间隙

图 1-26　层门钩子锁

值允许达到 10mm。

（4）层门开启　只有当轿厢到达某一层站并达到平层位置时，轿门的开门门刀与层门门锁滚轮啮合，这一层的层门才能被轿门上的开门门刀拨开。所以，门刀与层门地坎、门锁滚轮与轿厢地坎的间隙应保证在 5 ~ 10mm。否则，电梯层门就无法打开。

图 1-27　门锁电气触点

对于某些电梯，为了维修方便，生产厂家给每层层门都安装了三角钥匙锁，电梯维修人员在某层的层门外用特制的三角钥匙可将层门打开。

2. 电梯楼层显示器

在电梯层门上方（或门框侧面）与外呼按钮处都安装了楼层显示器，可向层站及轿厢内的乘客显示电梯行驶方向和轿厢的位置。

3. 层站呼梯按钮

在电梯的底层和顶层端站，层站呼梯盒上各仅安装了一个单键按钮（顶层安装下呼按钮，底层安装上呼按钮）。其余中间层站呼梯盒上均装有上呼和下呼按钮各一个，供乘客发送上行或下行呼梯指令。

（五）曳引式电梯的工作原理

曳引驱动采用曳引轮作为驱动部件。曳引轮的一端连接轿厢，另一端连接对重。轿厢和对重的重力使曳引钢丝绳压紧在曳引轮绳槽内并产生摩擦力。曳引电动机通过减速器将动力传递给曳引轮，曳引轮驱动钢丝绳，使轿厢和对重作相对运动，即轿厢上升，对重下降；轿厢下降，对重上升。于是，轿厢就在井道中沿导轨上下往复运行。曳引式电梯的工作原理图如图 1-28 所示。

曳引传动的特点：传动方式有较大的适应性，对于不同的提升高度，只改变曳引绳的长度，而不用改变结构。这种传动方式还使曳引绳的根数增多，当轿厢冲顶时，曳引绳与曳引轮之间可以空转，因此加强了电梯的安全性。

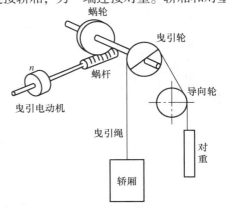

图 1-28　曳引式电梯的工作原理图

实训1.2　认识电梯结构

一、实训目的

1. 熟悉曳引式电梯的结构，了解各个部件的作用。

2. 掌握出入电梯机房、轿顶及底坑的安全注意事项。

二、实训器材

用于教学且检验合格的电梯。

三、实训内容

由于电梯是特种设备，操作电梯必须要取得相应的职业资格，所以本实训主要由专职教师或电梯维保人员一边操作一边讲解。首先指导学生找出电梯各设备的安装位置，讲解其工作原理和作用，使学生对电梯各设备增加感性认识，同时掌握安全出入电梯机房、轿顶及底坑的安全注意事项。

1. 进入机房要注意旋转部件，不准跨越正在运转的设备，不准横跨运转部位传递物件，不准触及运转部位。同时注意一切电气、机械设备及装置的外露可导电部分。注意警示标志，严禁跨越危险区。(黄色是警告标识，红色是禁止标识。)

2. 进入底坑或退出底坑的安全注意事项：

(1) 进入底坑前，用机械钥匙打开层门后，用专用工具使层门保持打开状态，断开近处底坑急停开关1。

(2) 用梯子进入底坑，不准攀附轿厢或随行电缆进入底坑。然后打开底坑照明开关，断开深处底坑急停开关2。

(3) 退出底坑时，关闭底坑照明开关，恢复深处底坑急停开关2后。退出底坑后，恢复近处底坑急停开关1，关好层门。

3. 进入轿顶或退出轿顶的安全注意事项：

(1) 开启层门时一定要"一慢、二看、三操作"。切勿用力过猛，失去平衡，致使意外发生。

(2) 确认轿厢位置并且轿厢处于静止状态，以避免被剪切的危险。

(3) 不允许双腿分跨立于层门内外侧，以免电梯误动而致伤。

(4) 进入轿顶前要逐一验证轿顶检修盒上的急停开关、检修开关和门锁开关的有效性。验证方法：①打开层门，按下轿顶急停开关，然后关闭层门，在层站呼梯，等待几秒后，观察电梯是否移动，如果电梯移动，则急停开关失效，如果电梯静止，则急停开关有效；②打开层门，恢复急停开关，将检修开关置于检修位置，然后关闭层门，在层站呼梯，等待几秒后，观察电梯是否移动，如果电梯移动，则检修开关失效，如果电梯静止，则检修开关有效；③打开层门，将检修开关置于正常位置后，将层门打开一条缝，在层站呼梯，等待几秒后，观察电梯是否移动，如果电梯移动，则门锁开关失效，如果电梯静止，则门锁开关有效。

(5) 确认急停开关、检修开关、门锁开关有效后，按下急停开关，将检修开关置于检修位置，开启轿顶照明后再进入轿顶。

（6）退出轿顶时，打开层门，先退出轿顶，然后将检修开关置于正常位置，将急停开关复位，关闭轿顶照明后再关闭层门。

四、实训报告

1. 说明电梯各个部件的结构和作用。

2. 说明出入电梯机房、轿顶及底坑的安全注意事项。

3. 实训心得体会。

单元3　仿真教学电梯结构

仿真教学电梯是为教学演示而设计的，其控制系统全电脑化，可编程，电动机驱动采用变频调速。仿真教学电梯具有全集选功能，能自动平层、自动开关门、自动响应轿厢内/外呼梯信号，其仿真功能与真实的变频调速电梯相同。

仿真教学电梯还可以设置故障供初学者练习排除，如果有一定基础的使用者还可以学习电梯程序或调试电梯程序。

一、主要技术参数

1）结构形式：6层6站。

2）控制方式：可编程逻辑控制器（PLC）加变频器控制和32位微机加变频器控制。

3）调速方式：交流变频变压（VVVF）调速。

二、结构简介

仿真教学电梯整体结构如图1-29所示。

仿真教学电梯主要由以下12个部分组成。

1. 井道框架

井道框架相当于电梯附着的建筑物，是钢架结构，为电梯提供支撑，固定导轨。

2. 曳引机

曳引机位于井道框架顶部，是电梯的动力装置，如图1-30所示。曳引机主要由以下几部分组成。

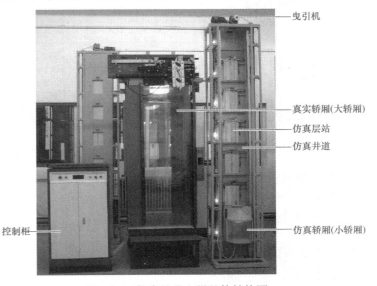

图1-29　仿真教学电梯整体结构图

1）电动机：三相异步电动机采用变频变压驱动方式。

2）制动器：只有在电梯通电运转时松闸，当电梯停止时制动并保持轿厢位置不变，工作电压为DC 110V。（本仿真教学电梯没有装设）

3）减速器：采用蜗轮蜗杆减速器，具有高效率、低密度的特点。

4）曳引轮：绳槽为半圆槽，提供钢丝绳与绳轮之间的摩擦力。

3. 导轨

导轨分别有轿厢导轨和对重导轨，保证轿厢及对重做垂直运动。

4. 减速信号系统

减速信号系统由永磁感应器构成，提供轿厢停层位置信号。

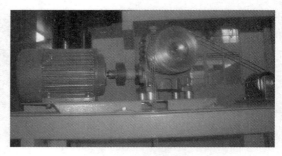

图 1-30　仿真曳引机

5. 终端保护开关

终端保护开关提供电梯运行终端信号。仿真下端站保护开关如图 1-31 所示。

6. 轿厢

轿厢有仿真轿厢（又称小轿厢）和真实轿厢（又称大轿厢）。小轿厢由曳引钢丝绳悬挂，通过曳引机另一端连接对重，在导轨上运行。轿门上装有开关门限位开关。仿真轿厢限位开关如图 1-32 所示。

图 1-31　仿真下端站保护开关

图 1-32　仿真轿厢限位开关

大轿厢轿门及门刀如图 1-33 所示。大轿厢轿门的开关门限位开关如图 1-34 所示。轿门边上装有两个快慢门的门锁开关，如图 1-35 所示。门顶端装有安全触板开关，如图 1-36 所示，当关门过程中碰到障碍时，轿门马上开启。

轿门门刀

图 1-33　轿门及门刀

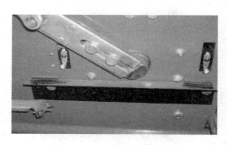

图 1-34　开关门限位开关

7. 层门

仿真层门上装有层门钩子锁，从层门外不能打开层门。层门钩子锁如图 1-37 所示。

图 1-35　快慢门的门锁开关

图 1-36　模拟安全触板开关

图 1-37　仿真层门钩子锁

8. 对重

对重与轿厢连接，作用是平衡轿厢的质量。

9. 呼梯盒

首层呼梯盒设在真实轿厢正面，有一个上呼按钮和钥匙开关。所有楼层的呼梯盒设在真实轿厢侧面，模拟乘客在各个层站的外呼信号输入。首层呼梯盒如图 1-38 所示。模拟层站呼梯盒如图 1-39 所示。

图 1-38　首层呼梯盒

图 1-39　模拟层站呼梯盒

上、下端站呼梯盒上各仅安装一个单键按钮。一层只安装上呼按钮，六层只安装下呼按钮，其余中间层站呼梯盒上均装有上呼和下呼按钮各一个，供电梯乘客发送上行或下行呼梯指令。

10. 内选指令盘和操纵箱

内选指令盘和操纵箱设在真实轿厢内部，是模拟乘客在轿厢内选层和控制的信号输入设备。内选指令盘如图 1-40 所示。操纵箱如图 1-41 所示。

1）数字显层器：显示轿厢所在楼层。

2）轿内指令按钮：内选 1、2、3、4、5、6 指令。

3）开门、关门按钮：手动开门、关门操作。

4）方向指示灯：电梯运行方向指示。

5）检修/正常开关：分正常和检修两档，一般状态拨在正常，此时电梯处于正常运行状态；拨到检修时，电梯处于检修状态。

6）运行/急停开关：拨到急停，电梯停止运行；拨到运行，电梯正常运行。

7）司机/无司机开关：进行有司机与无司机操纵功能转换的开关。

图1-40 内选指令盘

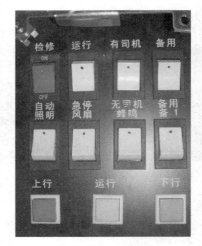

图1-41 操纵箱

8）照明/无照明开关：控制轿厢内顶部照明灯的开关。

9）蜂鸣/无蜂鸣开关：控制蜂鸣器的开关。当电梯发生故障或遇到危险情况时，乘客可以通过报警系统通知值班人员。轿厢操纵盘上设置有警铃按钮，按下按钮可使报警系统工作。设置对讲系统，可使乘客与值班人员直接对话，方便救护。

10）上行、下行按钮：检修状态下上下行。

11）直驶开关：按下操纵盘下方内选板的司机按钮，直驶按钮才可使用。

11. 控制柜

仿真教学电梯可以由PLC控制，也可以由单片机控制。控制柜主要由几下几部分组成。

1）PLC或单片机：控制电梯的运行状态，电梯实现设计的功能。

2）变频器：根据PLC或单片机给出的指令，对电动机实现变压变频调速，使电动机运行平稳。

3）安全及门锁回路：由继电器回路组成。极限、急停、门锁开关的通断及门锁回路的正常与否，是判断电梯是否处于安全状态的重要依据。

12. 故障设置部分

故障设置台设置在控制柜正上方，仿真教学梯侧面，如图1-42所示。轿厢故障板设置在真实轿厢侧面，如图1-43所示。井道故障板设置在模型井道，如图1-44所示。

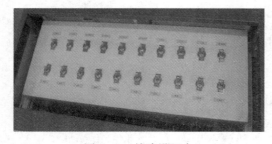

图1-42 故障设置台

图1-43 轿厢故障板

故障设置台设置有19个故障功能开关。其中14个为故障设置开关，分别为上限位开关、下限位开关、小轿厢开门限位开关、小轿厢关门限位开关、大轿厢开门限位开关、大轿厢关门限位开关、门区开关、门锁开关、司机开关、消防开关、直驶开关、锁梯开关、上强迫减速开关、下强迫减速开关；5 个为功能设置开关，分别为警铃开关、超载开关、满载开关、轻载开关、防粘连开关。

井道故障板设置有 7 个故障开关，分别为上限位开关、上强迫减速开关、下限位开关、下强迫减速开关、小轿厢开门限位开关、小轿厢关门限位开关、门区开关。

轿厢故障板设置有 7 个故障开关，分别为司机开关、消防开关、直驶开关、锁梯开关、大轿厢开门限位开关、大轿厢关门限位开关、门锁开关。

由教师在故障设置台设置故障，由学生根据故障现象在井道和轿厢故障板上排除故障。对于限位开关、强迫减速开关和开关门限位开关的故障，在设置时需先打至检修状态，再设置故障，然后再把检修开关拨回正常，如此操作才能完成故障设置。

司机开关、消防开关、防粘连开关、门区开关、门锁开关、锁梯开关均可在正常状态下设置，直驶开关必须在司机状态下设置。

图 1-44　井道故障板

实训 1.3　认识仿真教学电梯结构

一、实训目的
熟悉仿真教学电梯的结构，了解各个部件的作用。
二、实训器材
仿真教学电梯。
三、实训内容
本实训首先由教师指导学生找出电梯各设备的安装位置，讲解其工作原理和作用。学生对照仿真教学电梯，正确找到各设备，并且将仿真教学设备和真实设备进行对比，明确其差别。
四、实训报告
1. 说明电梯的各个部件的结构和作用。
2. 实训的心得体会。

单元 4　电梯安全装置

电梯的安全装置分为机械安全装置和电气安全装置。

一、电梯的机械类安全装置

1. 电磁制动器

电源失电时，制动器能够使运行中的电梯停止。电梯停止运行时，制动器应能保证在 125% 的额定载重量情况下，使轿厢保持静止，位置不变。

当电梯处于静止状态时，曳引电动机和制动电磁铁线圈（抱闸线圈）均无电流通过，这时制动电磁铁无吸力，制动瓦块在制动弹簧的作用下，将制动轮抱紧，保证曳引电动机不旋转。当曳引电动机通电时，抱闸线圈也同时通电，电磁铁心迅速磁化吸合，带动制动臂并使制动弹簧受力，使制动瓦块张开，完全脱离制动轮，电梯得以运行。当轿厢到达所需层站时，曳引电动机和抱闸线圈同时失电，电磁铁心的磁力迅速消失，铁心在制动弹簧的作用下通过制动臂复位，使制动瓦块再次将制动轮抱住，电梯停止工作。制动电磁铁如图1-45所示，制动电磁铁工作原理如图1-46所示。

对制动器的基本要求如下：

1）电梯动力电源失电或控制电路电源失电时，制动器能立即进行制动。

2）当轿厢载有125%的额定载重量并以额定速度下行时，切断电动机和制动器的供电，制动器应能使曳引机停止运转。

图1-45　制动电磁铁

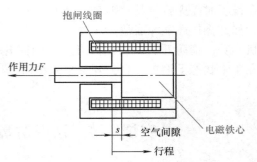

图1-46　制动电磁铁工作原理

3）电梯正常运行时，制动器应在持续通电情况下保持松开状态；断开制动器的释放电路后，电梯应无附加延迟地被有效制动。

4）切断制动器的电流，至少应用两个独立的电气装置来实现。电梯停止时，如果其中一个接触器的主触点未打开，最迟到下一次运行方向改变时，应防止电梯再运行。

5）装有手动盘车手轮的电梯曳引机，应能用手松开制动器并需要持续力去保持其处于松开状态。

2. 限速器–安全钳联动系统

限速器–安全钳联动系统由限速器、限速器钢丝绳、安全钳、张紧装置四部分组成，用来实现电梯的超速保护。

限速器安装在电梯机房的地面上或井道顶端；安全钳安装在轿厢两侧，贴近电梯导轨，它的联动装置设在轿顶或轿底；张紧装置位于井道底坑内，用压导板固定在轿厢导轨背面，作用是张紧限速器钢丝绳。限速器钢丝绳两端分别绕过限速器轮和底坑张紧轮，将限速器与张紧装置连接起来，两个接头固定在轿厢侧面。

限速器–安全钳联动系统原理图如图1-47和图1-48所示。

限速器–安全钳连杆系统如图1-49所示。

当电梯轿厢以运行速度为额定速度的115%下行时，限速器开关动作，切断安全回路，使电动机失电，制动器动作，轿厢停止。如果制动失灵或限速器开关没有断开，轿厢仍然未减速到规定值，限速器机械装置动作，触发夹紧装置使其夹紧限速器钢丝绳，通过限速器钢丝绳提升安全钳连杆，安全钳开关动作，再次切断安全回路，使电动机失电，制动器动作。如果轿厢仍然继续下行，安全钳楔块牢牢刹在导轨上，迫使轿厢停止运行。

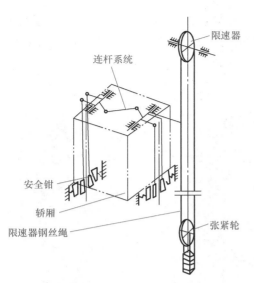

图 1-47　限速器-安全钳联动系统原理轴侧图

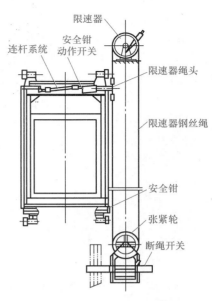

图 1-48　限速器-安全钳联动系统原理立面图

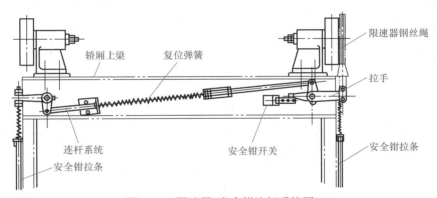

图 1-49　限速器-安全钳连杆系统图

如果需要两个方向都实施超速保护，可以装设双向限速器和双向安全钳，如图 1-50 和 1-51 所示，要求限速器开关可以双向动作。

图 1-50　双向限速器

图 1-51　双向安全钳

3. 上行超速保护装置

曳引驱动电梯应装设上行超速保护装置。该装置应能够检测出上行轿厢的速度失控，并能使轿厢制动，或至少使其降低至对重缓冲器的设计范围。上行超速保护装置如图 1-52 所示，其安装位置如图 1-53 所示。

曳引机　　　上行超速保护装置

图 1-52　上行超速保护装置　　　图 1-53　上行超速保护装置的安装位置图

4. 缓冲器

当轿厢超过下极限位置时，缓冲器用来吸收轿厢所产生的动能。

5. 门锁装置

在各层层门上安装有门锁装置，用机械与电气联锁共同保护。门锁装置即层门钩子锁装置，其作用是保证层门在门锁作用下平时是紧闭的，只有当电梯轿厢在某一层站停靠时，这一层的层门在自动开门装置作用下才被打开。

6. 松闸扳手和盘车手轮

松闸扳手和盘车手轮是电梯不正常停梯时的处理装置。

在电梯出现故障时，如轿厢内有人，需要使用盘车手轮来移动轿厢至电梯层门的位置，然后使用层门三角钥匙，打开层门和轿门后，将困在轿厢里的人放出来。所以，盘车手轮是电梯机房的一种安全救援工具。

盘车时要将电梯电源断开，并且和轿厢里的人保持联系。盘车时需要两人配合，一人松闸一人盘车。

二、电气安全装置

1. 相序继电器

相序继电器用来实现断相和错相保护。当电源断相、错相时，相序继电器动作，切断电梯安全控制回路，使电梯停止，防止事故扩大。

2. 熔断器

熔断器用来实现电路短路保护。

3. 热继电器

热继电器用来实现曳引电动机过载保护。

4. 过电流保护器或断路器

过电流保护器或断路器用来实现电流短路和曳引电动机过载保护。

5. 门锁开关

在各层层门和轿门上都装有门锁开关，所有的门锁开关串联组成门锁回路，其作用是只有当所有层门和轿门都关好后，电梯才能起动运行。

门锁装置的机电联锁关系是：只有层门钩子锁的啮合深度大于或等于7mm时，门锁开关才被接通。禁止短接门锁开关使电梯运行。

必须把电梯的轿门和各个层站的层门全部关好，这是电梯安全运行的关键，是保证乘客或司机等人员免遭坠落和剪切危险的最重要的基本条件。

6. 上、下端站保护开关

当电梯运行到上、下端站时，设置强迫减速开关、限位开关和极限开关，防止电梯超越上、下端站后仍继续运行而设置的，它是轿厢或对重撞击缓冲器之前的安全保护行程开关。当轿厢打板碰到限位开关而使电梯停止时，电梯仍能应答层楼召唤信号，可以反向运行；但当轿厢打板碰到极限开关而使电梯停止，必须用手动盘车方法使轿厢离开极限位置，电梯才能重新运行。

7. 超速保护

由限速器、安全钳装置组成了电梯运行的超速保护，限速器上设有电气安全开关，安全钳上也设有电气安全开关，它们都被串联在电梯安全回路中。其工作过程如前所述。

8. 急停开关

为了维修人员的安全及方便，在电梯的机房检修盒、轿厢操纵盘、轿顶检修盒、底坑检修盒上都装有急停开关，它们是电梯维修中非常重要的安全措施。在紧急情况下，按下急停开关，可使电梯紧急制动。在维修时，按下急停开关，切断电梯安全回路，保证维修人员和设备的绝对安全。机房检修盒如图1-54所示。轿顶检修盒如图1-55所示。底坑检修盒如图1-56所示。

图1-54　机房检修盒

图1-55　轿顶检修盒

图1-56　底坑检修盒

9. 超载开关

超载开关用来防止电梯超载运行。

10. 安全触板与光电开关、光幕

安全触板与光电开关、光幕用来实现电梯门保护，防止电梯关门时夹人。

11. 张紧轮开关

当限速器钢丝绳断裂或过度伸长时，由张紧轮开关切断回路，使电梯停止运行。

12. 液压缓冲器开关

当电梯冲顶或蹲底时，由液压缓冲器开关切断回路，使电梯停止运行。

13. 安全窗开关

当安全窗被打开时，由安全窗开关切断回路，使电梯停止运行。

实训 1.4　电梯机械及电气保护认识

一、实训目的

掌握电梯的机械和电气安全装置的作用和工作原理。

二、实训器材

仿真教学电梯。

三、实训内容

通过本实训使学生加深对电梯安全保护装置的认识，并了解安全保护装置在电梯运行中的重要性。

首先使电梯正常运行，由教师在故障设置台设置故障，依次设置上限位开关、下限位开关、上强迫减速开关、下强迫减速开关、门锁开关故障及电梯超载，由学生根据故障现象在井道和轿厢故障板上排除故障。

设置故障时，需要注意仿真教学电梯各类故障设置方法。

四、实训报告

1. 说明电梯安全保护装置的名称、作用。

2. 实训的心得体会。

单元5　电梯的相关操作和运行原则

一、正常使用操作程序

1. 起用电梯

首先闭合电梯电源开关，开启设置在呼梯盒上的钥匙开关（即锁梯开关），钥匙的方向对准"运行"，这时电梯进入运行状态，电梯会自动开门，楼层显示器显示轿厢所在层楼位置，几秒后电梯将自动关门。这时使用者可以在电梯轿厢内的操纵盘或电梯轿厢外的呼梯盒上操纵电梯。

2. 厅外召唤的登记和消号

点击呼梯盒上的选层按钮即可对电梯进行外呼控制。想要上行时，就按厅外的上呼按钮。相反，想要下行时，就按厅外的下呼按钮。厅外召唤被登记，且相应外呼按钮指示灯亮。

当电梯到达目的层站后，将与电梯运行方向一致的呼梯信号消去，相应外呼按钮指示灯熄灭；只有当电梯到达运行中的最后一站时，将该层的上、下方向呼梯信号一起消去，上下外呼按钮指示灯都熄灭。

3. 轿内指令的登记与消号

当轿内乘客在轿内操纵盘上按下要前往楼层的相应按钮时，电梯控制器对该信号进行登记，相应楼层的内选按钮指示灯亮。

当电梯到达目的层站后，该层内选按钮指示灯熄灭，内选指令消号。

4. 停用电梯

当电梯需要停止运行时，将电梯停靠在基站关好门后，把钥匙开关拨至"锁梯"位置，电梯电源被切断，电梯停止工作。

二、检修运行操作程序

1. 检修功能启用

在电梯机房、轿顶和轿厢一般都安装有检修操作盒。当需要检修运行时，将正常/检修运行转换开关打到"检修"位置，电梯就进入检修运行状态。

2. 检修操作

电梯在检修运行时，无指令登记，不应答呼梯信号，只能做点动运行。点动开门、关门，点动慢上、慢下，电梯以检修速度上下运行。

注意：如果电梯没有关好门时，按"慢上"或"慢下"按钮，电梯先执行关门的动作，当电梯控制器确认电梯门关好后才能运行。

3. 恢复正常运行

用点动操作将电梯平层后，将选择开关打至"正常"位置，电梯恢复正常运行，此时电梯即刻显示所在层的楼层数。

注意：如果楼层数与实际不符，需到两个端站校正；如果电梯位置在门区，将选择开关由"检修"位置打到"正常"位置时，电梯应自动开门；如果电梯位置不在门区，电梯将进入自动找平层状态，以爬行的速度向上运行，直到电梯进入平层区。但电梯离门区距离太远的话，由于该电梯有最远运行保护功能，电梯爬行到一定距离后就会停止运行，电梯没到平层区不能开门，启动防粘连功能，层显板上方向箭头双闪，电梯不能执行下一个工作循环。只能按下急停按钮复位，再重复上述运行。

三、集选电梯运行原则

单台电梯控制一般采用全集选控制方式，就是将电梯的内选、外呼信号和其他各种专用信号加以综合分析判断后自动决定轿厢运行的控制方式。全集选电梯运行原则如下：

1）接收并登记电梯所在楼层以外的所有指令信号、呼梯信号，给予登记并输出登记信号。

2）根据最早登记的信号，自动判断电梯是上行还是下行，这种逻辑判断称为电梯的定向。电梯的定向根据首先登记信号的性质可分为两种。一种是内选指令定向，即把内选指令指出的目的地与当前电梯位置进行比较，得出上行或下行的结论。例如：电梯在二层，内选指令为一层则向下行，内选指令为四层则向上行。另一种是外呼信号定向，即把呼梯信号的来源位置与当前电梯位置进行比较，得出上行或下行的结论。例如：电梯在二层，三层乘客要向下，此时电梯应该是向上运行到三层接该乘客，所以电梯应上行。

3）电梯接收到多个信号时，采用首个信号定向，同向信号先执行，一个方向任务全部执行完后再换向，以保证电梯往返路程短，效率高。

4）具有同向截梯、反向记忆的功能。

5）一个方向的任务执行完要换向时，采用最远站换向原则。

实训1.5　了解电梯的使用方法

一、实训目的

掌握电梯正常使用和检修使用的方法，并了解电梯的内选指令、外呼信号的登记和消号。

二、实训器材

仿真教学电梯。

三、实训内容

1. 正常使用

1）闭合电梯模型的电源开关。

2）开启设置在电梯轿厢外一层呼梯盒上的钥匙开关。

3）按下呼梯按钮。

4）轿厢开门后，进入轿厢。

5）在内选指令盒上选择要去的楼层。

6）电梯运行，到达所去楼层后，电梯平层开门，乘客离开轿厢。

7）电梯停靠在基站关好门后，锁梯断电。

2. 检修使用

（1）将正常/检修转换开关打到"检修"位置

1）如果电梯正在运行，应立即停止运行，并且将内选指令和外呼信号消去。

2）按下"慢上"或"慢下"按钮，电梯立即用检修速度上下运行。

3）如果电梯门没有关好，按"慢上"或"慢下"按钮电梯先执行关门的动作，当电梯控制器确认电梯门关好后才能运行。

4）将轿厢开到任何一层的门区后，将转换开关打到"正常"位置，电梯立即恢复正常运行。如果轿厢所在楼层数与实际不符，要到端站校正后，才可进入正常运行。

（2）将正常/检修转换开关由"检修"位置打回"正常"位置

1）如果轿厢位置在门区，电梯应自动开门。

2）如果轿厢位置不在门区，电梯将进入自动找平层状态，并以爬行速度向上运行，直到电梯进入平层区。

3）如果轿厢离门区距离太远，由于该电梯有最远运行保护功能，电梯爬行到一定距离后就会停止运行，轿厢没到平层区不能开门，将启动防粘连功能，层显板方向箭头双闪，电梯不能执行下一个工作循环。只能按下急停按钮复位，再重复上述运行。

学生通过以上的操作练习，掌握如何在正常状态和检修状态下使用电梯。

四、实训报告

1. 说明电梯的正常使用和检修使用的方法。

2. 实训的心得体会。

单元 6 电梯的功能介绍

一、电梯基本功能

1. 全集选功能

1）自动定向：按先入为主原则，自动确定运行方向。

2）顺向截梯、反向记忆：顺向截梯指的是某层乘客呼梯方向与电梯运行方向一致时，电梯在该层停车载上乘客后，继续同向运行；反向记忆指的是某层乘客呼梯方向与电梯运行方向不一致时，电梯在该层不停车，应答完同向信号后，再应答反向信号。

3）最远反方向截车：为了保证最远反方向乘客用梯需要，设计了最远反方向截车。

4）自动换向：当电梯在完成全部顺向指令后，能自动换向，应答相反方向上的呼梯信号。

5）自动开关门：电梯到站平层停车后，能自动开门，延时关门。

6）本层呼梯开门：当电梯没有运行信号时，本层呼梯，电梯开门。

2. 锁梯功能

一般在基站的呼梯盒上设有锁梯开关，当使用者想关闭电梯时，无论该电梯在哪一层，电梯接到锁梯信号后，就自动返回基站，自动开关门一次。延时后切断显示、内选及外呼，最后切断电源。

3. 司机功能

在轿厢操纵盘内，设有司机与自动运行的转换开关，当电梯司机将该开关转换到司机位置时，电梯转入司机运行状态。司机状态时，电梯自动开门，按关门按钮关门。门没有关到位时不能松开，否则门会自动开启。

此时电梯接到外呼信号时，蜂鸣器响，内选指示灯闪烁以提示司机有呼梯请求。

4. 直驶功能

在司机状态下，按住操纵盘上的直驶按钮和关门按钮，当门关好后电梯开始运行，此时运行的电梯不会应答外呼信号，而是执行内选指令直接到所内选楼层停车，即在司机状态下电梯直驶到所选层楼，此运行期间外呼不截车。

另外，电梯满载后（超过额定载重量的80%），自动启动直驶功能。电梯不响应外呼信号，直达内选指令的目标楼层。

5. 检修功能

检修运行应取消轿厢自动运行和门的自动操作。多个检修运行装置中应保证轿顶优先，且轿顶先于轿厢，轿厢先于机房。检修运行只能在电梯有效行程范围内，且各安全装置应起作用。检修运行是点动运行，检修运行速度不大于 $0.63m/s$。

验证轿顶优先功能的方法：轿顶的检修开关打到"检修"位置时，轿厢和机房的检修盒内的各按钮不起作用；只有将轿顶的检修开关打到"正常"位置时，轿厢和机房的检修盒内的各按钮才起作用。

6. 消防功能

一栋大楼无论电梯台数多少，必须至少要有一台电梯为消防梯。具有消防运行功能的电梯在基站装有消防开关，平时消防开关用有机玻璃封闭，不能随意拨动开关，而在火灾时打碎面板，按下消防开关，将电梯转入消防运行状态。

消防运行包括两种状态：消防返回基站和消防员专用。

（1）消防返回基站功能

1）接到火警信号后，消除且不再应答内选指令和外呼信号。

2）正在上行的电梯立即就近平层停车，对于梯速不小于1m/s的电梯，应先强行减速后停车，但是必须要做到电梯停车不开门。

3）正在下行的电梯直接返回基站。

4）对于其他非消防电梯，在发生火警时，也应立即返回基站，开门放出乘客，然后停住不动。

5）已在基站的电梯，开门放出乘客，然后停住不动。

（2）消防员专用功能

消防电梯返回基站后，应可使消防人员用专用钥匙开关使电梯处于消防员专用的紧急状态。在此状态下，控制系统应能做到：

1）电梯处于消防专用状态，只应答内选指令，不应答外呼信号。

2）轿内指令信号的登记只能逐次进行，运行一次后全部消除，再次运行必须重新登记。

3）此时，门的保护系统（光电保护、安全触板、本层开门等功能）全部不起作用。关门时必须持续掀按关门按钮，直到电梯门完全关闭。如果在门未完全闭合前松开关门按钮，则电梯立即开门，不再关门。

4）当电梯到达目的层站后，电梯也不自动开门，消防人员必须持续掀按开门按钮，电梯才能开门。

5）消防运行时，除门保护装置外，各类保护装置仍起作用。

火警解除后，所有电梯应能很快转入正常运行。

7. 层楼校正功能

在井道两端最内侧的上下强迫减速开关为上下校正开关，即在电梯门区开关损坏，或在检修运行时导致楼层显示不能变化、乱层时，电梯运行到两端会碰到该开关，系统即刻发出指令，将计算机事先存好的数据送入楼层的存储器，达到校正楼层的目的，从而使电梯不会上下冲层，保证电梯运行的安全性。

8. 安全触板和光电保护功能

安全触板和光电保护两种方式都可以实现防门夹人的功能。当轿厢关门时，安全触板和光电装置检测到电梯门口有人或物体时，轿门反向开启。

电梯在关门行程达1/3之后，阻止关门的力应不大于150N。安全触板的碰撞力不大于5N，接触后门反向运行，但是其保护作用可在每个主动门扇最后50mm的行程中被消除。

9. 自检平层功能

自检平层功能确保电梯在正常运行状态下不会在门区外停车，该功能确保电梯自动找到门区并停车。

10. 超载报警功能

当轿厢载重量达到额定载重量的110%时，电梯蜂鸣，超载灯亮，并且不关门，不走梯，提醒部分乘客走出电梯。直到卸载到额定载重量以内，电梯才恢复正常工作。

11. 轿厢应急照明功能

当轿厢照明由于停电等原因失电时，应急照明给轿厢供电来提供照明。它可自动充电，电梯照明电源故障时自动亮起。

12. 对讲装置

在轿厢内、机房、轿顶、底坑和有人值班处都设对讲装置，在电梯故障或维修时用于通话。

二、电梯可选功能

1. 故障显示功能

为了便于电梯维保人员进行电梯检修，电梯设置了故障显示功能。

2. 防捣乱功能

防捣乱功能即轻载功能，当电梯里的乘客质量低于额定载重量的10%，但是指令按钮又超过3（可以修改）个时，系统认为有人捣乱，自动取消所有登记。

3. 防粘连保护功能

防粘连保护功能要求必须确保电梯每运行一次其输出接触器、抱闸接触器、门锁接触器等复位一次，一旦收不到接触器动作信号，电梯将无法进入下一次运行。

4. 司机换向功能

在司机状态下，如遇到紧急需要，电梯不能按当前的方向运行，电梯司机只要按一下想要去的操纵盘上的指令按钮和上下方向按钮即可向相反的方向运行。

5. 呼梯蜂鸣功能

在非司机运行状态下，按内选、外呼按钮有1下蜂鸣响声提示；在司机运行状态下，按外呼响3声后蜂鸣停止。

6. 呼梯防捣乱功能

按住呼梯按钮3s后，自动消号，此功能为防止一直按住呼梯按钮干扰电梯正常运行而设计。

7. 本次呼梯显示方向功能

当呼梯楼层与电梯所在楼层相同时，数码显示板会显示上呼或者下呼，以提示电梯内的人，方向显示持续几秒后消失。

8. 并联与群控功能

将两台或多台电梯集中排列，共用层门外呼梯按钮，按规定程序集中调度和控制。

实训1.6　了解电梯的功能

一、实训目的
1. 了解电梯的基本功能和可选功能。
2. 掌握电梯各项基本功能和可选功能的运行特点。
3. 能正确分析和检测电梯各项基本功能和可选功能。
二、实训器材
仿真教学电梯。
三、实训内容
按照表1-2的内容进行电梯功能验证。此外，学生还可自行设计电梯各项功能验证方法。

表1-2 电梯功能实训表格

序号	电梯功能	设计问题	操作、观察、得出结论
1	自动定向功能	轿厢在3层，先按下1层上呼按钮，然后按下5层下呼按钮，电梯的运行过程为：	
2	顺向截梯、反向记忆功能	轿厢在1层，2层下呼，3层上呼，4层上呼。则电梯的运行过程是：	
		轿厢在6层，5层下呼，4层上呼，3层下呼。则电梯的运行过程是：	
3	最远反方向截车功能	轿厢在1层，2层下呼，3层下呼，4层下呼。则电梯的运行过程是：	
		轿厢在6层，2层上呼，3层上呼，4层上呼。则电梯的运行过程是：	
4	本层呼梯开门功能	轿厢在3层，按下3层上呼或下呼按钮。电梯的动作是：	
5	锁梯功能	轿厢在6层，将钥匙开关转到锁梯位置。则电梯的运行过程是：	
6	司机功能	将电梯转入司机运行状态，点动关门，如果门未关到位就松开关门按钮，则电梯的动作过程是：	
		司机状态时，按下外呼按钮，电梯的动作过程是：	
7	直驶功能	轿厢在6层，首先将电梯转入司机状态，内选1层，按下直驶按钮，按关门按钮关门。此时，厅外顺向外呼，4层下呼，3层下呼，2层下呼，则电梯的动作过程是：	
8	检修功能	将控制柜上的正常/检修运行转换开关打到"检修"位置，显示器显示：	
		此时，按下控制柜上的"慢上"按钮，然后松开，则电梯的动作过程是：	
		再将轿厢内的正常/检修运行转换开关打到"检修"位置，按下控制柜上"慢上"按钮，电梯的动作是：	
		此时，按下轿厢操纵盘上的"慢上"按钮，电梯的动作过程是：	
		将电梯由检修状态恢复到正常状态，电梯会如何运行？	
9	消防功能	当电梯正在上行，按下消防开关后，电梯的动作过程是：	
		当电梯正在下行，按下消防开关后，电梯的动作过程是：	
		当电梯停在某层，按下消防开关后，电梯的动作过程是：	
		按下消防开关，电梯返回基站后，内选2层、3层和4层，手动关好门后，则电梯的动作过程是：	
10	端站限位开关功能	当电梯正常运行下行时，按住下限位开关，则电梯的动作过程是：	
		将控制柜的正常/检修运行转换开关打到"检修"位置，一人按下"慢下"按钮，一人按下下限位开关，则电梯的动作过程是：	
11	端站极限开关功能	将下极限开关用绝缘笔压下，此时电梯现象：	
		当电梯碰到极限开关时，如何恢复？	
12	安全触板和光电保护功能	当电梯在关门时，将一物体放在门区。如果是光电开关，需要将物体放在光电开关的位置处。电梯的动作过程是：	
13	自检平层功能	当电梯正常运行时，突然断电，然后再恢复供电。则电梯的动作过程是：	
		用检修操作使电梯停在两层楼之间，然后转入正常运行状态。则电梯的动作过程是：	

（续）

序号	电梯功能	设计问题		操作、观察、得出结论
14	故障显示功能	检修时，显示：		
		急停时，显示：		
		满载时，显示：		
		轻载时，显示：		
		防粘连时，显示：		
15	满载功能	轿厢在1层时，按下满载开关，按下2层上呼按钮、3层上呼按钮，内选4层。则电梯的动作过程是：		
16	超载功能	轿厢在某层时，按下超载开关，电梯的动作过程是：		
17	防捣乱功能	轿厢在1层，内选2~6层，按下轻载开关后，电梯的动作过程是：		

四、实训报告

1. 自行设计电梯各项功能验证方法
2. 实训的心得体会。

单元7 电梯的性能要求

电梯是服务于建筑物的运输设备，为了能满足这一特定工作条件的需要，电梯必须具有相应的性能。维修保养电梯的目的就是为了使电梯保持其应有的性能。只有这样，才能保证电梯安全可靠、舒适快捷地为乘客服务。

电梯的主要性能要求包括以下几个方面。

一、安全性

安全性是电梯首先应具有的性能指标，是电梯设计、制造、安装调试和试验等环节及使用和维护保养过程中必须确保的重要指标。

二、可靠性

可靠性是反映电梯技术先进程度和制造、安装精度的一项指标，主要体现在运行中故障率的高低上。故障率高，则说明可靠性差。

如果电梯的零部件加工制造材质差，精度低，电气控制元件质量不稳定，或控制技术受到一定的局限性，那么电梯的整体性能就很难达到可靠的要求。

然而，即使是一台控制技术先进、制造安装优良的电梯，投入使用后，若未能认真维修保养，运行故障率也会越来越高。因此，电梯维修保养的质量，直接影响着电梯运行的可靠性。

实际使用中，电梯的机械故障率一般少于电气控制系统的故障率。但是，一旦出现机械故障，往往修复时间长，损失也较大。

三、平层精度

电梯的平层精度（平层准确度）是指轿厢到站停靠后，其地坎上平面对层门地坎上平面垂直方向的距离。平层精度与电梯的运行速度、制动距离和力矩的调整、拖动性能和轿厢的负载情况有关。各类不同梯速的轿厢平层精度在电梯运行中应通过维修调整达到规定值：梯速 $v < 0.63\text{m/s}$ 的交流双速电梯和 $v < 2.5\text{m/s}$ 的交直流调速电梯，平层精度应不大于 $\pm 15\text{mm}$；$v > 1\text{m/s}$ 的交流双速电梯，平层精度应不大于 $\pm 30\text{mm}$。

四、舒适性

舒适性是乘客在乘梯时最敏感的一项指标，也是电梯多项性能指标的综合反映。它与电梯运行中起动、制动阶段的运行速度、加速度和减速度、加减速度的变化率（又称为加加速度或急动度）、运行平稳性、噪声，甚至轿厢的装饰都有密切的关系。

电梯在运行过程中，存在着频繁的起动、制动阶段的加减速度过程。由于轿厢是在垂直方向上下运行的，为了避免加、减速度过快，使人产生超重和失重而感到身体不舒适，应在安全快速的前提下，对加、减速予以适当的控制。考虑到人体生理上对加速度的承受能力，GB/T 10058—2009《电梯技术条件》中规定：乘客电梯起动加速度和制动减速度最大值均不应大于 1.5m/s^2。同时加减速度的变化率较大时，人的大脑感觉眩晕、痛苦，对人体的影响比加速度还大。在电梯行业一般限制加减速度变化率不超过 1.3m/s^3。

为了使电梯乘坐舒适，必须控制电梯运行中水平和垂直方向的振动，保证运行的平稳性，同时要降低电梯运行时产生的噪声，轿厢内的噪声应不大于55dB。

五、电梯的主要参数

1）电梯类型：乘客电梯、载货电梯、客货两用电梯、病床电梯、汽车电梯等。

2）电梯额定速度：制造和设计规定的电梯运行速度。

3）电梯额定载重量：制造和设计规定的电梯载重量。

4）电梯提升高度：从底层站楼面至顶层站楼面之间的垂直距离。

5）乘客人数：电梯轿厢（包括司机在内）限定的乘客人数。

6）开门形式及方向：

① 水平滑动门：沿门导轨和地坎水平滑动开启的门。

② 中分式：层门或轿门，由门中间位置各自向左右以相同速度开启的门。

③ 旁开式：双折门、双速门，层门或轿门的两扇门以两种不同速度向同一侧开启。方向有左开、右开。

7）开门宽度：轿门和层门完全开启的净宽。

8）停层站数：由买方及其建筑物高度决定。

习　题

一、判断题

1.（　　）乘客召唤电梯时，不要同时按压上、下两个方向的呼梯按钮，以提高电梯的运行效率。

2.（　　）紧急开锁装置是为应急需要而设置的，借助层门上的三角钥匙可将层门打开。

3.（　　）电梯处于无司机状态，层门关闭，在有外呼信号的情况下，电梯能自动运行。

4.（　　）电梯正常关门过程中，开门按钮不起作用。

5.（　　）电梯在正常状态下不允许开门走车，但在检修状态下是可以开门走车的。

6.（　　）由司机操作的电梯，在使用中不经允许不得使电梯转入自动运行状态。

7.（　　）集选电梯在运行中应能顺向截车，并能响应最远端的反向呼梯指令。

8.（　　）电梯应按最先呼梯信号定向，在运行中其他层站可以顺向截车，但不能改变运行方向，并响应最远端的反向信号。

9.（　　）当电梯控制柜的检修装置处于检修状态使电梯运行时，将轿顶检修装置搬到检修位置，电梯立即停止运行。

10.（　　）有司机操作的电梯，在司机操作状态下，应点动关门。

11.（　　）电梯满载时，即便是与运行方向一致的厅外呼梯信号也不能予以应答。

12.（　　）电梯直驶运行是指电梯不响应外呼和内选，直接行驶到基站。

13.（　　）电梯停在某层，乘客进入轿厢后，超载信号报警，电梯已经超载，为了使乘客方便，这时电梯司机应主动退出，让乘客优先乘坐电梯。

14.（　　）消防功能是指发生火灾时，司机把电梯打到消防状态下运行电梯。

15.（　　）消防功能和消防员专用功能是同一种功能。

16.（　　）电梯遇到故障紧急制动时，制动距离越短越好。

17.（　　）电梯机房的所有转动部位须涂成红色，并有旋转方向标志。

18.（　　）在人工紧急操作时，人工开闸必须有个持续力才能维持开闸状态。

19.（　　）在层站外除了用手动开锁装置打开层门外，其他方法是不能把层门打开的。

20.（　　）轿厢应急照明应能让乘客看清有关报警的文字说明。

21.（　　）额定载重量为1000kg以下的电梯可以使用任何形式的缓冲器。

22.（　　）导向轮的主要作用是调整曳引绳与曳引轮的包角。

23.（　　）所有机械运动都是危险的，只是程度不同。

24.（　　）电梯在运行过程中非正常停车困人，是一种保护状态。

25.（　　）蓄能型缓冲器的总行程就是载有额定载重量的轿厢压在其上面时的压缩量。

26.（　　）为了减少电梯运行的阻力，刚性滑动导靴的靴衬对导轨顶面不应有压力。

27.（　　）当井道下有人能进入的空间时，轿厢和对重都应设安全钳装置。

28.（　　）电梯的基站是指电梯的底层端站。

29.（　　）渐进式安全钳装置是指采取特殊措施，使夹紧力逐渐达到最大值，最终完全夹紧在导轨上的安全钳。

30.（　　）轿厢及其连接部件与对重及其连接部件的水平距离应不大于50mm。

31.（　　）安全钳一旦动作，电梯必须立即停止，制动的距离越短越好。

32.（　　）限速器上的电器开关动作速度是额定速度的95%。

33.（　　）制动器松闸时应同步离开，其四角间隙均大于0.7mm。

34.（　　）当底坑底面下有人员能到达的空间存在，且对重（或平衡重）上未设有安全钳装置时，对重缓冲器必须能（或平衡重运行区域的下边必须）一直延伸到坚固地面。

35.（　　）电梯在正常条件下运行，安全钳误动作，电梯司机应立即按下急停开关并通知管理人员及电梯维修人员。

36.（　　）正常时，电梯之所以能够准确停层，是因为安全钳把轿厢固定在导轨上。

37.（　　）电梯的轿门、层门从外观上关闭了，但还不能说电梯门就关好了。

38.（　　）如果需要在机房使用紧急手动盘车装置使电梯运行时，必须先将电梯主电源断开。

39. （　　　）电梯专用钥匙应由专人保管。

40. （　　　）电梯的限位开关动作将切断电梯快速运行电路。

41. （　　　）强迫换速装置是端站保护之一，当电梯轿厢超过正常换速位置时，其起强迫电梯减速的作用。

42. （　　　）电梯限位开关动作后，切断危险方向运行，但可以反向运行。

43. （　　　）电梯的满载装置不是安全保护装置。

44. （　　　）电梯检修运行时，电梯所有安全装置均起作用，包括层门联锁。

45. （　　　）层站呼梯按钮及楼层指示灯出现故障不影响电梯使用。

46. （　　　）当层门完全闭合后，门锁锁紧件的啮合长度应小于7mm。

47. （　　　）轿门正在关闭时，正常情况下电梯司机可以经常利用安全触板将门打开。

48. （　　　）在电梯施工过程中，为了施工方便，电梯可以开着门运行。

49. （　　　）红色用来标识禁止、停止的信息；黄色用来标识注意危险，起警示作用。

二、选择题

1. （　　　）_____开关动作应切断电梯快速运行电路。
A. 极限　　　　　　　　B. 急停　　　　　　　　C. 强迫缓速　　　　　　D. 限位

2. （　　　）安全触板的碰撞力不应大于_____N，接触后门反向运行。
A. 5　　　　　　　　　B. 10　　　　　　　　　C. 15　　　　　　　　　D. 30

3. （　　　）限速器安全钳联动试验后，应将电梯以_____速度恢复运行状态。
A. 快车向上　　　　　　B. 检修向上　　　　　　C. 检修向下　　　　　　D. 快车向下

4. （　　　）电梯曳引机通常由电动机、_____、减速器、底座和导向轮等组成。
A. 曳引绳　　　　　　　B. 制动器　　　　　　　C. 轿厢　　　　　　　　D. 对重

5. （　　　）蓄能型缓冲器的缓冲距离为_____mm，耗能型缓冲器的缓冲距离为_____mm。
A. 150～400；200～350　　　　　　　　B. 250～400；150～350
C. 150～400；250～350　　　　　　　　D. 200～350；150～400

6. （　　　）轿厢与对重及其连接部件之间的最小距离不小于_____mm。
A. 35　　　　　　　　　B. 40　　　　　　　　　C. 45　　　　　　　　　D. 50

7. （　　　）投入运行不久的电梯，曳引轮绳槽磨损严重，且不均匀，并掉铁屑，可能产生的原因为_____。
A. 曳引轮与导向轮不在一条线上　　　　B. 曳引绳不在绳槽的中心位置
C. 曳引绳在绳槽内受力不均　　　　　　D. 以上均对

8. （　　　）电梯超载是指轿厢内载重量超过了额定载重量的_____。
A. 80%　　　　　　　　B. 90%　　　　　　　　C. 100%　　　　　　　　D. 110%

9. （　　　）电梯满载是指轿厢内载重量达到了额定载重量的_____。
A. 80%　　　　　　　　B. 90%　　　　　　　　C. 100%　　　　　　　　D. 110%

10. （　　　）门刀与层门地坎，门锁滚轮与轿厢地坎间隙应为_____mm。
A. 2～10　　　　　　　B. 5～10　　　　　　　C. 2～8　　　　　　　　D. 5～8

11. （　　　）操纵轿厢安全钳装置的限速器的动作应发生在速度至少等于额定速度的_____时。
A. 110%　　　　　　　B. 115%　　　　　　　C. 120%　　　　　　　D. 125%

12. （   ）客货电梯门锁锁钩的啮合深度应达到或超过_____ mm 时，电气触点才能接通。

    A. 5　　　　　　　　B. 10　　　　　　　　C. 7　　　　　　　　D. 8

13. （   ）电梯工作时，减速器中的油温应不超过_____℃。

    A. 65　　　　　　　　B. 75　　　　　　　　C. 85　　　　　　　　D. 95

14. （   ）在机房内应设有易于检查轿厢是否在开锁区的标志，可借助于_____来实现。

    A. 在机房设置数码楼层显示装置　　　　　　B. 在与各层站有关的继电器上做标记

    C. 曳引绳或限速器绳上的标记　　　　　　　D. 在机房设置井道观察孔

15. （   ）一般情况，达到目前国标要求的对讲装置应有_____套。

    A. 3　　　　　　　　B. 4　　　　　　　　C. 5　　　　　　　　D. 6

16. （   ）如果按轿厢所获动力区分，在用电梯使用最多的方式是_____。

    A. 柱塞式　　　　　　B. 螺杆式　　　　　　C. 曳引式　　　　　　D. 齿条齿轮式

17. （   ）电梯限速器动作时，其电器联锁装置应该_____。

    A. 动作并能自动复位　　　　　　　　　　　B. 动作且不能自动复位

    C. 不动作　　　　　　　　　　　　　　　　D. 限制电梯的运行速度

18. （   ）蓄能型缓冲器仅适用于额定速度不大于_____的电梯，耗能型缓冲器可适用于各种速度的电梯。

    A. 0.63m/s　　　　　B. 0.75m/s　　　　　C. 1.0m/s　　　　　D. 1.5m/s

19. （   ）电梯不平层是指：

    A. 电梯停靠某层站时，层门地坎与轿门地坎的高度差过大

    B. 电梯运行速度不平稳

    C. 某层层门地坎水平度超标

    D. 轿厢地坎水平度超标

20. （   ）电梯发生超速现象时，限速器-安全钳联动装置应使电梯停止运行，并将电梯可靠固定在导轨上。限速器动作时应带动_____动作。

    A. 限位开关　　　　　B. 断绳开关　　　　　C. 安全钳　　　　　D. 缓冲器开关

21. （   ）为保证安全，电梯的检修运行速度一般不大于_____。

    A. 0.25m/s　　　　　B. 0.63m/s　　　　　C. 0.5m/s　　　　　D. 1.0m/s

22. （   ）电梯的端站是指电梯整个行程中的_____。

    A. 最低层站　　　　　B. 最高层站　　　　　C. 首层站　　　　　D. 最低和最高层站

23. （   ）电梯轿门在正常关闭未启动前，有人按了与运行同方向的本层呼梯按钮，此时电梯门将会_____。

    A. 照常关闭　　　　　B. 立即自动打开　　　C. 运行停止不动　　　D. 出现故障

24. （   ）轿顶防护栏的作用是_____。

    A. 装饰作用　　　　　　　　　　　　　　　B. 平衡轿厢、对重质量

    C. 保护维修人员安全　　　　　　　　　　　D. 悬挂标志牌

25. （   ）电梯上端站防超越行程保护开关自上而下的排列顺序是_____。

    A. 强迫缓速、极限、限位　　　　　　　　　B. 极限、强迫缓速、限位

    C. 限位、极限、强迫缓速　　　　　　　　　D. 极限、限位、强迫缓速

26. （　　）如果需要在机房使用紧急手动盘车装置使电梯运行时，必须先将电梯_____。

A. 转换为检修状态　　B. 断开主电源开关　　　C. 转换为自动状态　　D. 断开照明开关

27. （　　）除两端站外，其余楼层有上、下方向两个呼梯按钮，该电梯为_____功能电梯。

A. 上集选　　　　　　B. 全集选　　　　　　C. 下集选　　　　　　D. 自动

28. （　　）若机房、轿顶、轿厢内均有检修运行装置时，必须保证_____的检修控制优先。

A. 机房　　　　　　　B. 轿顶　　　　　　　C. 轿厢内　　　　　　D. 自行设置

29. （　　）发现建筑物出现火灾时，司机首先应_____。

A. 立即操作电梯去往着火层救人

B. 舍弃电梯逃离

C. 打火警电话报警

D. 去往疏散层（或基站）锁梯或转入消防状态

30. （　　）集选控制电梯是指当电梯下行运行中，路过的层站有上呼梯信号，这时电梯应_____。

A. 换速停梯　　　　　B. 消号不停梯　　　　C. 急停梯　　　　　　D. 保留信号不停梯

31. （　　）有司机操作的电梯，在司机操作的状态下，应_____关门。

A. 点动　　　　　　　B. 非点动　　　　　　C. 自动　　　　　　　D. A 和 C 均可

32. （　　）电梯在向上运行中，扳动消防开关，电梯应_____。

A. 断电停梯　　　　　　　　　　　　　　　B. 就近换速停车待命

C. 没反应　　　　　　　　　　　　　　　　D. 就近换速停车并返回基站

33. （　　）将正常/检修开关转换到检修状态，这时电梯应_____。

A. 无内选无外呼　　B. 有内选无外呼　　C. 无内选有外呼　　D. 有内选有外呼

34. （　　）电梯层门锁的锁钩啮合与电气触点的动作顺序是_____。

A. 锁钩啮合与电气触点接通同时

B. 锁钩的啮合深度达到 7mm 以上时电气触点接通

C. 电气触点接通后锁钩啮合

D. 动作先后没有要求

35. （　　）电梯使用中，_____开关动作时，会发出报警声，并且不能关门运行。

A. 安全触板　　　　B. 消防　　　　　　C. 超载　　　　　　D. 检修

三、简答题

1. 简述电梯曳引传动的原理及特点。

2. 电梯是由哪些系统组成的？

3. 为防止人员坠落或剪切，对电梯门系统的设置有何要求？

4. 电梯有哪些安全保护措施？

模块2

电梯的供电与接地

知识目标

1. 了解电梯供电和用电要求，接地保护的方式。
2. 掌握电梯动力电源、照明电源、电线电缆的特点及要求。
3. 掌握安全用电常识。

能力目标

1. 能正确分析电梯的用电和供电要求。
2. 能正确配置电梯的动力电源、照明电源、电线电缆。
3. 能正确配置电梯的接地保护。
4. 能安全用电。

素质目标

1. 培养学生安全用电意识。
2. 培养学生遵时守纪、踏实肯干的态度。
3. 培养学生自我学习和信息化学习的能力。

单元1　电梯的供电

一、电梯供电电源

电梯供电电源应从产权单位指定的电源接电，使用专用的电源配电箱，配电箱应能上锁。配电箱内的开关、熔断器、电气设备的电缆等应与所带负载相匹配。严禁使用其他材料代替熔丝。

二、电梯设备的用电要求

1. 动力电源

电梯的动力电源是指为电梯曳引电动机及其控制系统提供的能源，一般都是交流三相供电。

（1）电压范围　交流三相电源线电压为380V，其电压波动应在额定电压值的±7%的范围内。

（2）接入方式　电源进入机房后通过各熔断器或总电源开关，再分接到各台电梯的主电源开关上，如图 2-1 所示。

图 2-1　电梯总电源开关

对主电源开关的要求：

1）安装在机房入口处，易识别，容量适当，高度符合要求。

2）具有稳定的断开和闭合位置，能切断电梯正常使用情况下的最大电流。

3）在断开位置应能挂锁或用其他等效装置锁住，以防误操作。

4）在断开位置不应切断照明、通风、插座及报警电路。

（3）敷设要求　动力电路和控制线路应分离敷设；动力电源线应采用符合 GB/T 5023.1—2008 的铜芯绝缘导线。

2. 照明电源

1）机房、轿顶、轿厢、滑轮间和井道照明电源应与动力电源分开。

2）机房照明可由配电室直接提供。

3）轿厢照明电源可由相应的主开关进线侧获得，并应设开关进行控制。

4）轿顶照明可采用直接供电或安全电压供电。

5）井道照明应设置永久性电气照明装置，在机房和底坑设置井道灯控制开关。在井道最高和最低处 0.5m 内各设一灯，中间灯的设置间隔不超过 7m。

6）井道作业照明应使用 36V 以下的安全电压。作业面应有良好的照明。

3. 电梯机房和井道内电线电缆

对电梯机房和井道内电线电缆敷设要求如下：

1）使用金属或软管保护，要具备相应强度，且有阻燃特性。

2）金属电线槽弯角电线受力处，应垫绝缘垫加以保护，垂直敷设应可靠固定。

3）电线保护外皮应完整进入开关和设备的壳体内。

4）敷设于金属电线槽内的电线总截面不大于槽净截面的 60%；敷设于金属电线管内的电线总截面不大于管净截面的 40%。

4. 电气的安全可靠性

电气的安全可靠性主要由绝缘强度来保证。应在所有通电导体与地之间测量绝缘电阻，额定 100VA 及以下的保护特低电压和安全特低电压的电路除外。大于 100VA 的保护特低电压和安全特低电压的电路，测试电压为 250V，其绝缘电阻≥0.5MΩ；额定电压≤500V 的电路，测试电压为 500V，绝缘电阻≥1.0MΩ；额定电压＞500V 的电路，测试电压为 1000V，绝缘电阻≥1.0MΩ。

对于控制电路和安全电路，导体之间或导体对地之间的直流电压平均值和交流电压有效值不应大于 250V。

单元 2　电梯中的接地保护

正常情况下，电气设备的金属外壳是不带电的。但当设备中某处绝缘损坏时，内部导体与金属外壳接触，使外壳带电，这时如果人体接触金属外壳就会导致触电事故。为了确保操作人员的安全，所以要对电气设备采用保护接地的措施，以防止人体触电事故的发生。

保护接地又分为接地保护和接零保护。

一、接地保护和接零保护

1. 接地保护

保护接地就是将电气设备的金属外壳与接地体可靠连接。其保护原理就是降低漏电设备外壳上的对地电压，如图 2-2 所示。

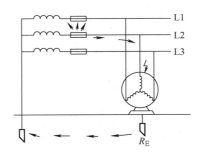

图 2-2　接地保护示意图

2. 接零保护

接零保护就是将电气设备的金属外壳与零线可靠地连接在一起，其保护原理就是可以形成大的短路电流，使漏电设备脱离电源，如图 2-3 所示。

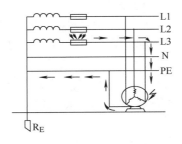

图 2-3　接零保护示意图

同一系统中，不同设备间采用保护是由系统本身的运行方式决定的，中性点接地系统采用接零保护，中性点不接地系统采用接地保护，这就在理论上决定了二者不可混用。

二、常用保护接地方式

根据 IEC 标准，保护接地方式分为 IT 系统、TT 系统、TN 系统。

1. IT 系统

IN 系统的电源部分与大地不直接连接，电气设备外露可导电部分直接接地，如图 2-4 所示，适用于环境恶劣的场所，该系统属于接地保护方式。

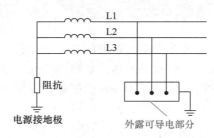

图 2-4　IT 系统

2. TT 系统

TT 系统电源的中性点直接接地，与电气设备接地无关。电气设备中可导电的金属外壳单独与地下的接地体连接。保护零线 PE 互不相关，只适用于小负载系统，该系统属于接地保护方式，如图 2-5 所示。

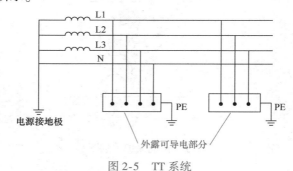

图 2-5　TT 系统

3. TN 系统

TN 系统电源的中性点直接接地，将正常运行时不带电的电气设备的金属外壳经公共保护零线 PE 和电源中性点直接连接，该系统属于接零保护方式。TN 系统又分为 3 种情况：

（1）TN-S 系统　在整个系统中，工作零线 N 与保护零线 PE 是分开的，如图 2-6 所示。正常工作时，保护零线 PE 上没有电流，因此电气设备的金属外壳可导电部分没有对地电压，比较安全。

（2）TN-C 系统　在整个系统中，工作零线 N 与保护零线 PE 是合用的，如图 2-7 所示。当三相负载不平衡或只有单相负载时，PEN 线上有电流，需要选用适当保护装置才能达到安全要求。

（3）TN-C-S 系统　在整个系统中，有部分工作零线 N 与保护零线 PE 是分开的，部分是合用的，如图 2-8 所示。

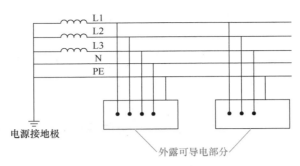

图 2-6　TN－S 系统

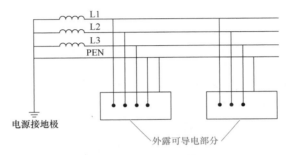

图 2-7　TN－C 系统

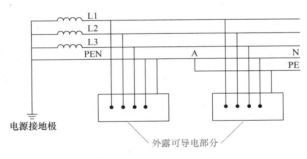

图 2-8　TN－C－S 系统

三、电梯电气的接地保护

1. 电梯供电要求

电梯最好采用三相五线制供电系统（即 TN－S 系统），至少采用 TN－C－S 系统。

用三相五线将电送入机房，中性线 N（即工作零线）与保护线 PE（即保护零线）应始终分开。"始终"指的是从供电变压器开始，到电梯电气设备为止，工作零线和保护零线都保持分开。

2. 接地线和接地的具体要求

1）所有电梯电气设备的金属外壳均应有易于识别的接地端，其接地阻值不大于4Ω。

2）电线管之间，弯头、外接头和分线盒之间应在未穿入电线前用直径为5mm的钢筋作接地跨接线，并用电焊焊牢。接地干线的截面积不得小于电源相线，支线采用裸铜线时截面积不得小于4mm²，绝缘导线截面积不得小于1.5mm²。

3）轿厢应有良好的接地，如果采用电缆芯线作接地线，则不得少于两根，且截面积应大于1.5mm²。

4）接地线的颜色为绿-黄双色绝缘铜芯电线。接地支线应分别直接接至接地干线接线柱上，不得互相串接后再接地。

实训　观察电梯供电与接地方式

一、实训目的

1. 掌握电梯供电与接地方式和种类。
2. 了解电梯接地保护作用。

二、实训器材

仿真教学电梯。

三、实训内容

1. 观察电梯动力电源和主电源开关。
2. 观察电气控制柜供电与接地方式。
3. 观察PLC和变频器的供电和接地方式。
4. 观察井道照明的供电。
5. 观察井道金属框架和轿厢的接地方式。
6. 观察电梯电线电缆。

四、实训报告

1. 说明电梯用电和接地保护的要求。
2. 实训的心得体会。

习　题

一、判断题

1. （　　　）工作零线、地线不能安装熔断器和开关。

2. （　　　）保护接地又分为接地保护和接零保护。

3. （　　　）接地线应分别直接接到接地线柱上，不得彼此连接后再接地。

4. （　　　）电梯电源应是专用电源。电源的电压波动范围应不超过±10%，而且照明电源应与电梯主电源分开。

5. （　　　）接地线应可靠安全，易于识别，用规定的绿-黄双色线。

6. （　　　）电梯电源应是专用电源。电源的电压波动范围应不超过±7%。而且照明电源应与电梯主电源分开。

7. （　　　）在电梯机房中，每台电梯都应单独装设一个能切断该台电梯电路的主开关。该开关整定容量应稍大于所有电路的总容量，并具有切断电梯正常使用情况下最大电流的能力。

8. （　　　）为保证安全，安装主要电源开关的电气柜应上锁。

9. （　　　）TT系统属于保护接地中的接零保护方式。

10. （　　　）TN系统属于保护接地中的接零保护方式。

二、选择题

1. （　　）"零、地分开"应理解为_____和_____始终分开。

A. 零线、中性线 N

B. 工作零线、保护线 PE

C. 中性线 N、保护线 PE

D. 中性线、相线

2. （　　）电梯工作时电压波动范围为_____。

A. ±5%　　　　B. ±7%　　　　C. ±8%　　　　D. ±10%

3. （　　）所有电梯电气设备的金属外壳均应有易于识别的接地端，其接地阻值不应大于_____。

A. 10Ω　　　　B. 4Ω　　　　C. 5Ω　　　　D. 8Ω

4. （　　）电梯的供电系统应首先采用_____系统。

A. TN－S　　　　B. TN－C　　　　C. TN－C－S　　　　D. 中性点接地的 TN

5. （　　）电梯供电系统应采用_____系统。

A. 三相五线制　　　　B. 三相四线制　　　　C. 三相三线制　　　　D. 中性点接地的 TN

6. （　　）电梯在施工过程中，井道内的临时照明必须采用_____以下的电压。

A. 24V　　　　B. 220V　　　　C. 50V　　　　D. 36V

7. （　　）电梯运行主电源使用的电压是_____V。

A. 380　　　　B. 220　　　　C. 36　　　　D. 24

8. （　　）电梯轿厢照明使用的电压是_____V。

A. 380　　　　B. 220　　　　C. 36　　　　D. 24

三、简答题

1. 《电梯制造与安装安全规范》规定"中性线和接地线应始终分开"。

（1）规定中中性线指什么？用途是什么？

（2）接地线指什么？用途是什么？

（3）始终是什么意思？

2. 对电梯的主电源开关有何要求？

3. 为了电梯安全，要对电梯进行安全保护接地，正确做法有哪些？即若电源中性点接地，则采取什么保护？若电源中性点不接地，则采取什么保护？

模块3

电梯的电气设备

知识目标

1. 掌握三相异步、同步电动机和直流电动机的工作原理和运行控制方法。
2. 掌握电梯曳引电动机和门电动机的安装位置、运行要求、性能特点。
3. 了解电梯电气控制柜的整体结构。
4. 掌握电梯电气控制柜内的各个电气元件的名称、结构、工作原理和作用。
5. 了解电梯电气控制柜输出的不同性质和等级的电压。
6. 掌握电梯的外围控制设备的安装位置、结构、作用及工作原理。

能力目标

1. 能正确判断电梯曳引电动机和门电动机的类型和运行控制方法。
2. 能根据交流、直流电动机运行特点和控制方式的不同，正确选用曳引电动机和门电动机。
3. 能正确识别电梯电气控制柜内各电气元件。
4. 能正确画出电梯电气控制柜内的各个电气元件的电气符号。
5. 能使用万用表正确测量电梯电气控制柜内不同性质和等级的电压。
6. 能正确识别电梯外围控制设备。
7. 能正确分析和检验电梯外围控制设备的作用。
8. 通过电梯电气控制柜中继电器、接触器的工作状态，能正确推断电梯的工作状态。

素质目标

1. 培养学生遵时守纪、踏实肯干的态度。
2. 培养学生团队合作和沟通交流的能力。
3. 培养学生自我学习和信息化学习的能力。
4. 培养学生发现问题、解决问题的能力。

单元 1　电梯电动机及拖动原理

一、三相交流电动机

三相交流电动机分为三相异步电动机和三相同步电动机。

1. 三相异步电动机

（1）结构　三相异步电动机分为两个基本部分：定子和转子。小型三相笼型异步电动机外观示例如图 3-1 所示，结构如图 3-2 所示。

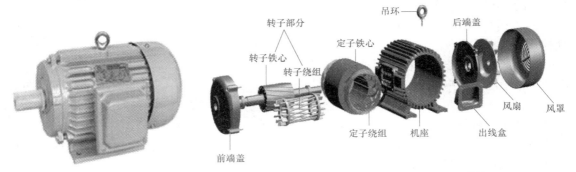

图 3-1　小型三相笼型异步　　　　　图 3-2　小型三相笼型异步电动机结构
　　　　电动机外观示例

（2）工作原理　三相交流异步电动机定子的三相对称绕组通入三相对称交流电后，产生旋转磁场，转子导体在定子中切割磁力线，使转子导体中产生感应电流，这样转子中的感应电流与旋转磁场相互作用而产生电磁转矩，使电动机旋转起来。

旋转磁场的转速

$$n_1 = \frac{60f_1}{p} \tag{3-1}$$

转子转速

$$n = n_1(1 - s) \tag{3-2}$$

式中　n_1——旋转磁场转速（r/min）；

　　　f_1——电源频率（Hz）；

　　　p——电动机磁极对数；

　　　n——电动机转子转速（r/min）；

　　　s——转差率，$0 < s \leqslant 1$。

由式(3-2)可以看出，电动机稳定运行时，转子的转速略低于定子旋转磁场的转速，所以称为异步电动机。

（3）运行控制

1）起动。起动时，因为转子与定磁场之间的转差最大，所以起动电流最大。因此，起动时要尽量降低起动电流。

2）反转。只要将电动机的 3 根电源接线中的任意两根对调，就可以使电动机反转。

3）调速。调速的方法有 3 种：变极调速、变频调速、变转差率调速。

4）制动。制动有机械制动和电气制动两类。电气制动有反接制动、能耗制动和回馈制动等方法。

2. 三相同步电动机

（1）结构　三相同步电动机分为两个基本部分：定子和转子。与异步电动机的区别是：转子用永磁体制成或用转子绕组通以直流电形成分布磁场。电励磁三相同步电动机结构模型如图 3-3 所示。

（2）工作原理　当三相对称电流流过定子三相对称绕组时，产生旋转磁场。转子的励磁绕组通入直流电流，产生极性恒定的静止磁场。定子磁场的磁极对数与转子磁场的磁极对数相等，磁极相互吸引，驱动转子旋转，即转子以等同于旋转磁场的速度、方向旋转。

（3）运行控制　永磁同步电动机按控制方式分为他控式和自控式两种。

他控式永磁同步电动机是用独立的变频电源供电，转速严格地随电源频率而变化。

自控式永磁同步电动机定子产生的旋转磁场位置由永磁转子的位置来决定，能自动地维持与转子的磁场有90°的空间夹角，以产生最大的转矩。旋转磁场的转速严格地由永磁转子的转速决定。因此，转子磁极的位置需要加一个磁极位置监测器。

采用变频器供电的永磁同步电动机加上转子位置检测装置构成的控制系统，完全可以适应高速、舒适、高可靠性电梯的要求。

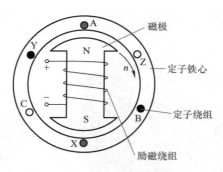

图3-3　电励磁三相同步电动机结构模型

二、直流电动机

（1）结构　直流电动机分为两个基本部分：定子和转子。直流电动机结构模型如图3-4所示。

（2）工作原理　励磁绕组通过直流电产生稳定不变的磁场；在电刷两端外加直流电源，则电枢线圈中有电流通过，载流导体在磁场中受到电磁力作用，产生电磁转矩，使电枢旋转。

（3）运行控制

1）起动　一般采用在电枢回路串电阻或降电压起动，以减小起动电流。

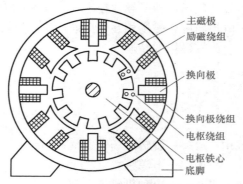

图3-4　直流电动机结构模型

2）反转　常常采用改变电枢电流的方向来实现电动机的反转。

3）调速　有电枢回路串电阻调速、调磁调速、调压调速。

4）制动　有反接制动、能耗制动和回馈制动等方法。

三、电梯曳引电动机

电梯曳引电动机是将电能转换成机械能的电气设备，它是驱动电梯上下运行的动力源。由于电梯的运行过程复杂，有频繁的起动、制动、正转、反转，而且负载变化大，经常工作在重复短时状态，如电动机状态、再生制动状态下，因此必须使用专用的电动机。

电梯用电动机必须具有以下性能：

1）能重复短时工作，频繁起动、制动及正、反转运转的特性。

2）能适应一定的电源电压波动，有起动电流小的特性。

3）有足够的起动转矩，能满足轿厢满载起动、加速迅速的特性。

4）有较硬的机械特性，不会因电梯运行时负载的变化造成电梯运行速度的变化。

5）有良好的调速性能。

6）运行平稳、工作可靠、噪声小、维护简单。

电梯曳引电动机分为直流和交流两种，目前交流电动机应用比较广泛。

三相交流异步电动机一般用于有减速器的曳引机；减速器用来将电动机的高速变为曳引轮的低速，同时提高输出转矩。有齿轮曳引机如图3-5所示。

三相交流同步电动机一般用于变频器控制的无齿轮曳引机，它可使电梯在任意速度下均可不用减速器减速，结构大大简化。无齿轮曳引机如图3-6所示。

图3-5　有齿轮曳引机

图3-6　无齿轮曳引机

仿真教学电梯的曳引机采用三相交流异步电动机，如图3-7所示。其铭牌为额定电压220V（△），额定电流0.66A，额定功率0.145kW，额定转速1400r/min。

图3-7　仿真教学电梯曳引机

四、电梯门电动机

电梯门电动机产生动力，实现轿门和层门的开关运动。

电梯门电动机分为直流和交流两种，调速方式如下：

（1）直流电动机电枢串并联电阻调速方式　通过改变电枢电路串并联电阻的阻值来改变电动机的转速，实现开（关）门过程的"慢—快—慢"的要求。

（2）交流异步电动机VVVF变频调速拖动方式　这种方式是当前电梯开关门电路中比较普遍采用的方式，其结构简单、运行平稳。

仿真教学中，真实轿门电动机采用三相异步电动机，如图3-8所示。其铭牌为额定电压380V（丫），额定电流0.6A，额定转速400r/min。

仿真轿门电动机采用60KTYZ单相可逆永磁同步电动机。其铭牌为额定电压220V，额定功率14W，转速20r/min。仿真轿门电动机如图3-9所示，安装位置如图3-10所示。

图3-8　仿真教学电梯真实轿门电动机

图 3-9 仿真轿门电动机

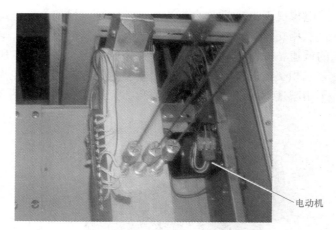

图 3-10 仿真轿门电动机安装位置

电动机

实训 3.1 认识电梯电动机

一、实训目的

1. 认识电梯曳引电动机和门电动机。

2. 掌握电梯曳引电动机和门电动机结构、原理、安装位置和运行特点。

二、实训器材

仿真教学电梯。

三、实训步骤

1. 识别电梯曳引电动机及其性能规格。

2. 在正常运行状态、检修运行状态，上、下运行电梯，观察曳引电动机的运行过程。

3. 电梯在自检平层运行过程中，观察曳引电动机的运行过程。

4. 识别电梯门电动机及其性能规格。

5. 使电梯开门，观察电梯开门运行过程。

6. 使电梯关门，观察电梯关门运行过程。

四、实训报告

1. 说明电梯曳引电动机和门电动机的结构、工作原理、安装位置。

2. 总结归纳电梯曳引电动机和门电动机的运行特点。

3. 实训的心得体会。

单元 2 电气控制柜

一、电气控制柜结构

以仿真教学电梯电气控制柜为例进行介绍，电气控制柜结构如图 3-11 和图 3-12 所示，布置图如图 3-13 所示。

图 3-11 基板控制柜

图 3-12 PLC 控制柜

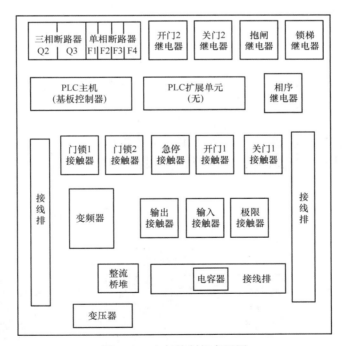

图 3-13 电气控制柜布置图

二、电气控制柜内各低压电气设备

1. 三相和单相断路器

断路器采用 DZ47-60 型单相和三相断路器。其外观如图 3-14 和图 3-15 所示。

图 3-14 单相断路器

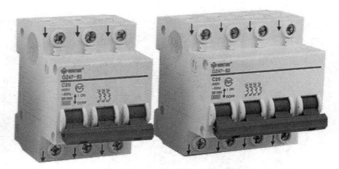

图 3-15 三相断路器

断路器由塑料外壳、操作机构、触点及灭弧系统、脱扣机构等组成。断路器适用于交流 50Hz/60Hz、额定工作电压为 230V/400V 及以下，额定电流为 60A 以下的电路中，主要用于现代建筑物的电气线路及设备的过载、短路保护，也适用于线路的不频繁操作及隔离。

三相断路器的工作原理图如图 3-16 所示，电气符号如图 3-17 所示。

2. 转换开关

各种转换开关如图 3-18 所示。

转换开关有若干个动触片和静触片，分别装于数层绝缘件内，静触片固定在绝缘垫板上，动触片装在转轴上，随转轴旋转而变更通、断位置。转换开关适用于交流 50Hz、电压为 500V 及以下的电路中，用作电气控制电路的转换。电梯用的钥匙开关和检修开关就是转换开关。

三相转换开关的工作原理图如图 3-19 所示，电气符号如图 3-20 所示。

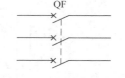

图 3-16 三相断路器工作原理

图 3-17 三相断路器电气符号

图 3-18 转换开关

另外，急停开关是一种双稳态开关。使用者用手按下此开关，该开关将自动锁死在断开状态，顺时针转动后即可复位。急停开关如图 3-21 所示。

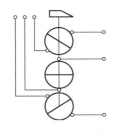　　　

图 3-19　三相转换　　　　图 3-20　三相转换　　　　图 3-21　急停开关

开关工作原理　　　　　　开关电气符号

相关国标规定：急停开关应符合安全触点的要求，双稳态，具有自锁功能。对于电气安全触点的要求如下：

1）安全触点的动作，应由断路装置将其可靠地断开，甚至两触点熔接在一起也应断开。安全触点的设计应尽可能减小由于部件故障而引起的短路危险。

2）如果其外壳防护等级低于 IP4X，则应能承受 500V 的额定绝缘电压。其电气间隙不应小于 3mm，爬电距离不应小于 4mm，触点断开后的距离不应小于 4mm。如果安全触点的保护外壳的防护等级高于 IP4X，则安全触点应能承受 250V 的额定绝缘电压，则其爬电距离可降至 3mm。

3）对于多分断点的情况，在触点断开后，触点之间的距离不得小于 2mm。

4）导电材料的磨损，不应导致触点短路。

3. 按钮

各种按钮的外观如图 3-22 所示。

a) 按钮　　　b) 外呼按钮　　　c) 内选按钮　　　d) 开门按钮　　　e) 关门按钮

图 3-22　按钮

按钮由按钮帽、复位弹簧、桥式触点和外壳组成。电梯的外呼、内选、开门、关门按钮都配有发光二极管作登记记忆显示。按钮适用于交流 50Hz、电压 380V 的电路，作为磁力起动器、接触器、继电器及其他电气线路的遥控之用。

按钮的工作原理图如图 3-23 所示，电气符号如图 3-24 所示。

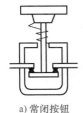　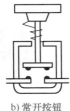　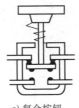　　　　　

a) 常闭按钮　　b) 常开按钮　　c) 复合按钮　　　　a) 常闭按钮　　b) 常开按钮　　c) 复合按钮

图 3-23　按钮工作原理图　　　　　　　　图 3-24　按钮电气符号

4. 接触器

图 3-25 所示为 CJX2－0910 系列交流接触器。

接触器主要由电磁机构和触点系统组成。电磁机构通常包括吸引线圈、铁心和衔铁三部分。接触器的一般结构如图 3-26 所示。它适用于交流 50Hz 或 60Hz，电压为 660V 以下、电流为 95A 以下的电路中，供远距离接通与分断电路及频繁起动，控制交流电动机。

图 3-25　交流接触器

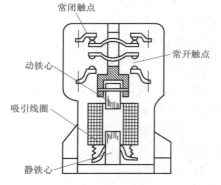

图 3-26　接触器结构图

接触器是利用电磁吸力的原理工作的。当接触器线圈通电后，线圈中流过的电流产生磁场，使铁心产生足够的吸力，克服弹簧的反作用力，将衔铁吸合，通过传动机构带动 3 对主触点和辅助常开触点闭合，辅助常闭触点断开。当接触器线圈断电或电压低于吸合电压时，由于电磁吸力消失或过小，衔铁在弹簧力的作用下复位，带动 3 对主触点和辅助常开触点断开，辅助常闭触点闭合。

接触器的工作原理图如图 3-27 所示，电气符号如图 3-28 所示。

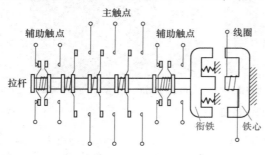

图 3-27　接触器工作原理图

a) 主触点　　　b) 辅助触点　　　c) 线圈

图 3-28　接触器电气符号

5. 中间继电器

图 3-29 所示为 JZX－22FD/37 系列中间继电器。

中间继电器的结构和工作原理与接触器基本相同，只是中间继电器运行通过的电流较小，中间继电器触点对数多，且没有主辅之分，各对触点允许通过的电流大小相同。它适用于电气电子控制设备，可作为遥控、中间转换或放大元件。

图 3-29　中间继电器

中间继电器的电气符号如图 3-30 所示。

6. 相序继电器

图 3-31 所示为 XJ12 系列的相序继电器。

相序继电器由检测电路、开关电路组成，适用于交流 380V 的电路中作断相和错相保护。

图 3-30　中间继电器电气符号

相序继电器工作原理：三相电源依次接入相序继电器的 3 个接线点 L1、L2、L3，将一对常开（常闭）辅助触点接入控制回路。当相序正确时，继电器不动作；当相序不正确（断相或错相）时，继电器动作输出，使控制回路断开，从而保护了主回路。工作原理图如图 3-32 所示。

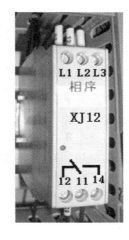

图 3-31　相序继电器

图 3-32　相序继电器工作原理图

7. 单相变压器

单相变压器如图 3-33 所示，由铁心、一次绕组、二次绕组组成。它适用于交流电路中，用来变换交流电压、电流的大小。

图 3-33 所示为单相多绕组变压器，其工作原理图如图 3-34 所示，电气符号如图 3-35 所示。

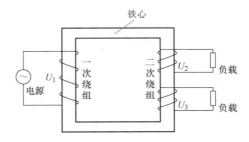

图 3-33　单相多绕组变压器

图 3-34　单相多绕组变压器工作原理图

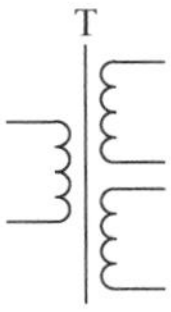

图 3-35　单相多绕组变压器电气符号

8. 整流滤波设备

整流滤波电路将交流电变换成比较平滑的直流电，该电路由整流桥堆和电容器组成。整流由整流桥堆实现。单相全波整流桥堆如图 3-36 所示，其结构示意图如图 3-37 所示。

将 4 只整流二极管用绝缘瓷、环氧树脂等外壳封装在一起就制成整流桥堆。该组件有 4 个引脚，其中两个脚上标有 "～" 符号，与输入的交流电相连；另两个脚分别标有 " + " " – "，是整流输出直流电压的正、负极。

滤波用电容器来实现。电容器及其安装位置如图 3-38 所示。

图 3-36　整流桥堆

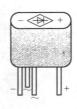
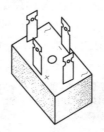
图 3-37　整流桥堆结构示意图

图 3-38　滤波电容器

整流电路输出的是脉动直流电，含有很大的交流成分，因而不能直接作为电子设备的直流电源来使用。所以需要进一步滤波通常由电容器实现。电容滤波就是在负载的两端并联一个电容器，它是根据电容两端电压在电路状态改变时不能突变的原理来设计的。

桥式整流滤波电路利用交流输入的整个周期，输入电源利用效率高，其工作原理图如图 3-39 所示。

桥式整流加电容滤波时，输出直流电压 $U_o \approx 1.2U_2$，负载开路时，输出直流电压则均为 $\sqrt{2}\,U_2$。

在电梯电气控制柜中为了得到高质量的直流电源，大多采用开关电源，如图 3-40 所示。

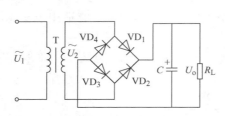
图 3-39　整流滤波电路工作原理图

图 3-40　开关电源

9. 接线排子

接线排子如图 3-41 所示，采用 IEC 标准的高低槽基座，适用于频率为 50Hz，额定电压为 660V 以下、额定电流为 115A 以下的电路中，作导线间的连接之用，也可借助于固定件直接安装之用。

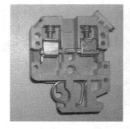
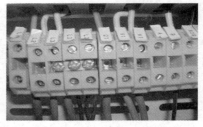
图 3-41　接线排子

10. 可编程逻辑控制器（PLC）

仿真教学电梯电气控制柜 PLC 由基本单元加扩展单元组成。基本单元采用富士 SPB 系列的 NW0P60 型。电源电压为 AC 100～200V、DC 24V；I/O 点数为 24/16 点；继电器/晶体管输出。通信适配器可以采用 RS-232 或 RS-485。

PLC 扩展单元采用富士 SPB 系列的 NW0E32 型。I/O 点数为 16/16 点；继电器/晶体管输出。富士 SPB 系列 PLC 基本单元和扩展单元及连接如图 3-42 所示。详细内容在模块 5 中介绍。

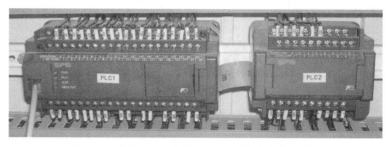

图 3-42　富士 SPB 系列 PLC 基本单元和扩展单元

11. 基板控制器

仿真教学电梯电气控制柜采用了富士基板控制器，它是通过向 CPU 模板连接扩展 I/O 模板来控制中小规模系统的模板型控制器。

CPU 模板是 NW3P08-41C 型：DC 24V 输入、DC 5V 输出，RS-485 通信。扩展 I/O 模板是 NW3W05606R 型，DC 24V 输入，AC 240V 或 DC 110V 输出；输入点数为 32 点，公共端子结构，输出点数为 24 点，继电器输出，独立触点电路 2 个，2 点/公共电路 1 个，4 点/公共电路 5 个。本控制器使用 SX-Programmer Standard 进行程序编写、参数读写。富士基板控制器如图 3-43 所示。富士基板控制器详细内容在模块 6 中介绍。

图 3-43　富士基板控制器

12. 变频器

仿真教学电梯电气控制柜变频器采用 FRENIC-MiNi 紧凑型变频器，型号为 FRN0.4C1S-7C。变频器如图 3-44 所示。变频器面板如图 3-45 所示。详细内容在模块 4 中介绍。

变频器的型号说明如图 3-46所示。

图 3-44　变频器　　　　图 3-45　变频器面板

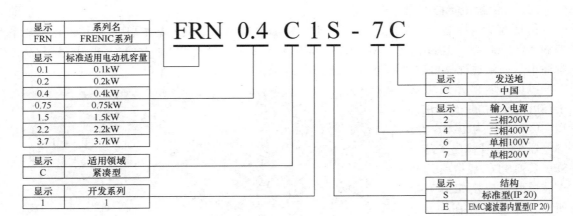

图 3-46 变频器型号说明

实训 3.2 认识电气控制柜

一、实训目的

1. 识别电气控制柜中的各电气元件。
2. 掌握电气控制柜中各个元件的结构、原理、外部接线和功能。
3. 了解电气控制柜输出的不同性质和等级的电压。

二、实训器材

仿真教学电梯。

三、实训步骤

1. 观察电梯电气控制柜电气布置。
2. 识别电气控制柜内的各电气设备。
3. 用万用表检测继电器触点的通断。
4. 用万用表检测电气控制柜上的不同性质和等级的电压。

四、实训报告

1. 画出电气控制柜的布置图。
2. 说明电气控制柜的电气元件名称、结构、工作原理和作用。
3. 说明电气控制柜上的不同性质和等级的电压及输出端子。
4. 实训的心得体会。

单元 3 外围控制设备

一、制动电磁铁

制动电磁铁是电磁制动器的一部分。制动电磁铁如图 3-47 所示。

制动电磁铁由线圈、铁心、衔铁组成。制动电磁铁一般采用结构简单、动作平稳、噪声小的直流电磁铁，线圈两端的电压为 DC 110V。线圈通电时，铁心和衔铁吸合，使电磁制动器松闸；线圈断电时，铁心与衔铁分开，使电磁制动器抱闸。

图 3-47　制动电磁铁

二、旋转编码器

旋转编码器是一种将角位移转换成脉冲或数字量信息的传感器。应用在电梯上，旋转编码器是用来测速和测位移的装置，可用于电梯曳引机和门电动机的自动控制。其外观如图 3-48 所示。

目前电梯上使用的多数是光电式编码器。光电编码器由光栅盘（光电码盘）和光电检测装置组成。光栅盘由交替的透光窗口和不透光窗口构成。由于光栅盘与电动机同轴，电动机旋转时，光栅盘与电动机同速旋转，接收器感受光栅盘转动所产生的光变化，然后将光变化转换成相应的电变化，经后续电路处理后，输出脉冲或代码信号。其工作原理图如图 3-49 所示。编码器在电路中符号为 PG，即 Pulse Generator（脉冲发生器）的缩写。

图 3-48　旋转编码器

图 3-49　光电编码器工作原理图

根据码盘的刻孔方式，编码器分为增量式与绝对式。

增量式编码器在转动时输出脉冲，用脉冲的个数表示位移的大小。一般来说，增量式光电编码器输出 A、B 两相相位差为 90°的脉冲信号，根据 A、B 两相的位置关系，可以方便地判断出编码器的旋转方向。另外，码盘还提供用作参考零位的脉冲信号，码盘每转一周，会发出一个零位标志信号。增量式编码器的码盘及输出信号如图 3-50 所示。

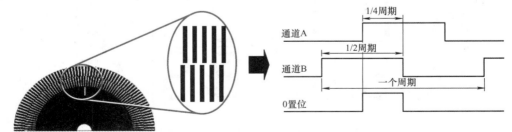

图 3-50　增量式编码器的码盘及输出信号

绝对式编码器用不同的数码来指示每个不同的位置，如图 3-51 所示。绝对式旋转光电编码器优势在于，由机械位置决定了每个位置的唯一性，它无须记忆，无须找参考点，而且不用一直计数。如采用格雷码刻码，每次只变一位的唯一性和循环性，使编码器的抗干扰特性、数据的可靠性大大提高。

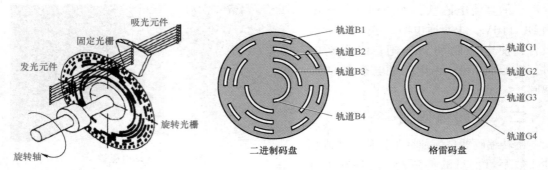

图 3-51　绝对式编码器的码盘

旋转编码器一般采用串行输出或总线型输出，其中 SSI 通信指的是同步串行输出。

增量式和绝对式编码器在电梯上都有应用，安装在电动机尾轴上。旋转编码器使微机—变频器—电动机之间构成一个速度位置闭环控制系统。变频器将编码器检测到的信号引入 PG 卡后，速度信号直接调节变频器的输出速度，同时变换成位移的测量脉冲，将其引入微机（PLC 或单片机）的高速计数端，进行位置控制。

三、电梯楼层显示器

电梯楼层显示器有多种形式，如七段数码管显示器、点阵、米字形显示器、液晶显示器等。下面重点介绍仿真教学电梯的半导体数码管楼层显示器，如图 3-52 所示。

图 3-52　七段数码管楼层显示器

半导体数码管是将 7 个发光二极管排列成"日"字形制成的，发光二极管分别用 a、b、c、d、e、f、g 共 7 个小写字母代表。一定的发光线段组合，就能显示相应的十进制数字。半导体数码管各段字母与显示数字如图 3-53 所示。

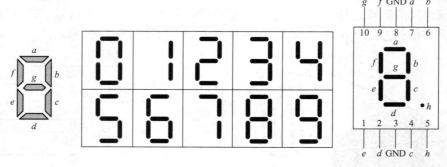

图 3-53　半导体数码管各段字母与显示数字

半导体数码管的 7 个发光二极管内部接法可分为共阴极和共阳极两种。共阴极接法中各发光二极管的负极相连，$a \sim g$ 引脚中，高电平的线段发光，如图 3-54 所示。共阳极的接法中，低电平的线段发光，如图 3-55 所示。控制不同的线段发光，可显示 $0 \sim 9$ 不同的数字。仿真教学电梯控制柜中半导体数码管显示器采用共阴极接法。

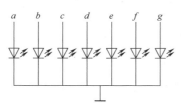

图 3-54 共阴极接法

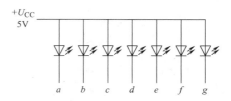

图 3-55 共阳极接法

七段显示组合与数字对照表见表 3-1。(1 表示接通,0 表示断开)

表 3-1 七段显示组合与数字对照表

显示数字	g	f	e	d	c	b	a
0	0	1	1	1	1	1	1
1	0	0	0	0	1	1	0
2	1	0	1	1	0	1	1
3	1	0	0	1	1	1	1
4	1	1	0	0	1	1	0
5	1	1	0	1	1	0	1
6	1	1	1	1	1	0	1
7	0	0	0	0	1	1	1
8	1	1	1	1	1	1	1
9	1	1	0	1	1	1	1

四、行程开关

行程开关如图 3-56 所示。

a) 滚轮式可自复位

b) 滚轮式可自复位

c) 顶杆式不可自复位

图 3-56 行程开关

行程开关由操作机构、触点系统和外壳组成,适用于控制生产机械的运动方向、行程大小或位置保护。行程开关工作原理图如图 3-57 所示,电气符号如图 3-58 所示。

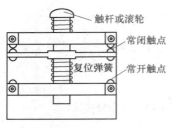

图 3-57　行程开关工作原理

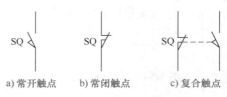

a) 常开触点　b) 常闭触点　c) 复合触点

图 3-58　行程开关电气符号

行程开关在电梯上的应用如下：

1）电梯开门限位开关：为可自复位行程开关，在电梯开门到位时，停止开门动作。

2）电梯关门限位开关：为可自复位行程开关，在电梯关门到位时，停止关门动作。

3）端站保护开关：包括电梯强迫减速开关、限位开关和极限开关。其为可自复位行程开关，用来防止电梯运行超越行程。

4）限速器、安全钳、张紧轮开关：均为不可自复位行程开关，动作后，可采用手动复位，在无机房电梯中，限速器开关也可采用电动复位，用来实现超速保护。

5）液压缓冲器开关：为不可自复位开关，动作后，采用手动复位，用来实现电梯冲顶蹲底时保护。

五、电梯门保护

1. 光电开关门保护

电梯门保护光电开关如图 3-59 所示，由红外发射端和接收端组成。

光电开关是利用被检测物体对光束的遮挡或反射，由同步回路选通而检测物体的有无。被检测物体可以是金属，也可以是非金属。

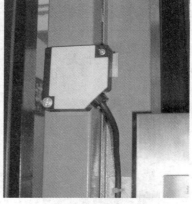

图 3-59　电梯门保护光电开关

2. 光幕门保护

光幕门保护由安装在电梯轿门两侧的红外发射器和接收器、安装在轿顶的电源盒及专用柔性电缆四大部分组成，其结构示意图如图 3-60 所示。

工作原理：在发射器内有多个红外发射器，在微处理器的控制下，发射接收管依次打开，自上而下连续扫描轿门区域，形成一个密集的红外线保护光幕。当其中任何一束光线被阻挡时，控制系统立即输出开门信号，轿门停止关闭并反转开启，直至乘客离开警戒区域后电梯门方可正常关闭，从而达到安全保护目的。

光幕有蜂鸣器提醒功能。光幕的接收器内安装有一片蜂鸣器。当光幕连续检出遮挡物达10s 时，蜂鸣器将间歇性鸣叫，提醒乘客不要长时间站在电梯轿门中间影响电梯的运行。

3. 安全触板门保护

安全触板门保护由触板（一般有左右两条）、联动杠杆和微动开关组成。正常情况下，触板在重力的作用下，凸出轿门 30～45mm。安全触板和光幕门保护如图 3-61 所示。当电梯在关门过程中，如果有人或物触及左右任何一个安全触板，触板受到撞击后向内运动，带动联动杠杆压下微动开关，促使电梯重新将门打开，防止夹人。

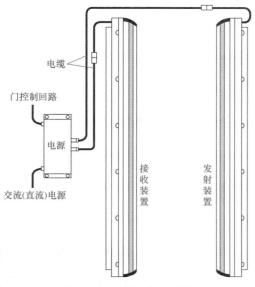

图 3-60　光幕结构示意图

图 3-61　安全触板和光幕门保护

六、电梯门锁开关

电梯在运行过程中，如果层门和轿门打开，为了保证安全，应立即停止运行。实施该项功能的电气装置是电梯门锁开关。电梯门锁开关分为层门门锁开关和轿门门锁开关。每层层门门锁开关由主门锁和副门锁构成，两者串联。所有层门门锁开关和轿门门锁开关串联。在轿门和层门都关好并使门锁开关接通后，电梯控制回路才接通，电梯才能运行。层门门锁开关如图 1-27 和 3-62 所示。轿门门锁开关如图 3-63 所示。

图 3-62　层门门锁开关

图 3-63　轿门门锁开关

门锁的电气触点（即门锁开关）是验证锁紧状态的重要安全装置。普通的行程开关和微动开关不允许用作门锁开关，在维护检修过程中，也不允许短接层门门锁开关后使电梯运行。

七、电梯门区开关

电梯门区开关用来显示轿厢在井道内位置的信号信息。

1. 磁门区开关

磁门区开关由装于轿顶的磁开关和装于井道中的隔磁板组成。当电梯到达一个层站时，该层的隔磁板插入磁开关中，磁感应器内干簧管触点接通，从而发出门区信号。干簧管工作原理图如图 3-64 所示。

2. 光电门区开关

光电门区开关由装于轿顶的光电开关和装于井道中的隔板组成。光电开关如图 3-65 所示。当电梯到达一个层站时，该层的隔板插入光电开关中，光电接收装置接收不到信号，从而发出门区信号。

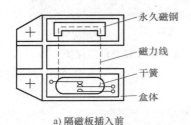

a) 隔磁板插入前　　　　　　b) 隔磁板插入后

图 3-64　干簧管工作原理图

图 3-65　光电开关

3. 仿真教学电梯门区开关

仿真教学电梯门区开关如图 3-66 所示，由井道中的圆磁铁和轿顶上的磁开关组成。它是单稳态开关，磁开关离开圆磁铁后开关状态变化。当轿厢离开门区时，磁开关检测到的磁场强度减弱，磁开关输出为低电平；当轿厢接近门区一定距离时，磁开关检测的磁场强度达到一定值时，磁开关输出为高电平。

图 3-66　仿真教学电梯门区开关

八、称重装置

称重装置是检测轿厢内载重量，并发出信号的装置。称重装置一般设在轿底，基本结构是在轿厢下梁上安装若干个微动开关或重量传感器，当置于弹性胶垫上的活动轿厢由于载重量增加向下移动时，触动微动开关并发出信号，或由传感器发出与载重量相对应的信号。

以传感器作为磁开关为例，电梯运行时，轿厢上下乘客导致载重量变化，置于弹性胶垫上的活动轿厢发生位移，并经连接板带动位移板位移。轿底下梁上安装有传感器，轿底连接有磁感应板，当活动轿厢由于载重量变化发生位移时，磁感应板和传感器之间的距离随之变化，传感器将测得的这种变化转化为重量数据。称重装置结构如图3-67所示，磁传感器如图3-68所示。

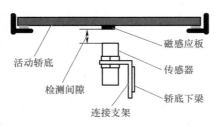

图3-67　称重装置结构

图3-68　磁传感器

当电梯载重量低于额定载重量的10%时，称重装置检测出轻载，启动防捣乱功能。当电梯载重量超过额定载重量的80%时，称重装置检测出满载，电梯启动直驶功能，不响应外呼，直达指令的目标楼层。当轿厢载重量达到110%额定载重量时，称重装置检测出超载，超载灯亮、警铃响，电梯不关门、不运行，直到卸载到额定载重量以内，电梯才恢复正常工作。称重装置应用如图3-69所示。

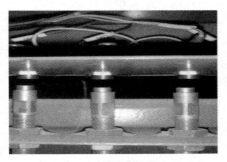

图3-69　称重装置应用

实训3.3　认识外围控制设备

一、实训目的
1. 认识外围控制设备的各个元件。
2. 掌握各个元件的结构、原理、外部接线和功能。

二、实训器材
仿真教学电梯。

三、实训步骤
1. 识别电梯外围各控制设备。
2. 分析和检验电梯外围控制设备的作用。
3. 分析电梯外围控制设备的结构和动作特点。

四、实训报告
1. 说明电梯外围控制设备的名称、结构、工作原理和作用。
2. 如何检验电梯外围控制设备的作用。

实训 3.4　通过控制柜识别电梯运行状态

一、实训目的

通过观察电梯控制柜中的各接触器和继电器在各种情况下的状态，了解电梯在各种运行状态下，电器的动作情况。

二、实训器材

仿真教学电梯。

三、实训原理

电梯有多种运行状态，如锁梯、开梯、上行、下行、停止、开门、关门等。这些运行状态对应着电梯控制柜和外围控制设备的多种状态。通过观察控制柜内各种继电器和接触器的状态，可以判断电梯的运行状态。例如，电梯开梯后，锁梯继电器得电；电梯在上行或下行运行过程中，抱闸继电器、极限接触器、门锁接触器、输入接触器、输出接触器得电；电梯停止运行时，抱闸继电器、输出接触器断电。

接触器得电与否通过其是否吸合来判断，继电器得电与否通过其指示灯是否亮来判断。

四、实训步骤

将电梯设置为下列几种运行状态，观察控制柜内继电器和接触器的状态，完成表3-2（1 为通电吸合状态；0 为断电断开状态）。

表3-2　各种运行状态下继电器和接触器状态表

运行状态	开门1接触器	关门1接触器	抱闸继电器	锁梯继电器	门锁1接触器	门锁2接触器	急停接触器	开门2继电器	关门2继电器	输出接触器	输入接触器	极限接触器
正常上行												
正常下行												
停止运行												
开门												
关门												
打急停												
急停恢复正常												
检修瞬间												
检修慢上												
检修慢下												
检修恢复正常瞬间												
复位慢上												
复位慢下												

五、实训报告

总结电梯在各种工作情况下，各继电器和接触器的工作状态，从中寻找规律。

一、判断题

1. （　　）按电流类型分类，电动机可分为直流电动机和交流电动机两种。

2. （　　）电动机均由定子和转子两大部分组成。

3. （　　）三相异步交流电动机调速方法有：①变极调速；②变转差率调速；③变频调速。

4. （　　）当曳引机温度过高时，为了保护电动机，电梯会立即停止运行，待温度正常后，会再次投入运行。

5. （　　）接触器是用来频繁地遥控接通或断开交直流主电路及大容量控制电路的自动接触器，还具有欠电压、零电压保护，操作频率高，工作可靠等优点。

6. （　　）三相电源的接线顺序与三相异步电动机的转动方向无关。

7. （　　）电梯控制柜中的相序继电器用作断相、错相保护。

8. （　　）变压器可以变换直流电压、电流的大小。

9. （　　）电梯门区开关是为了防止电梯关门过程中夹人或物。

10. （　　）行程开关是对行程做出限制或保护的电气开关。

11. （　　）门锁的电气触点是验证锁紧状态的重要安全装置，普通的行程开关和微动开关是不允许用的。

12. （　　）短接层门联锁开关后使电梯运行，是电梯维修中经常使用的故障判断方法。

13. （　　）安全触板开关故障可能导致电梯不关门。

14. （　　）必须在轿顶、底坑和滑轮间设停止开关，停止开关应为红色，符合安全触点要求，应能防止误动作释放，并有明显的工作位置标记。

15. （　　）强迫减速开关工作后，只有经过专业维修人员调整后，电梯才能恢复运行。

16. （　　）限位开关和极限开关可以用自动复位的开关，但不能用磁开关。

17. （　　）据 GB 7588—2003《电梯制造与安装安全规范》规定，极限开关动作后，只有经过专职人员调整，电梯才能恢复运行。根据这条规定得出：极限开必须是不能自动复位的。

18. （　　）制动器在正常情况下，通电时保持制动状态。

19. （　　）限速器、安全钳开关均为可自复位行程开关，动作后自动复位。

20. （　　）电梯门保护采用光电开关时，对于小孩可能起不到保护作用。

二、填空题

1. 交流电动机同步转速＿＿＿＿＿＿＿＿；在工频电源下，若电动机的极数为 6 极，则其同步转速是＿＿＿＿＿＿＿＿；若电动机的极数为 24 极，则其同步转速是＿＿＿＿＿＿＿＿。

2. 国家标准对电梯使用的急停开关的要求是＿＿＿＿＿＿＿＿＿＿＿＿＿。

3. 整流滤波电路的作用是＿＿＿＿＿＿＿＿＿＿。整流滤波电路由＿＿＿＿＿＿＿＿和＿＿＿＿＿＿＿＿组成。

4. 旋转编码器是一种_____的传感器。

5. 电梯旋转编码器是用来_____的装置，可用于电梯_____的自动控制上。

6. 光电编码器由_____和_____组成。

7. 旋转编码器根据码盘的刻孔方式，可分为_____式与_____式。

8. 旋转编码器一般采用_____输出或_____输出，其中 SSI 通信指的是_____。

9. 电梯门保护的作用：_____。

10. 电梯门保护的类型：_____、_____、_____。

11. 光电开关门保护由_____和_____组成。

12. 光幕门保护由_____、_____、_____及_____四大部分组成。

13. 安全触板门保护由_____、_____和_____组成。

14. 电梯门锁开关的作用：_____。

15. 电梯门锁开关分为_____门锁开关和_____门锁开关。

16. 电梯门区开关的作用：_____。

17. 电梯磁门区开关由_____和_____组成。

18. 电梯光电门区开关由_____和_____组成。

三、简答题

1. 简述电梯专用电动机的特点和要求。

2. 请举出电梯中 5 个电气安全装置的名称。

3. 电梯的电气控制柜中常用的电气元件有哪些（至少 8 种）？

4. 简述行程开关在电梯上的应用。

5. 简述光电旋转编码器的工作原理。

6. 简述电梯旋转编码器用于电梯曳引机自动控制的工作原理。

7. 简述电梯光幕门保护的工作原理。

8. 简述电梯门锁开关的工作原理。

9. 简述电梯磁门区开关的工作原理。

模块4

电梯调速系统

知识目标

1. 掌握变频调速的基本原理及控制方式。
2. 了解变频器的分类和基本结构。
3. 掌握变频器的正确安装与布线要求。
4. 掌握变频器主电路和控制电路各端子的功能。
5. 掌握变频器的基本接线、外围设备及保护功能。
6. 理解变频器各参数的意义。
7. 掌握电梯专用变频器基本电路及接线端子。
8. 了解电梯专用变频器调试方法及速度曲线。

能力目标

1. 能正确分析异步电动机变频调速的工作原理。
2. 能正确安装与使用变频器。
3. 能通过变频器的触摸面板，正确操作变频器。
4. 能正确进行变频器操作模式之间的转换。
5. 能正确进行变频器功能码数据的设定、变更、保存及数据状态的转换。
6. 能应用变频器控制电动机多速正反转运行。
7. 能正确分析变频器基本电路和接线端子功能。
8. 能初步分析电梯专用变频器速度曲线设定过程。

素质目标

1. 培养学生安全用电意识。
2. 培养学生团队合作和沟通交流的能力。
3. 培养学生自我学习和信息化学习的意识。
4. 培养学生发现问题、解决问题的能力。

单元1　变频调速概述

一、变频调速的基本原理

由异步电动机的转速公式 $n = \dfrac{60f_1}{p}(1-s)$（$p$ 为极对数）得：当转差率 s 变化不大时，

转速 n 基本上正比于定子频率 f_1。所以，要改变交流电动机转速，只需改变 f_1 即可。

但是，在改变转速的同时，希望主磁通基本保持不变。若磁通太弱，由转矩公式 $T = K_T \Phi_m I_2 \cos \varphi_2$（$T$ 为电磁转矩，K_T 为转矩系数，Φ_m 为主磁通，I_2 为转子电流，$\cos\varphi_2$ 为转子回路功率因数）和功率公式 $T = 9550 \dfrac{P(\text{kW})}{n(\text{r/min})}$（$P$ 为电动机输出功率）可以得出，电动机输出转矩 T 减小，电动机的功率得不到充分利用而浪费。若增大磁通，将引起磁路过分饱和，铁心发热，严重时会因绕组过热而损坏电动机。

根据公式 $U_1 \approx 4.44 f_1 N_1 \Phi_m$ 得：要想在改变 f_1 的时候磁通 Φ_m 保持不变，只需同时改变 U_1，使 $U_1/f_1 =$ 常数。所以，异步电动机的变频调速必须按照一定的规律同时改变其定子电压和频率，即 VVVF 调速。

二、变频调速的控制方式

要实现变频调速，在不损坏电动机的条件下充分利用电动机铁心，发挥电动机转矩的能力，最好在变频时保持每极磁通量 Φ_m 为额定值不变。

1）恒定 U_1/f_1 控制：主要应用在基频（即额定频率）以下调速。由于恒定 U_1/f_1 控制能在一定调速范围内近似维持磁通恒定，所以它也是恒转矩控制，是异步电动机变频调速的最基本控制方式。

2）恒功率控制：主要应用在基频以上调速。频率从基频往上增加时，电压不能超过额定电压，此时磁通被迫减小，转矩减小，但转速升高，使得电动机输出功率保持恒定。

3）矢量控制：将异步电动机的定子电流分解为励磁电流和转矩电流，并分别加以控制，即模仿直流电动机的控制方式，对电动机的磁场和转矩分别进行控制。该方式具有动态的高速响应、低频转矩增大，控制灵活，使异步电动机的高性能成为可能，在许多精密或快速控制领域得到应用。

4）直接转矩控制：根据测量到的电动机电压及电流，去计算电动机磁通和转矩的估测值，把转矩直接作为被控量控制。控制转矩后，电动机的速度也可以控制。该控制方式是继矢量控制技术之后又一新型的高效变频调速技术。

三、变频器的分类

现有的交流供电电源是恒压恒频的，必须通过变频器才可获得变压变频电源。变频器的分类介绍如下：

1. 按结构分

变频器按结构可分为间接变频和直接变频两类。

（1）间接变频　先将工频交流电源通过整流装置变成直流，然后再经过逆变器将直流变为可控频率的交流，即交-直-交变频。目前应用较多的是间接变频装置，如图4-1所示。

（2）直接变频　只用一个变换环节就可以把恒压恒频的交流电源变换成变压变频电源，即交-交变频，如图4-2所示。这种装置虽省去了中间的直流环节，但所用元件数量更多，

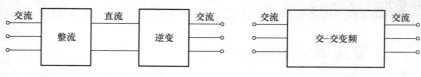

图4-1　交-直-交变频原理示意图　　　图4-2　交-交变频原理示意图

设备体积庞大，一般只用于低速、大容量的调速系统，在电梯调速系统中没有应用。

2. 按变频电源的性质分

变频器按变频电源的性质可分为电压源型和电流源型。

（1）电压源型 如图4-3所示，在交-直-交变频器中，中间直流环节采用的是大电容滤波，其直流部分的直流电压波形比较平直。

图4-3 电压源变频器

（2）电流源型 如图4-4所示，在交-直-交变频器中，中间直流环节采用的是大电感滤波，其直流回路的电流波形比较平直。

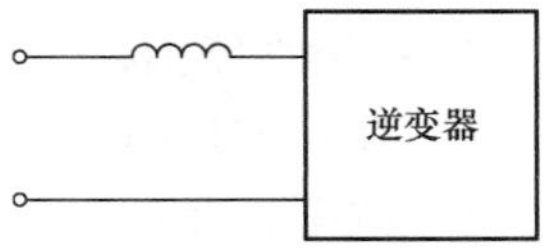

四、变频器的基本结构

变频器由主电路和控制电路组成。其基本结构原理图如图4-5所示。

图4-4 电流源变频器

其中，给异步电动机提供调压调频电源的电力变换部分称为主电路，主电路包括整流器、中间直流环节和逆变器等。整流器将工频交流电源变换成直流电源，逆变器将直流电源变换为所需的交流电源，通过有规律地控制逆变器中主开关的导通和关断，得到所需频率的三相交流输出。中间直流环节有多种作用：一是作为直流储能回路，和电动机之间进行无功功率交换；二是对整流器的输出进行滤波，使逆变器得到较高质量的

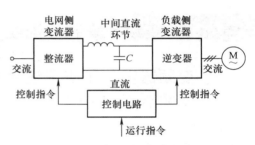

图4-5 变频器基本结构原理图

直流电流或电压；三是由于异步电动机制动的需要，在直流中间电路设有制动电阻或回馈电网等其他辅助电路。当异步电动机制动时，即处于发电状态，回馈能量通过整流二极管整流后送至直流中间回路，引起直流中间电路的输出电压上升。当电压过高时，可能烧毁换流器件。对于电流型变频器，电能可以通过适当控制直接回馈给电网；电压型变频器，必须设置专门制动电路吸收回馈能量。

控制电路由运算电路、检测电路、控制信号的输入和输出电路、驱动电路和制动电路等构成。其主要任务是完成对整流器的电压控制，对逆变器的开关控制以及各种保护功能等。其中，检测电路主要检测电压、电流或速度等；运算电路主要将外部的速度、转矩等指令同检测电路的电流、电压信号进行比较运算，决定逆变器的输出电压和频率；驱动电路主要使主电路器件导通、关断；保护电路主要作用是，当发生过载或过电压等异常情况时，使逆变器停止工作或抑制电压、电流值，防止变频器和异步电动机损坏。

五、变频器的额定值和技术指标

1. 输入侧的额定值

输入侧的额定值主要指电压和相数。在我国，输入电压的额定值有三相380V和单相220V两种。电源频率一般规定为工频50Hz。

2. 输出侧的额定值

1）输出电压 U_N：指输出电压中的最大值。大多数情况下，它等于电动机额定频率时的输出电压值。

2）输出电流 I_N：指允许长时间输出的最大电流。

3）输出容量 S_N：$S_N = \sqrt{3}\, U_N I_N$。

4）配用电动机容量 P_N：$P_N = S_N \eta_M \cos\varphi_M$，$\eta_M$ 指电动机效率，$\cos\varphi_M$ 指电动机功率因数。变频器说明书中规定的配用电动机容量，仅适用于长期连续负载。

5）过载能力：指允许输出电流超过额定电流的能力。大多数变频器规定输出电流最大为：$150\% I_N$，$1\min$。

通用变频器的选用主要与配用电动机容量和输入电源有关。

3. 关键性能指标

1）在 $0.5\mathrm{Hz}$ 时能输出多大的起动转矩。

2）频率指标：包括频率范围（最高频率和最低频率）、频率稳定精度和频率分辨率。

3）速度调节范围控制精度和转矩控制精度。

4）低转速时的脉动情况。

单元 2　变频器安装与配线

一、变频器安装和使用注意事项（以富士 FRENIC – MiNi 紧凑型变频器为例讲解）

1）须安装在金属等不可燃物上，否则有发生火灾的危险。

2）附近不得有可燃物，否则有发生火灾的危险。

3）严禁安装在含有易爆气体的环境里，否则有引发爆炸的危险。

4）严禁安装在可能产生水滴飞溅的场所。

5）严禁螺钉、垫片及金属棒等异物掉进变频器。

6）确认输入电源处于完全断开的情况下，才能进行配线作业，否则有触电的危险。

7）严禁在通电时拆卸变频器的盖子。

8）严禁用湿手操作开关。

9）变频器在通电时，即使停下来，也不要触摸变频器的端子。

10）必须在电源断开 $5\min$ 后，再进行检查，并且确认 LED 显示屏灯已经暗下，确认 P（＋）、N（－）之间的直流电压在 $25\mathrm{V}$ 以下，否则可能引起触电。

11）主线路端子的连接线上，必须使用连接可靠性高的压合端子。

二、变频器配线

变频器拆下端子台外盖后如图 4-6 所示。

1. 主线路接线端子及配线顺序

FRN0.4C1S – 4C 变频器主线路端子如图 4-7 所示，FRN0.4C1S – 7C 变频器主线路端子如图 4-8 所示。

1）变频器接地端子 G：为了安全及防止干扰，必须将接地端子接地。

图 4-6　变频器拆下端子台外盖图

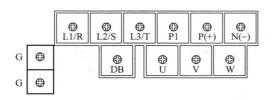

图 4-7　FRN0.4C1S-4C 变频器主线路端子

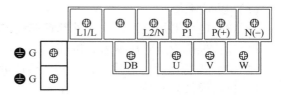

图 4-8　FRN0.4C1S-7C 变频器主线路端子

2）变频器输出端子 U、V、W：配合相位关系，连接到三相电动机的端子 U、V、W。若电动机的旋转方向不对，可交换 U、V、W 中任意两相的接线。

3）直流电抗器连接用端子 P1、P(+)：用于协调电源和改善功率因数。如果需要使用直流电抗器，应先取下 P1、P(+) 之间的短路块，如图4-9 所示。如果不使用直流电抗器，请不要取下 P1、P(+) 之间的短路块，如图4-10 所示。

4）制动电阻器连接用端子 P(+)、DB：为了将电动机减速时产生的再生能源作为热消耗，并提高变频器的制动能力，在 P(+) 和 DB 之间串接电阻，如图4-11 所示。

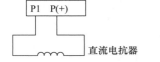

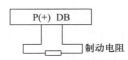

图 4-9　使用直流电抗器安装图　　图 4-10　不使用直流电抗器安装图　　图 4-11　串接制动电阻

5）直流总线连接用端子 P(+)、N(-)：作为直流总线连接用端子使用。

6）主电源输入端子 L1/R、L2/S、L3/T（三相）或 L1/L、L2/N（单相）：用以连接三相或单相电源。在主电源电路前，一般用配线断路器或电磁接触器实施保护。

切记：输入和输出端子不能接反，否则将损坏变频器，安装如图4-12 所示。

2. 控制电路端子功能说明和配线

控制电路端子如图4-13 所示，结构示意图如图4-14 所示。

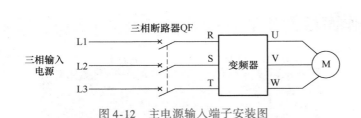

图 4-12　主电源输入端子安装图

图 4-13　控制电路端子图

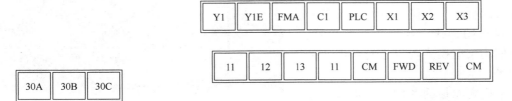

图 4-14　控制电路端子结构示意图

（1）模拟输入

1）13：电位器用电源，作为外部频率设定器。

2）12：模拟设定电压输入，按外部模拟量（输入电压值）来进行频率设定。

3）C1：模拟设定电流输入，按外部模拟量（输入电流值）来进行频率设定。

4）11：模拟公共端子，为模拟输入信号的通用端子。

（2）数字输入

1）X1～X3：可选择作为电动机自由旋转、外部报警、报警复位、多段频率选择等命令信号。端子 X1（X2、X3）与 CM 间，接通时信号输入；断开时信号断开。

2）FWD：正转运转或者停止指令输入。

3）REV：反转运转或者停止指令输入。

4）CM：数字公共端子，为数字输入信号的公共端子。

说明：端子 FWD 与 CM 间，接通则正转运行；断开则减速停止。端子 REV 与 CM 间，接通则反转运行；断开则减速停止。

5）PLC：PLC 信号电源，连接 PLC 输入信号电源（额定电压为 DC 24V）。

（3）模拟输出

1）FMA：模拟监视，输出模拟直流电压 0～10V 的监视信号。

2）11：模拟公共端子。

（4）晶体管输出

1）Y1：晶体管输出，可以输出用功能码 E20 设定的各种信号。

2）Y1E：晶体管输出公共端子。

（5）触点输出

30A、30B、30C：一二次报警输出。当变频器报警动作，运行停止时，由此继电器触点输出报警信号。

（6）通信（可选配件）

RS－485 通信连接器，通信用输入/输出。通过 RS－485 通信，连接计算机以及 PLC 等的端子。

单元 3　通过触摸式操作面板操作变频器

一、触摸式面板说明

触摸式面板如图 4-15 所示。它由 LED 显示器、旋钮及 6 个键组成。在触摸式面板上，不仅可以实现运转开始、停止的操作，各种数据的显示，而且使用菜单模式可以进行功能码的设定等。

触摸式面板的各部分名称和功能见表 4-1。

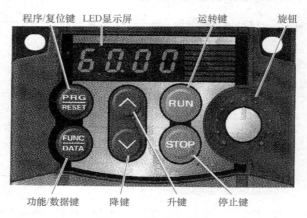

图 4-15　触摸式面板

表 4-1　触摸式面板的各部分名称和功能

显示部分	名　称	功　能
`60.00`	4 位数七段 LED 显示屏	根据各操作模式，显示变频器的运转、设定和报警等状态。在运转模式下显示运转信息，在程序模式下显示菜单、功能码、功能码数据等，在报警模式下显示表示保护功能发出动作因素的报警码
●	旋钮	设定频率，频率辅助设定
RUN	运转键	开始电动机运转
STOP	停止键	停止电动机运转
∧ ∨	升键和降键	执行 LED 显示屏上的设定项目的选择，功能码数据的更改等
PRG RESET	程序/复位键	切换操作模式。变频器的操作模式有三种：运转模式、程序模式、报警模式
FUNC DATA	功能/数据键	在运转模式下，切换运转信息的显示 在程序模式下，切换功能码的显示、数据的确定 在报警模式下，切换到报警详细信息的显示

二、操作模式说明

1. 运转模式

它是在电源接通后自动进入的模式，可进行以下操作：设定运转、停止指令，设定运行频率，监视运转状态。

2. 程序模式

程序模式具有设定功能码、确认有关变频器状态、维护保养等各种信息的功能。

3. 报警模式

报警模式在报警发生时，确认有关报警的各种信息。

三、操作模式的切换

1）接通电源后变频器自动进入运转模式。

2）在运转模式下按【程序/复位键】一次，进入程序模式，在程序模式下按【程序/复位键】一次，返回到运转模式。

3）在运转模式下，如果保护功能动作并发生报警，则自动转换成报警模式，将发生的报警码显示在 LED 显示屏上，在报警模式下按【程序/复位键】一次，则返回到运转模式。如果在程序模式下，按【程序/复位键】一次，则转换到报警模式。在报警模式下，按【停止键】和【程序/复位键】则返回到程序模式。

四、功能码的设定

功能码菜单见表 4-2，具体每个功能码的设定情况见表 4-3。表 4-3 的"运转中变更"一栏内如果标有"×"，则表示该功能码不能在运转中变更；如果标有"○"，则表示该功能码可以在运转中变更数据，按【升键】或【降键】变更数据后，再按【功能/数据键】，变更的值会反映在变频器的运转中，且储存在变频器中。标有"◎"的功能码在变更数据的同时，立刻反映到运转中。但是在这个阶段里，变更的值不会存储到变频器中，要按下【功能/数据键】，才能将其保存到变频器中。

表4-2 功能码菜单表

功能码组	功能码	功能	说明
F 编码	F00 ~ F51	基本功能	基本电动机运转所用功能
E 编码	E01 ~ E99	端子功能	关于选择控制电路端子动作的功能，监视显示的功能
C 编码	C01 ~ C52	频率控制功能	关于频率设定的应用功能
P 编码	P02 ~ P99	电动机参数	设定电动机容量等特性参数的功能
H 编码	H03 ~ H98	高级功能	关于高附加价值的功能、复杂的控制等功能
J 编码	J01 ~ J06	应用功能	PID 控制功能
Y 编码	Y01 ~ Y99	链接功能	通信功能

表4-3 具体功能码一览表

F 编码：Fundamental Functions（基本功能）

功能码	名称	可设定的范围	单位	量纲	运转中变更	数据复制	出厂设定值	用户设定值
F00	数据保护	0：无数据保护（可编辑功能码数据） 1：有数据保护（不可编辑功能码数据）	—	—	○	×	0	
F01	频率设定1	0：触摸式面板键操作（○○键） 1：模拟输入电压（端子12） 2：模拟输入电流（端子C1） 3：模拟输入电压（端子12）＋模拟输入电流（端子C1） 4：机体旋钮	—	—	×	○	4	
F02	运转、操作	0：触摸式面板运转（运转方向输入：FWD功能（正转），REV功能（反转）） 1：外部信号（数字输入） 2：触摸式面板运转（只有正转，不需要旋转方向指示） 3：触摸式面板运转（只有反转，不需要旋转方向指示）	—	—	×	○	2	
F03	最高输出频率	25.0 ~ 400.0Hz	0.1	Hz	×	○	60.0	
F04	基本（基底）频率	25.0 ~ 400.0Hz	0.1	Hz	×	○	60.0	
F05	基本（基底）频率电压	0V：输出与电源电压成比例的电压 80 ~ 240V：AVR 动作（200V 级） 160 ~ 500V：AVR 动作（400V 级）	1	V	×	Δ_2	0	
F07	加速时间1	0.00 ~ 3600s（0.00 为取消加速时间） （外部软件开始停止时计时）	0.01	s	○	○	6.00	
F08	减速时间1	0.00 ~ 3600s（0.00 为取消减速时间） （外部软件开始停止时计时）	0.01	s	○	○	6.00	
F09	转矩提升	0 ~ 20.0%（针对基本（基底）频率电压的百分值） （将 F37 设定在「0」，「1」，「3」或「4」时，设定有效）	0.1	%	○	○	富士标准值	

（续）

功能码	名　称	可设定的范围	单位	量纲	运转中变更	数据复制	出厂设定值	用户设定值
F10	电子热继电器（用于保护电动机）（特性选择）	1：自冷却扇、通用电动机用 2：他冷却扇用	—	—	○	○	1	
F11	（动作值）	0（不动作） 1%～135%：变频器额定电流的1%～135%电流值	0.01	A	○	Δ_1 Δ_2	富士标准电动机额定电流	
F12	（热时常数）	0.5～75.0min	0.1	min	○	○	5.0	
F14	瞬间停电再起动（动作选择）	0：不动作（没有再起动，即时跳闸） 1：不动作（没有再起动，恢复电源时跳闸） 4：动作（以停电时的频率开始再起动，用于一般负载） 5：动作（以初始频率开始再起动，低惯性负载）	—	—	○	○	1	
F15	频率限制（上限）	0.0～400.0Hz	0.1	Hz	○	○	70.0	
F16	（下限）	0.0～400.0Hz	0.1	Hz	○	○	0.0	
F18	偏压（用于频率设定1）	−100.00%～100.00%	0.01	%	◎	○	0.00	
F20	直流制动（开始频率）	0.0～60.0Hz	0.1	Hz	○	○	0.0	
F21	（动作值）	0%～100%（变频器额定电流标准）	1	%	○	○	0	
F22	（时间）	0.00（不动作），0.01～30.00s	0.01	s	○	○	0.00	
F23	初始频率	0.1～60.0Hz	0.1	Hz	○	○	0.0	
F25	停止频率	0.1～60.0Hz	0.1	Hz	○	○	1.0	
F26	电动机运转声音（载波频率）	0.75～15kHz	1	kHz	○	○	10	
F27	（语音）	0：值0 1：值1 2：值2 3：值3	—	—	○	○	0	
F30	端子FMA（输出增益）	0～200%以100%FMA输出DC 10V/FS（满量程值）	1	%	◎	○	100	
F31	端子FMA（功能选择）	从下列项目中通过编码数据选择 0：输出频率（转差补偿前） 　最高频率/FS（满量程值） 1：输出频率（转差补偿后） 　最高频率/FS（满量程值） 2：输出电流 　变频器额定电流的200%FS（满量程值） 3：输出电压 　250V/FS（满量程值） 6：输入功率 　变频器额定输出的200%FS（满量程值） 7：PID反馈量 　反馈量的100%FS（满量程值） 9：直流中间线路电压 　DC 500V（1000V）/FS（满量程值） 14：模拟输出测试（＋） 　FS（满量程值输出）	—	—	○	○	0	

（续）

功能码	名 称	可设定的范围	单位	量纲	运转中变更	数据复制	出厂设定值	用户设定值
F37	负载选择/ 自动转矩提升 自动节能运转	0：二次方降低转矩负载 1：恒定和转矩负载 2：自动转矩提升 3：自动节能运转（加减速时为二次方降低转矩负载） 4：自动节能运转（加减速时为恒定转矩负载） 5：自动节能运转（加减速时为自动转矩提升）	—	—	○	○	1	
F43	电流限制（动作选择）	0：不动作 1：只在一定速度下动作（加减速时不动作） 2：只在加速以及一定速度下动作（减速时不动作）	—	—	○	○	0	
F44	（动作值）	20%~200%（变频器额定电流标准）	1	%	○	○	200	
F50	电子热继电器 （放电耐量） （用于保护制动电阻器）	0（内置型制动电阻器情况下） 1~900kW·s 999（取消）	1	kW·s	○	○	999/0	
F51	（容许损失）	0.000（内置型制动电阻器情况下） 0.001~50.000kW	0.001	kW	○	○	0.000	

E 编码：Extension Terminal Functions（端子功能）

功能码	名 称	可设定的范围	单位	量纲	运转中变更	数据复制	出厂设定值	用户设定值
E01	端子 X1（功能选择）	通过编码数据从下列项目中选择。括号内	—	—	×	○	0	
E02	端子 X2	1000 以上的数字表示负逻辑（闭合时—OFF）	—	—	×	○	7	
E03	端子 X3	0：（1000）多步频率选择（0~7步）『SS1』 1：（1001）多步频率选择（0~7步）『SS2』 2：（1002）多步频率选择（0~7步）『SS4』 4：（1004）加减速选择（2步）『RT1』 6：（1006）自己保持选择『HLD』 7：（1007）自由运转指令『BX』 8：（1008）报警（异常）复位『RST』 9：（1009）外部报警『THR』 10：（1010）点动运转『JOG』 11：（1011）频率设定2/频率设定1 『Hz2/Hz1』 19：（1019）编辑许可指令（可以变更数据）『WE-KP』 20：（1020）PID 控制取消『Hz/PID』 21：（1021）正动作/反动作切换『IVS』 24：（1024）链接运转选择（RS-485 标准，BUS Option）『LE』 33：（1033）PID 积分、微分复位 『PID-RST』 34：（1034）PID 积分维持『PID-HLD』	—	—	×	○	8	

（续）

功能码	名 称	可设定的范围	单位	量纲	运转中变更	数据复制	出厂设定值	用户设定值
E10	加速时间 2	0.00~3600s	0.01	s	○	○	6.00	
E11	减速时间 2	0.00~3600s	0.01	s	○	○	6.00	
E20	端子 Y1（功能选择）	通过编码数据从下列项目中选择。括号内 1000 以上的数字表示负逻辑（短路时—OFF）	—	—	×	○	0	
E27	30A，B，C（Ry 输出）	0：（1000）运转中　　　　　『RUN』 1：（1001）频率到达　　　　『FAR』 2：（1002）频率检出　　　　『FDT』 3：（1003）欠电压停止中　　『LU』 5：（1005）变频器输出限制中（电流限制中）　　　　　　　　『IOL』 6：（1006）瞬间停电恢复电源动作中『IPF』 7：（1007）电动机过载预报　『OL』 26：（1026）重试动作中　　『TRY』 30：（1030）寿命预报　　　『LIFE』 35：（1035）变频器输出中　『RUN2』 36：（1036）过载回避控制中『OLP』 37：（1037）电流检出　　　『ID』 41：（1041）低电流检出　　『IDL』 99：（1099）总报警　　　『ALM』	—	—	×	○	99	
E31	频率检出（FDT）（动作值）	0.0~400.0Hz	0.1	Hz	○	○	60.0	
E34	过载预报/电流检出/低电流检出（动作值）	0（不动作） 变频器额定电流的 1%~200% 的电流值	0.01	A	○	△₁ △₂	富士标准电动机额定电流	
E35	（定时）	0.01~600.00s	0.01	s	○	○	10.00	
E39	定量输送时间系数	0.000~9.999	0.001	—	○	○	0.000	
E40	PID 显示系数 A	−999~0.00~999	0.01	—	○	○	0.01	
E41	PID 显示系数 B	−999~0.00~999	0.01	—	○	○	0.00	
E43	LED 显示屏(显示选择)	0：速度监视（可以用 E48 选择） 3：输出电流 4：输出电压 9：输入功率 10：PID 设定值 12：PID 反馈值 13：定时值（定时运转用）	—	—	○	○	0	
E45①								
E46①								
E47①								
E48	LED 显示屏具体内容（速度监视选择）	0：输出频率（转差补偿前） 1：输出频率（转差补偿后） 2：设定频率 4：负载运转速度 5：线速度 6：定量输送时间	—	—	○	○	0	

（续）

功能码	名　　称	可设定的范围	单位	量纲	运转中变更	数据复制	出厂设定值	用户设定值
E50	速度显示系数	0.01～200.00	0.01	—	○	○	30.00	
E52	触摸式面板菜单选择	0：功能码数据设定模式 1：功能码数据确认模式 2：完全菜单模式	—	—	○	○	0	
E60	机体旋钮（功能选择）	0：无功能选择 1：频率辅助设定1 2：频率辅助设定2 3：PID设定值1	—	—	×	○	0	
E61	端子12（功能选择）	通过编码数据从下列项目中选择 0：无功能选择 1：频率辅助设定1 2：频率辅助设定2 3：PID设定值1 5：PID反馈值	—	—	×	○	0	
E62	端子C1		—		×	○	0	
E98	端子FWD（功能选择）	通过编码数据从下列项目中选择括号内1000以上的数字表示负逻辑（闭合时—OFF）	—	—	×	○	98	
E99	端子REV	0：（1000）多步频率选择（0～7步）『SS1』 1：（1001）多步频率选择（0～7步）『SS2』 2：（1002）多步频率选择（0～7步）『SS4』 4：（1004）加减速选择（2步）　『RT1』 6：（1006）自保持选择　　　　『HLD』 7：（1007）自由运转指令　　　　『BX』 8：（1008）报警（异常）重设置　『RST』 9：（1009）外部报警　　　　　『THR』 10：（1010）点动运转　　　　『JOG』 11：（1011）频率设定2/频率设定1 　　　　　　　　　　　　『Hz2/Hz1』 19：（1019）编辑许可指令（可以变更数据）　　　　　　　　『WE－KP』 20：（1020）PID控制取消　『Hz/PID』 21：（1021）正动作/反动作切换　『IVS』 24：（1024）链接运转选择（RS－485标准，BUS Option）　　『LE』 33：（1033）PID积分、微分重复位 　　　　　　　　　　　『PID－RST』 34：（1034）PID积分维持　『PID－HLD』 98：（1098）正转运转、停止指令『FWD』 99：（1099）反转运转、停止指令『REV』	—	—	×	○	99	

① 显示E45～E47，但本变频器中不使用，所以请勿进行设定变更。

C 编码：Control Functions of Frequency（频率控制功能）　　　　　　　　　　　　（续）

功能码	名　　称	可设定的范围	单位	量纲	运转中变更	数据复制	出厂设定值	用户设定值
C01	跳越频率1					○	0.0	
C02	2	0.0 ~ 400.0Hz	0.1	Hz	○	○	0.0	
C03	3					○	0.0	
C04	跳越频率幅度	0.0 ~ 30.0Hz	0.1	Hz	○	○	3.0	
C05	多步频率1					○	0.00	
C06	2					○	0.00	
C07	3					○	0.00	
C08	4	0.00 ~ 400.00Hz	0.01	Hz	○	○	0.00	
C09	5					○	0.00	
C10	6					○	0.00	
C11	7					○	0.00	
C20	点动频率	0.00 ~ 400.00Hz	0.01	Hz	○	○	0.00	
C21	定时运转（动作选择）	0：不动作 1：动作	—	—	×	○	0	
C30	频率设定2	0：触摸式面板键操作（∧，∨键） 1：12 端子 2：C1 端子 3：12 + C1 端子 4：机体旋钮	—	—	×	○	2	
C32	模拟输入调整(端子12)（增益）	0.00% ~ 200.00%	0.01	%	◎	○	100.0	
C33	（滤波器）	0.00 ~ 5.00s	0.01	s	○	○	0.05	
C34	（增益基准点）	0.00% ~ 100.00%	0.01	%	○	○	100.0	
C37	模拟输入调整(端子C1)（增益）	0.00% ~ 200.00%	0.01	%	◎	○	100.0	
C38	（滤波器）	0.00 ~ 5.00s	0.01	s	○	○	0.05	
C39	（增益基准点）	0.00% ~ 100.00%	0.01	%	◎	○	100.0	
C50	偏置（频率设定1）（偏置基准点）	0.00% ~ 100.00%	0.01	%	◎	○	0.00	
C51	偏置（PID 指令1）（偏置值）	- 100% ~ 0.00% ~ 100.00%	0.01	%	◎	○	0.00	
C52	（偏置基准点）	0.00% ~ 100.00%	0.01	%	◎	○	0.00	

P 功能：Motor Parameters（电动机参数）

功能码	名　　称	可设定的范围	单位	量纲	运转中变更	数据复制	出厂设定值	用户设定值
P02	电动机（容量）	0.01 ~ 10.00kW（P99：0，3，4时） 0.01 ~ 10.00hp（P99：1时） （1hp = 745W）	0.01 0.01	kW hp	×	○	标准适用电动机容量	
P03	（额定电流）	0.00 ~ 99.99A	0.01	A	×	Δ_1 Δ_2	富士标准电动机额定电流	
P09	（转差补偿增益）	0.0% ~ 200.0% 固定基准额定转差/100%	0.1	%	◎	○	0.0	

（续）

功能码	名　　称	可设定的范围	单位	量纲	运转中变更	数据复制	出厂设定值	用户设定值
P99	电动机选择	0：电动机特性0（富士标准电动机、8形系列） 1：电动机特性1（HP表现电动机、代表机型） 3：电动机特性3（富士标准电动机、6形系列） 4：其他	—	—	×	○	0	

数据设定的状态转换如图 4-16 所示。功能码数据的变更顺序如图 4-17 所示。

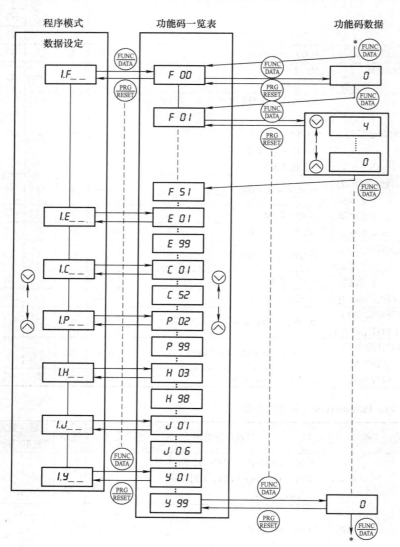

图 4-16　数据设定的状态转换图

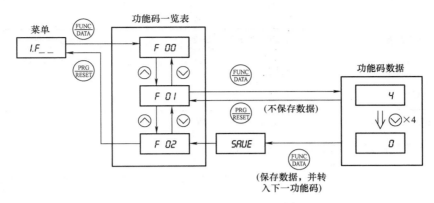

图 4-17　功能码数据的变更顺序图

五、运转状态的监视

在运转模式下可以监视表 4-4 所示的 7 个项目。电源一旦接通之后，由功能码 E43 设定的监视项目立即被显示。可以按【功能/数据键】切换监视项目。

表 4-4　监视项目表

监视项目	LED 显示屏的显示实例	显示值的说明
速度监视/ （Hz，r/min，m/min，min）	*50.00*	参照表 4-5
输出电流/A	*1.90A*	检出值
输入功率	*0.40P*	P：单位 kW 的代用显示记号
输出电压/V	*200U*	指令值
PID 处理指令①	*10.00*	PID 处理指令 ×（显示系数 A－B）+ B
PID 反馈值①	*9.00*	PID 显示系数 A、B：参照功能码 E40 和 E41
计时/s	*6*	定时运转有效时的剩余时间

① PID 处理指令和 PID 反馈值只有在通过处理指令进行 PID 控制时（J01 = 1 或 2）才可以显示。另外，定时（定时运转用）只有在将定时运转设定为有效的情况（C21 = 1）下才可以显示。

速度监视可以通过功能码 E48 进行选择，速度监视的显示项目见表 4-5。

表 4-5　速度监视的显示项目表

速度监视项目	功能码 E48 的数据	显示值说明
输出频率（转差补偿前） /Hz（出厂设定）	0	转差补偿前的频率
输出频率（转差补偿后）/Hz	1	实际输出的频率
设定频率/Hz	2	最终设定频率
负载旋转速度/（r/min）	4	显示值 = 频率设定（Hz）× E50

（续）

速度监视项目	功能码 E48 的数据	显示值说明
线速度/（m/min）	5	显示值 = 频率设定（Hz）× E50
定量输送时间/min	6	显示值 = $\dfrac{E50}{（频率设定 × E39）}$

注：E50 指的是速度显示系数，E39 指的是定量输送时间系数。

显示监视项目的选择顺序如图 4-18 所示。

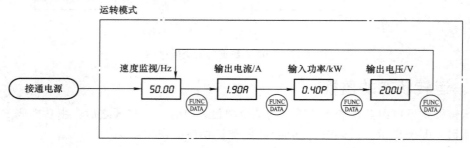

图 4-18　监视项目的选择顺序

六、双键操作

把同时按下 2 个键叫作双键操作。在 FRENIC - Mini 里，可进行双键操作的项目见表 4-6。

表 4-6　双键操作项目表

操作模式	双键操作	功　能
运转模式	STOP 键 + ∧ 键	控制点动运转的进入、断开
程序模式	STOP 键 + ∨ 键	变更特定的功能码数据（F00、H03）
报警模式	STOP 键 + PRG/RESET 键	转入程序模式

单元 4　变频器最小工作系统

一、变频器基本接线

变频器基本接线如图 4-19 所示。

二、变频器基本外围设备

1. 断路器 QF

为了保护变频器，在电源和变频器主回路电源输入端子（如果是三相电源，指 L1/R、L2/S、L3/T，如果是单相电源，指 L1/L，L2/N）之间用断路器连接，主要起到短路和过载保护的作用。

2. 电磁接触器 KM

KM 安装在变频器的输入侧和输出侧。

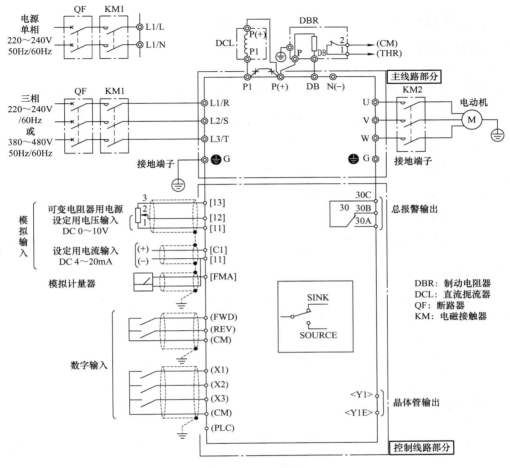

图 4-19　变频器基本接线图

1）变频器输入（电源）侧 KM1 的作用：由于变频器的保护功能动作或外部信号动作，使变频器电源被切断；或由于电路故障，变频器不能输入停止指令时采取异常停止。

2）变频器输出（电动机）侧 KM2 的作用：用于避免外部电源加至电动机上。

3. 制动电阻器 DBR

DBR 可将电动机减速时产生的再生能源作为热消耗，以提高变频器的制动能力。

4. 直流电抗器 DCL

DCL 在下列情况时连接：

1）当电源变压器的容量在 500kV·A，为变频器额定容量的 10 倍以上时，用于协调电源。

2）用于改善输入功率因数，降低谐波。

注意：在出厂状态下，端子 P1 与 P（＋）之间连接着短路棒。连接 DCL 时，请拆下这个短路棒。

5. 输出电路滤波器 OFL（可选件）

OFL 连接到低噪声型变频器的输出侧，用于以下目的：

1）抑制电动机端子电压的振动。

2）抑制输出侧接线引起的放射干扰、感应干扰。

三、变频器的保护功能

变频器的保护功能见表4-7。

表 4-7　变频器的保护功能表

保护功能		内容说明
过电流保护		针对过载造成的过电流以及输出电路的短路造成的过电流进行保护，停止变频器
过电压保护		检出直流中间电路的过电压，停止变频器。但如果加上了明显很大的输入电压时，则不能保护
欠电压保护		检出直流中间电路电压的下跌，停止变频器
输入缺相保护		检出输入缺相，停止变频器
输出缺相保护		检出起动时以及运转中的输出缺相，停止变频器
过热保护		针对冷却扇的故障和过载，检出散热片的温度过热，停止变频器；针对内置以及外部制动电阻器的过热，进行放电动作，并停止变频器的动作
过载保护		检出输出电流和内部温度判断为过载，停止变频器
电动机保护	电子热继电器	通过设定电子热继电器功能，停止变频器，保护电动机
	PTC 热敏电阻	通过 PTC 热敏电阻停止变频器，保护电动机
	过载预报	为了保护电动机，通过电子热继电器功能停止变频器之前，用输出预报信号
防止失速		在电流限制时发出动作，即一旦变频器输出电流超出硬件上设定的电流限制值，将发出动作，避免断闸
外部报警输入		通过数字输入信号（THR），发出报警并停止变频器
总报警输出		当变频器报警停止时，输出继电器信号
存储器出错		在电源接通时和写入数据时，检查数据，检出存储器异常，停止变频器
CPU 出错		检出干扰等造成的 CPU 异常，停止变频器

实训　变频器控制电动机多速正反转运行

一、实训目的

1. 掌握变频器操作面板的基本操作。

2. 掌握变频器外部端子的功能。

3. 熟悉变频器多段调速的参数设置和外部端子的接线。

4. 能运用变频器的外部端子和参数实现变频器的多段速度控制。

二、实训器材

1. 变频器 1 台。

2. 导线若干。

3. 电工常用工具 1 套。

4. 电动机 1 台（曳引电动机的参数：额定电压为 220V，额定电流为 0.66A，容量为 0.145kW，转速为 1400r/min）。

三、实训内容

1. 按照图4-20所示实训电路连接变频器。

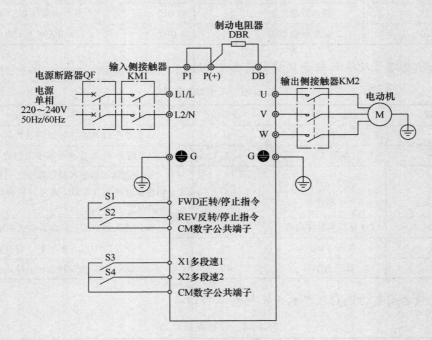

图4-20 变频器实训电路

2. 连接好变频器后，设定变频器各参数。

1）根据电动机参数设定P组参数，见表4-8。

2）变频器基本功能F组参数设定见表4-9。

表4-8 P组参数设定

功能码	名　称	设定值	注　释
P02	电动机容量	0.145kW	设定电动机的容量为0.145kW
P03	电动机额定电流	0.66A	设定电动机的额定电流为0.66A
P99	电动机选择	4	设定电动机选择为其他类

表4-9 F组参数设定

功能码	名　称	设定值	注　释
F01	频率设定1	0	触摸式面板键操作
F02	运转、操作	1	设定外部信号控制运转
F07	加速时间	1s	设定加速时间为1s
F08	减速时间	6s	设定减速时间为6s
F14	瞬间停电再起动	5	设定瞬时停电再起动动作（以初始频率开始再起动，低惯性负载）

(续)

功能码	名　　称	设定值	注　　释
F15	频率限制上限	40.0Hz	设定频率上限为 40.0Hz
F16	频率限制下限	0.0Hz	设定频率下限为 0.0Hz

3）变频器端子功能 E 组参数设定见表 4-10。

表 4-10　E 组参数设定

功能码	名　　称	设定值	注　　释
E01	端子 X1	0	端子 X1 对应多步频率选择的『SS1』
E02	端子 X2	1	端子 X2 对应多步频率选择的『SS2』
E27	30A/B/C（Ry 输出）	1	设定当输出频率和设定频率之间的差在频率到达检出幅度（3.5Hz 固定）以内时，输出打开信号
E48	LED 显示屏具体内容	0	设定速度监视的是转差补偿前的输出频率
E98	端子 FWD	98	设定 FWD 为正转运转、停止指令
E99	端子 REV	99	设定 REV 为反转运转、停止指令

4）变频器控制功能 C 组参数设定见表 4-11。

表 4-11　C 组参数设定

功能码	名　　称	设定值/Hz	注　　释
C05	多步频率 1	1.5	设定多步频率为 1.5Hz
C06	多步频率 2	3.6	设定多步频率为 3.6Hz
C07	多步频率 3	7.2	设定多步频率为 7.2Hz

3. 用外部信号变频器运行，观察频率的变化。

（1）合上 S1，并组合 S3、S4 的闭合情况，观察电动机正向运行转速变化情况，断开 S1，电动机停止。

（2）合上 S2，并组合 S3、S4 的闭合情况，观察电动机反向运行转速变化情况，断开 S2，电动机停止。

四、实训报告

1. 画出变频器控制的接线图。

2. 总结实训中变频器设置哪些参数，使用了哪些外部端子。

单元 5　电梯专用变频器应用

一、基本电路

以富士 5000G11UD 变频器为例讲解，其基本电路如图 4-21 所示。

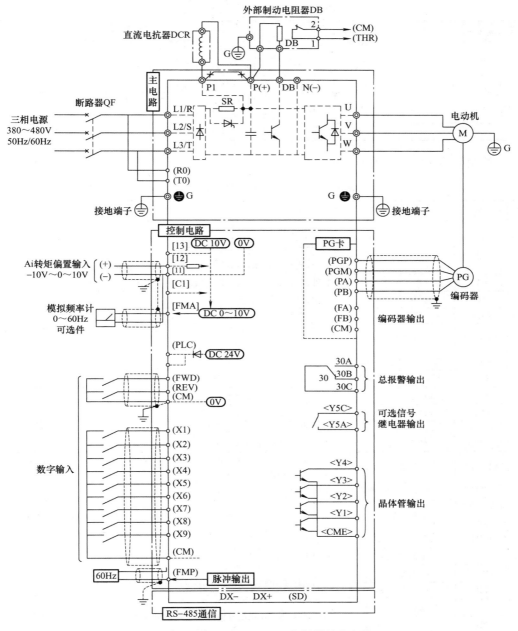

图 4-21　富士 5000G11UD 变频器基本电路

二、接线端子

1. 主电路接线端子及其功能见表 4-12。

表 4-12　主电路接线端子及其功能

端子标记	端子名称	功能说明
R，S，T	主电路电源输入	连接三相电源
U，V，W	变频器输出	连接三相电动机

（续）

端子标记	端子名称	功能说明
R0，T0	控制电源辅助输入	连接控制电路备用电源输入
P1，P（+）	直流电抗器连接用	连接功率因数改善用直流电抗器（选件）
P（+），DB	外部制动电阻连接用	连接外部制动电阻
P（+），N（-）	主电路中间直流电路	中间直流电路电压输出，可连接外部制动单元和电源再生单元
G	变频器接地	变频器壳体的接地端子，应良好接地

2. 控制电路接线端子及其功能见表4-13。

表4-13 控制电路接线端子及其功能

分类	端子标记	端子名称	功能说明	
模拟信号	13	电位器电源	频率设定电位器用电源（DC 10V）	
	12	电压输入	1）按外部模拟量输入电压指令值进行速度控制 2）按外部模拟量输入电压指令值进行转矩控制	
	C1	电流输入	按外部模拟量输入电流指令值进行速度控制	
	11	模拟公共端	模拟量信号公共端子	
	FMA	模拟监视	输出模拟电压 DC 0～10V 的监视信号	
触点输入	X1～X9	选择输入	可选择作为电动机自由旋转、外部报警、报警复位、多段频率选择等命令信号。端子 X 与 CM 间，接通时信号输入，断开时信号断开	
	FWD	正转运行/停止指令	端子 FWD 与 CM 间，接通（ON）则正转运行，断开（OFF）则减速停止	
	REV	反转运行/停止指令	端子 REV 与 CM 间，接通（ON）则正转运行，断开（OFF）则减速停止	
	CM	触点输入公共端	触点输入信号公共端子	
	PLC	PLC 信号电源	连接 PLC 输入信号电源（额定电压为 DC 24V）	
控制和监视输出	FMP（CM 为公共端）	脉冲输出 频率值监视	以脉冲电压作为输出监视信号 监视信号内容同 FMA	
	Y1～Y4	晶体管输出	变频器以晶体管开路集电极门方式输出各种监视信号，如正在运行、频率到达、过载预报等信号	
	Y1E	晶体管输出公共端	晶体管输出信号的公共端子	
	30A、30B、30C	总报警输出	变频器报警（保护功能）动作运行停止时，继电器触点输出报警信号	
编码器	PGM	编码器公共端	端子 PGP、PA、PB 的公共基准电位端	端子在 PG 接口卡
	PGP	编码器电源	输出电压：DC 15V	
	PA	编码器 A 相	电动机速度和旋转方向检测用编码器两相信号连接端子	
	PB	编码器 B 相		
	FA	编码器 A 相输出	编码器 A 相、B 相信号输出端子（与端子 PA、PB 同相位输出）	
	FB	编码器 B 相输出		
	CM	编码器输出公共端	端子 FA、FB 的公共端子	
通信	DX+，DX-	RS-485 通信	RS-485 通信的输入/输出信号端子	

三、速度曲线设定实例

通过编码器测量电动机的转速并反馈给变频器，变频器 FWD/REV 端子输出电动机方向运转的信号，变频器数字端子 X1～X3 通过设定可输出电动机以多大速度运行的信号，见表4-14。并通过端子的不同状态设定不同的输出速度，1 为 ON，0 为 OFF，见表4-15。

表4-14　端子 X1 ~ X3 设定

名称	对应功能码	设定值	注　释
端子 X1	E01	0	对应多段频率选择『SS1』
端子 X2	E02	1	对应多段频率选择『SS2』
端子 X3	E03	2	对应多段频率选择『SS4』

表4-15　多段速度设定

端子 X3『SS4』	端子 X2『SS2』	端子 X1『SS1』	频率设定	对应功能码	不同速度
0	0	0	多段频率0	C12	0 速
0	0	1	多段频率1	C05	1 速（紧急运行）
0	1	0	多段频率2	C06	空
0	1	1	多段频率3	C07	3 速（爬行）
1	0	0	多段频率4	C08	4 速（维护）
1	0	1	多段频率5	C09	5 速（低速）
1	1	0	多段频率6	C10	6 速（中速）
1	1	1	多段频率7	C11	7 速（高速）

　　电梯运行中加减速度和加减速度的变化率（急动度）与乘客乘坐的舒适感直接相关，一般规定：起动加速度和制动减速度最大值均不应大于 $1.5\mathrm{m/s^2}$，加减速度变化率不超过 $1.3\mathrm{m/s^3}$。

　　电梯在不同运行状态发出不同速度的运行指令，用加减速时间来表示起动加速度和制动减速度，见表4-16。

表4-16　不同运行状态加减速时间设定

端子 X3X2X1 状态	对应速度指令	对应速度变化	对应加减速时间	对应功能码
000→100	维护运行指令	0 速→4 速	加减速时间 1	F07
000→101	低速运行指令	0 速→5 速		
000→110	中速运行指令	0 速→6 速	加减速时间 3	E10
000→001	紧急运行指令	0 速→1 速		
000→111	高速运行指令	0 速→7 速	加减速时间 5	E12
111→101	低速运行指令	7 速→5 速	加减速时间 2	F08
100→011		4 速→3 速		
101→011		5 速→3 速		
001→011	爬行运行指令	1 速→3 速	加减速时间 4	E11
110→011		6 速→3 速		
111→011		7 速→3 速	加减速时间 6	E13
011→000	零速运行指令	3 速→0 速	加减速时间 8	E15

　　电梯在开始起动、转入等速运行、减速运行及制动停车时，如果变频器输出频率按照直线递增或递减，乘客会感到不适。但是，若变频器输出频率按照 S 曲线递增或递减，可以减缓加速度的变化，增加乘客的舒适感。

　　富士 5000G11UD 变频器定义了 S 曲线两头的开始段和结束段。所以，一个完整的运行过程（S 字）的设定可分为开始段急加速（急动度）、结束段急加速、开始段急减速、结束段急减速、停车开始段急减速、停车结束段急减速六个阶段，该功能在选项参数 O13 ~ O22

区设置。S字参数设定见表4-17。

表 4-17　S 字参数设定

实现功能	对应功能码	实现功能	对应功能码
开始段急加速	O13	高速结束段急加速	O18
低速结束段急加速	O14	高速开始段急减速	O19
低速开始段急减速	O15	低速、中速、高速结束段急减速	O20
中速结束段急加速	O16	停车开始段急减速	O21
中速开始段急减速	O17	停车结束段急减速	O22

　　通过上述设定，电梯一个完整的运行过程包括几个运行阶段，发出多个运行指令，由此形成不同的运行曲线，如图4-22～图4-27所示。电梯在运行时，按照设定的运行曲线运行，实现安全高效地运行。

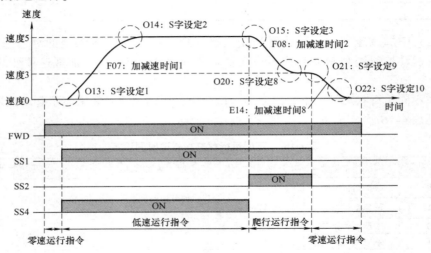

图 4-22　低速运行速度曲线

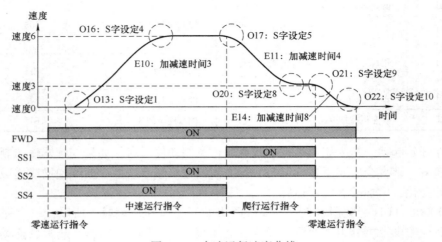

图 4-23　中速运行速度曲线

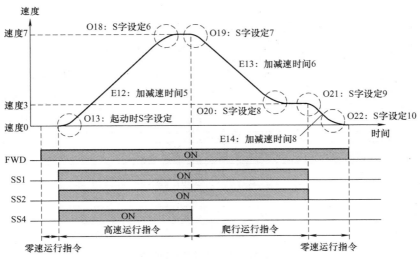

图 4-24 高速运行速度曲线

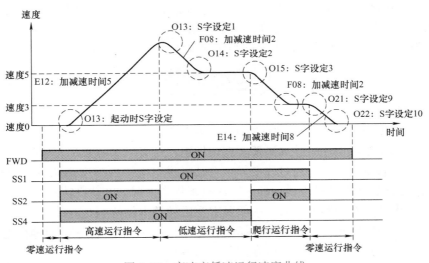

图 4-25 高速变低速运行速度曲线

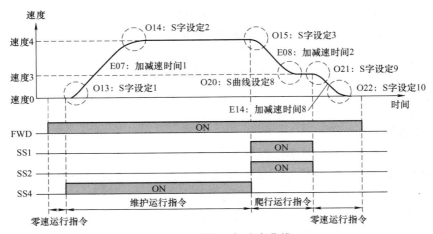

图 4-26 维护运行速度曲线

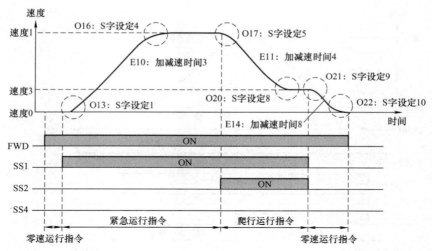

图 4-27 紧急运行速度曲线

从以上运行速度曲线可知，电梯在起动时，从静止加速到所需速度，这个过程加速度和加速度变化率要符合要求。在减速停车过程，各运行速度首先要变换到爬行速度，再由爬行速度最后变为零速，在这个过程，减速度和减速度变化率要符合要求。

一、判断题

1.（　　）VVVF 调速就是指电动机的供电电源应具有能同时改变电源电压和频率的功能。

2.（　　）采用变频调速时，如果要实现恒转矩，就必须保持 U/f 为常数。

3.（　　）变频变压调速是通过改变异步电动机供电电源的频率而调节电动机的同步转速，也就是改变施加于电动机进线端的电压和电源频率来调节电动机转速。

4.（　　）电动机在变频调速时，一般要求主磁通基本保持不变。

5.（　　）VVVF 调速时，输出频率高时输出电压也高，输出频率低时输出电压也低。

6.（　　）矢量控制是异步电动机变频调速的最基本控制方式。

7.（　　）异步电动机基频以下调速采用恒功率控制，基频以上调速采用恒转矩控制。

8.（　　）变频调速时，因保持电动机定子供电电压不变，仅改变其频率即可进行调速。

9.（　　）交-交变频器把工频交流电整流为直流电，然后再由直流电逆变为所需频率的交流电。

10.（　　）交-直-交变频器将工频交流电整流为直流电，然后再由直流电逆变为所需频率的交流电。

二、填空题

1. 变频调速的控制方式：＿＿＿＿＿＿、＿＿＿＿＿＿、＿＿＿＿＿＿、＿＿＿＿＿＿。

2. 异步电动机变频调速最基本的控制方式是＿＿＿＿＿＿＿＿。

3. 生活中的电源是恒压恒频的，只有通过＿＿＿＿＿，才能获得频率和电压均可调节的电源。

4. 变频器按结构分为＿＿＿＿＿和＿＿＿＿＿两类。

5. 变频器由＿＿＿＿＿电路和＿＿＿＿＿电路组成。

6. 变频器的主电路由＿＿＿＿＿＿＿、＿＿＿＿＿＿＿和＿＿＿＿＿＿组成。

7. 通用变频器的选用主要与＿＿＿＿＿＿和＿＿＿＿＿＿有关。

8. 变频器的操作模式有三种：＿＿＿＿＿＿模式、＿＿＿＿＿＿模式和＿＿＿＿＿＿模式。

9. 变频器在电源接通后自动进入的模式是＿＿＿＿＿＿模式。

10. 变频器在运转模式下如果保护功能动作并发生报警，则自动转换成＿＿＿＿＿＿模式。

11. 当由变频器驱动电梯的运行时，一般采用＿＿＿＿＿＿控制。（端子控制或面板控制）

三、简答题

1. 简述交流变压变频调速的基本工作原理。

2. 简述变频器的维护保养中，为了避免触电，所以在切断电源后，还需要注意什么。

3. 变频器主电路和控制电路的接线端子如图4-28所示。

（1）正确连接主电路的设备：电源、电动机（额定值：0.4kW，0.6A）、直流电抗器、制动电阻，请在图上画出。

（2）正确配备主电路的外围控制设备，并在图上画出并标出相应的外围设备。

（3）正确连接控制电路端子，使其能控制电动机的方向，并能输出三种速度（5Hz/15Hz/30Hz）。请在图上画出。

4. 正确设置功能码，使变频器能正确运行，完成表4-18。

表4-18 变频器功能码设置表

功能码	名称	设定值	注释

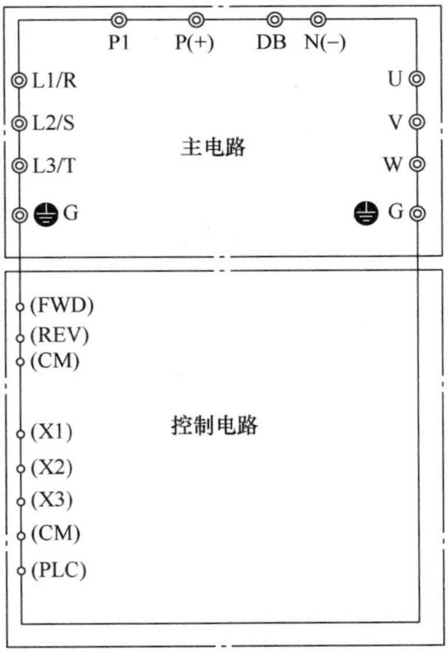

图4-28 变频器主电路和控制电路端子

5. 阐述你对电梯运行速度曲线的理解。

模块5

基于PLC的自动控制技术

知识目标

1. 了解 PLC 的作用、基本工作原理和内部编程资源。
2. 掌握 PLC 的基本逻辑指令和常用功能指令。
3. 掌握 PLC 控制的基本电路的硬件接线和软件编程方法。
4. 掌握数据通信基础知识。
5. 了解 SPB 系列 PLC 运行环境和编程软件。
6. 掌握富士 SPB 系列 PLC 内置高速计数器的主要功能和性能。

能力目标

1. 能正确使用 PLC 内部编程资源。
2. 能正确写出 PLC 输入、输出地址。
3. 能正确应用 PLC 基本逻辑指令和常用功能指令。
4. 能正确分析串行通信接口 RS-232C、RS-422、RS-485 的工作特点。
5. 能正确完成 PLC 控制的基本电路的硬件接线和软件编程。
6. 能应用编程软件完成梯形图程序的编辑、仿真、下载、上传和在线调试。
7. 能正确使用富士 SPB 系列 PLC 的内置高速计数器。
8. 能通过旋转编码器、PLC 和变频器实现对电动机运行的精确控制。

素质目标

1. 培养学生遵时守纪、踏实肯干的态度。
2. 培养学生团队合作和沟通交流的能力。
3. 培养学生自我学习和信息化学习的意识。
4. 培养学生发现问题、解决问题的能力。

单元1　PLC 概述

一、国际电工委员会（IEC）对 PLC 的定义

可编程逻辑控制器（PLC）是一种数字运算操作的电子系统，专为在工业环境下应用而设

计。它采用可编程序的存储器，用来在其内部存储执行逻辑运算、顺序控制、定时、计数和算术运算等操作指令，并通过数字式和模拟式的输入和输出，控制各种类型的机械或生产过程。

二、PLC 的内部结构

1. 硬件系统

PLC 的硬件主要由 CPU 模块、输入模块、输出模块、电源模块、编程器等组成。PLC 的硬件框图如图 5-1 所示。

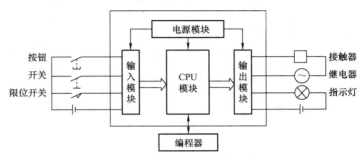

图 5-1　PLC 的硬件框图

各部分的介绍如下。

（1）输入接口电路　输入接口电路如图 5-2 所示。它是各种输入信号（动作命令信号及回授的检测信号）的输入接口，为交流或直流输入，并采用光电耦合隔离，可将外部信号与 PLC 内部隔离。

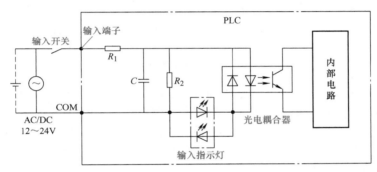

图 5-2　输入接口电路

（2）输出接口电路　这是把 PLC 处理结果即输出信号送给控制对象的输出点，PLC 一般都有 3 种输出形式可供用户选择，即继电器输出型、晶体管输出型和晶闸管输出型，可将 PLC 内部信号与外部负载电源隔离。

继电器输出型接口电路如图 5-3 所示。继电器输出型最常用，适用于交直流负载。

晶闸管输出型接口电路如图 5-4 所示。晶闸管输出型适用于交直流负载。

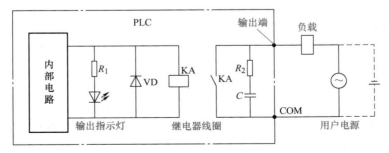

图 5-3　继电器输出型接口电路

晶体管输出型接口电路如图 5-5 所示。晶体管输出型适用于直流负载。

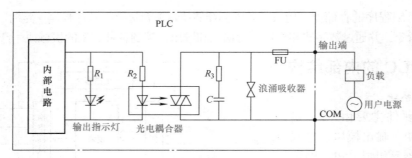

图 5-4　晶闸管输出型接口电路

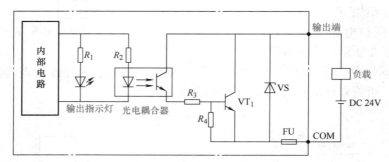

图 5-5　晶体管输出型接口电路

注意事项：输出端接线分为独立输出和公共输出。在不同组中，可采用不同类型和电压等级的输出电压，但在同一组中的输出只能用同一类型、同一电压等级的电源。

（3）中央处理单元（CPU）　CPU 模块是 PLC 的主要组成部分，是系统的控制核心。它以循环扫描的方式采集现场各输入装置的状态信号，执行用户控制程序，并将运算结果传送到相应的输出装置，驱动外部负载工作。

（4）存储器　存放系统软件的存储器称为系统程序存储器。存放应用软件的存储器称为用户程序存储器。

（5）电源　把外部电源转换成 PLC 内部所需直流的电源装置。PLC 的外部电源输入可接受两种形式，一种为单相 85～264V、50Hz/60Hz 的交流电源，另一种为 24～26V 的直流电源。使用交流输入的 PLC 可提供一组 24V 直流电源，供外部使用。

（6）编程器　编程器是编写、编辑、调试、监控 PLC 的用户程序的必备设备。它通过通信接口与 PLC 的 CPU 模块相联系，完成人机对话。小型 PLC 的编程可直接使用简易的手持式编程器来完成，较为复杂的编程一般使用专门的编程软件。编程软件可以安装在普通计算机上，程序编写好后通过通信电缆下载到 PLC 中。

2. 软件系统

PLC 的软件系统包括系统程序和用户程序两大部分。系统程序由 PLC 厂家编写，用于控制 PLC 本身的运行。系统程序包含系统管理程序、用户指令解释程序、标准程序模块和系统调用三大部分，其功能的强弱直接决定一台 PLC 的性能。用户程序由 PLC 的使用者编写，用于实现对具体生产过程的控制，用户程序可以是梯形图、指令表、高级语言、汇编语言等。

三、PLC 的编程元件

PLC 内部有许多不同功能的元件，实际上这些元件是电子电路和存储器组成的。例如，输入继电器 X 由输入电路和输入映像寄存器组成，输出继电器 Y 由输出电路和输出映像寄存器组成，定时器 T、计数器 C、辅助继电器 M、状态继电器 S、数据寄存器 D 都是由存储器组成。为了把它们与硬元件区分开，称它们为"软继电器"。

1）输入继电器 X：用于接受及存储输入端子的输入信号。PLC 每个输入端子都有一个输入继电器与之对应。输入继电器的状态不受程序的执行控制。程序中不允许出现输入继电器的线圈。

2）输出继电器 Y：用于存储程序执行的结果。每一个输出继电器与一个输出口相对应。正常运行中输出继电器的状态只由程序的执行决定。

3）辅助继电器 M：用来存放逻辑运算的中间结果，不直接接受外界信号，也不能用来直接驱动输出元件。

4）特殊辅助继电器 M：用于特殊用途的存储器，可以作为用户与系统程序之间的界面，为用户提供一些特殊的控制功能及系统信息，如时钟脉冲和特殊状态（PLC 开机状态、停止状态、运算结果状态、某些故障状态等）标志。

5）定时器 T：用于时间控制。PLC 中定时器的时间延长靠对时基的计数来实现。时基有 10ms、1ms 两挡。定时器由到时位区（T）、现在值区（T）、设定值区（任意区域）构成。当定时器现在值达到设定值时，到时位 ON。定时器当前值在 PC 电源 OFF 或停止 RUN 时清 0。定时器输入触点 OFF 时，当前值置 0，定时器触点恢复原始状态。

6）计数器 C：用来计数，有普通计数器和高速计数器两大类。普通计数器主要用来对程序中反映的信号进行计数，称为机内计数器。高速计数器用来对高于 PLC 扫描频率的机外脉冲计数。计数器由计数完成位区（C）、现在值区（C）、设定值区（任意区域）构成。当计数器现在值达到设定值时，计数完成位 ON。PC 电源 OFF 或停止 RUN 时，计数完成位（C）、现在值区（C）保持前回值。当计数器检测到触点上升沿（OFF→ON）时计数。

计数器有两个输入端：计数输入端、复位输入端。复位输入端指令 CRST 在任何情况下都是优先执行，当与复位输入端连接的触点闭合时，计数器不再接受计数输入信号，同时当前值恢复到设定值，计数器 OFF，其触点恢复原始状态。

计数器只有在复位端处于断开状态时才能进行计数工作。此时，当与计数输入端连接的触点每次由断开到接通时，计数器的值减 1，当计数器当前值减为 0 时，此时计数器的触点转换，并保持这个状态直到复位输入端接通。

7）数据寄存器 D：用来储存数据和参数，可储存 16 位二进制数或一个字。其最高位为符号位，该位为 0 时数据为正，为 1 时数据为负。

8）锁存继电器 L：是不丢失区，在该区内，当 PLC 电源关断后，将由备用电池保留该区锁存继电器内容。

四、PLC 工作原理

某 PLC 控制系统的等效电路如图 5-6 所示。

由等效电路可知：输入部分采集输入信号，输出部分就是系统的执行部分，PLC 内部电路是由软件编程来实现的逻辑控制。

对于使用者来说，可以把 PLC 看成是内部由许多软继电器组成的控制器，这些软继电器由线圈、常开触点和常闭触点组成。事实上，这些软继电器就是存储器中的一位触发器。该触发器为"1"状态，相当于继电器接通；该触发器为"0"状态，相当于继电器断开。

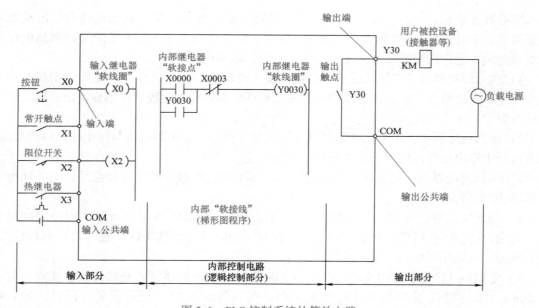

图 5-6 PLC 控制系统的等效电路

注：硬件地址为 X0，梯形图编程时程序自动生成 X0000，其他地址情况与其相同。

五、PLC 的工作过程

1. PLC 的工作状态

PLC 有两种工作状态：运行（RUN）状态和停止（STOP）状态。

2. PLC 的工作过程

PLC 采用周期循环扫描，集中输入输出的工作方式。PLC 的扫描工作方式由 5 个阶段构成，如图 5-7 所示。全过程扫描一次所需时间称为扫描周期，各阶段工作情况如下所述。

（1）内部处理阶段　PLC 检查 CPU 模块的硬件是否正常，将监控定时器复位等。

（2）通信操作阶段　如果 PLC 安装有智能模块，此阶段为它们之间的通信时间，另外对于编程器键入的命令进行响应，更新编程器内容等。

当 PLC 处于停止状态时，只进行上述内部处理和通信操作内容。当 PLC 处于运行状态时，还要进行输入采样、程序执行和输出刷新处理。这个工作过程如图 5-8 所示。

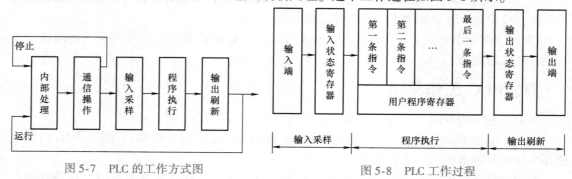

图 5-7 PLC 的工作方式图　　　　图 5-8 PLC 工作过程

（3）输入采样阶段　程序开始时，监控程序使机器以扫描方式逐个输入所有输入端口上的信号，并依次存入对应的输入状态寄存器。

（4）程序执行阶段 所有的输入端口采样结束后，即开始进行逻辑运算处理，根据用户输入的控制程序，从第一条开始，逐条加以执行，并将相应的逻辑运行结果存入对应的中间元件和输出元件状态寄存器，当最后一条控制程序执行完毕后，即转入输出刷新处理。

（5）输出刷新阶段 将输出元件状态寄存器的内容，从第一个输出端口开始，到最后一个结束，依次读入对应的输出锁存器，从而驱动输出器件形成可编程的实际输出。

PLC 重复地执行上述后三个阶段的工作周期，每次称为一个扫描。一般地，PLC 的一个扫描周期约 10ms，另外，PLC 的输入/输出还有响应滞后（输入滤波约 10ms），继电器机械滞后约 10ms，所以一个信号从输入到实际输出，有 20～30ms 的滞后。输入信号的有效宽度应大于 1 个周期 + 10ms。

实训 5.1　认识富士 SPB 系列 PLC

一、实训目的

1. 了解富士 SPB 系列 PLC 的硬件组成及各部分功能。

2. 掌握富士 SPB 系列 PLC 输入和输出端子的分布。

3. 了解富士 SPB 系列编程软件资源。

二、实训器材

1. PLC（富士 SPB 系列）。

2. 电工常用工具。

3. 导线等。

三、实训内容

1. 认识 PLC 外部特征

富士 SPB 系列 PLC 外部特征基本相似，一般都有外部接线端子部分、指示部分和接口部分。

1）外部接线端子部分包括 PLC 电源端子（AC - L、AC - N、FG - ⏚），供外部传感器用的 DC 24V 电源端子（24 + 、COM），输入端子（X），输出端子（Y）等，主要完成信号的 I/O 连接，是 PLC 与外围设备连接的桥梁。

富士 SPB 系列 PLC 60 点基本单元如图 5-9 所示，32 点扩展单元如图 5-10 所示。

2）指示部分包括各 I/O 点的状态指示、电源指示，用于反映 I/O 点及 PLC 机器的状态。各部分作用见表 5-1。

表 5-1　指示灯及其动作表示

序号	元件		注释	功　　能
1	工作电源指示灯	PWR	电源指示（绿色）	单元电源正常时此灯亮
		RUN	运行指示（绿色）	执行程序时此灯亮，当出现致命错误时此灯灭
		ALM	错误指示（红色）	当出现致命或非致命的错误时，此灯亮
		MEM	内存指示（红色）	在程序运行时进行程序变更，内容被 CPU 模板上的 RAM 存储，此灯闪烁
2	I/O 状态指示灯		（绿色）	用于指示 I/O 继电器状态，每个单元 I/O 指示灯数与其 I/O 点数相等。I/O 指示灯设计成上下两排

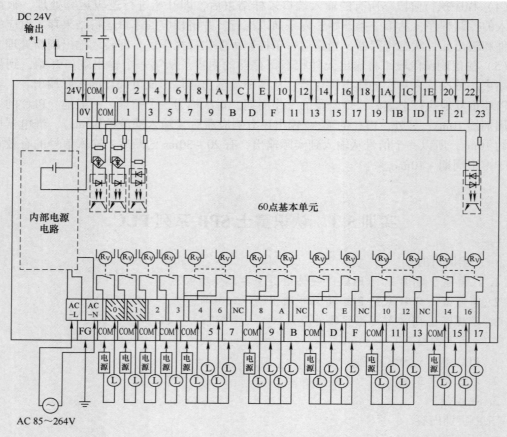

图 5-9 PLC 60 点基本单元

3）接口部分包括编程器、扩展盒、N 总线、电池及存储器卡盒等外围设备的接口，除了 N 总线接口外，其他接口只有基本单元有，其作用是完成基本单元同上述外围设备的连接。

2. 认识 PLC 的编程软件资源

富士 SPB 系列 PLC 编程元件的名称由两部分组成，第一部分用字母代表功能，第二部分用数字代表该编程元件的序号。各软继电器均采用十六进制，见表 5-2 和表 5-3。

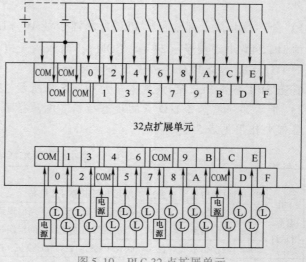

图 5-10 PLC 32 点扩展单元

表 5-2 SPB 系列 PLC 编程元件一览表

元件符号	元件名称	存储器范围	容 量
X	输入继电器	X000 ~ X3FF	合计 1024 点
Y	输出继电器	Y000 ~ Y3FF	
M	辅助继电器	M0000 ~ M03FF	1024 点
	扩展辅助继电器	M0400 ~ M0FFF	3072 点
	特殊辅助继电器	M8000 ~ M81FF	512 点
L	锁存继电器	L0000 ~ L03FF	1024 点
	扩展锁存继电器	L0400 ~ L0FFF	3072 点
T	定时器（10ms 时基）	T000 ~ T17F	384 点
	定时器（1ms 时基）	T180 ~ T1FF	128 点
C	计数器	C000 ~ C0FF	256 点
D	数据寄存器	D0000 ~ D1FFF	8192 字
	数据寄存器	D8000 ~ D80FF	256 字
P	指针（分支用）	P00 ~ PFF	256 点
I	指针（中断用）	I0000 ~ I1FXX	10 点

表 5-3 常用特殊辅助继电器编程元件一览表

特殊辅助继电器	功能	时序图	说 明
M8000	运行监视	RUN / M8000	当 PLC 开机运行后，M8000 为 ON；停止执行时，M8000 为 OFF。M8000 可作为 PLC 正常运行的标志
M8001	异常监视	异常 / 正常 / M8001	当 PLC 发生异常时，M8001 为 ON。正常运行时，M8001 为 OFF
M8010	正常时 ON	基本单元电源正常 / M8010	与 PC 的运行、停止无关，基本单元电源正常时 ON
M8011	初始脉冲	RUN / 1个扫描周期 / M8011	当 PLC 开机运行后，M8011 仅在 M8000 由 OFF 变为 ON 时，自动接通一个扫描周期
M8012	扫描时钟	1次扫描	每一次扫描 M8012 反复 ON/OFF，最初的扫描从 OFF 开始
M8015	10ms 时钟	M8015 / 10ms / 上电	当 PLC 上电后（无论运行与否），自动产生周期为 10ms 的时钟脉冲

（续）

特殊辅助继电器	功能	时序图	说　　明
M8016	100ms 时钟	M8016 ⎍⎍ ←100ms→ 上电	当 PLC 上电后（无论运行与否），自动产生周期为 100ms 的时钟脉冲
M8017	1s 时钟	M8017 ⎍⎍ ←1s→ 上电	当 PLC 上电后（无论运行与否），自动产生周期为 1s 的时钟脉冲

四、实训步骤

1. 接通 PLC 的电源，观察 PLC 的各种指示是否正常。

2. 分别接通各个输入信号，观察 PLC 的输入指示灯是否发亮。

3. 仔细观察 PLC 输出端子的分组情况，理解同一组中的输出端子不能接入不同的电源。

4. 了解 SPB 系列 PLC 编程软件资源和存储器范围。

五、实训报告

1. 画出富士 SPB 系列 PLC 输入端子的分布图。

2. 画出富士 SPB 系列 PLC 输出端子的分布图和其分组情况。

3. 写出富士 SPB 系列 PLC 基本单元和扩展单元的各点地址名称。

4. 写出富士 SPB 系列 PLC 编程元件的名称及存储器范围，特殊辅助继电器及其功能。

单元 2　PLC 的基本逻辑指令和功能指令

一、PLC 的基本逻辑指令

基本逻辑指令表见表 5-4。

表 5-4　基本逻辑指令表

符号、名称	功　　能	梯形图表示	操作元件
LD 取	常开触点逻辑运算起始	⊣ ⊢	X，Y，M，T，C，S
LDI 取反	常闭触点逻辑运算起始	⊣/⊢	X，Y，M，T，C，S
OUT 输出	线圈驱动	—（Y001）⊢	Y，M，T，C，S

（续）

符号、名称	功　能	梯形图表示	操作元件
OUTD 输出	线圈驱动（直接输出）	—(D)⊦	Y，M，T，C，S
AND 与	常开触点串联连接	—⊦⊦—	X，Y，M，S，T，C
ANI 与非	常闭触点串联连接	—⊦/⊦—	X，Y，M，S，T，C
OR 或	常开触点并联连接		X，Y，M，S，T，C
ORI 或非	常闭触点并联连接		X，Y，M，S，T，C
ORB 电路块或	串联电路的并联连接		无
ANB 电路块与	并联电路的串联连接		无
MPS 进栈	进栈	⊦⊦MPS⊦⊦—(Y0004)	无
MRD 读栈	读栈	MRD⊦⊦—(Y0005)	无
MPP 出栈	出栈	MPP⊦⊦—(Y0006)	无
SET 置位	令元件自保持 ON 状态	⊦⊦—[SET　Y0000]	Y，M，S
SETD 置位	令元件自保持 ON 状态（直接输出）	—(SD)⊦	Y，M，S
RST 复位	令元件自保持 OFF 状态或清除数据寄存器的内容	⊦⊦—[RST　Y0000]	Y，M，S，C，D，V
RSTD 复位	令元件自保持 OFF 状态或清除数据寄存器的内容（直接输出）	—(RD)⊦	Y，M，S，C，D，V
PLS 上升沿脉冲	上升沿微分输出	X0000 ⊦⊦—[PLS　M0]	Y，M
PLF 下降沿脉冲	下降沿微分输出	X0001 ⊦⊦—[PLF　M1]	Y，M
LDP 取上升沿脉冲	上升沿脉冲逻辑运算开始	—⊦↑⊦—	X，Y，M，S，T，C
LDF 取下降沿脉冲	下降沿脉冲逻辑运算开始	—⊦↓⊦—	X，Y，M，S，T，C
ANP 与上升沿脉冲	上升沿脉冲串联连接	—⊦↑⊦—	X，Y，M，S，T，C
ANF 与下降沿脉冲	下降沿脉冲串联连接	—⊦↓⊦—	X，Y，M，S，T，C

（续）

符号、名称	功　能	梯形图表示	操作元件
ORP 或上升沿脉冲	上升沿脉冲并联连接		X，Y，M，S，T，C
ORF 或下降沿脉冲	下降沿脉冲并联连接		X，Y，M，S，T，C
MC 主控	主控电路块起点	┤├──[MC　N0　Y或M] N0──Y或M不允许使用特M	无
MCR 主控复位	主控电路块终点	──[MCR　N0]	
NOP 空操作	无动作		无
END 结束	输入输出处理， 程序回到第0步	──[END]	无

二、一些常用的功能指令

一些常用的功能指令见表 5-5。

表 5-5　PLC 常用的功能指令

符号、名称	功　能	梯形图表示	说　明
MOV	16 位数据传送指令	──[MOV　S，D]	将地址 S 装置的数据传到地址 D 装置中去（S 可以是一个常数）
CML	16 位传送逆转（取反）	──[CML　S，D]	逆转在地址 S 的每一个数值，并传送到地址 D 的装置中去
DMOV	32 位数据传送指令	──[DMOV S、D]	将地址 S、S + 1 装置的数据传送到地址 D、D + 1 装置中去。（S 可以是常数） S S+1 → D D+1
DCML	32 位传送逆转（取反）	──[DCML S、D]	32 位反转传送
LD ＝ AND ＝ OR ＝	数据比较指令	┤[＝　S1，S2] ──[＝　S1，S2] └[＝　S1，S2]	如果 S1 = S2 成立，则线路通
LD ＜＞ AND ＜＞ OR ＜＞	数据比较指令	┤[＜＞　S1，S2] ──[＜＞　S1，S2] └[＜＞　S1，S2]	如果 S1 ≠ S2 成立，则线路通

（续）

符号、名称	功　能	梯形图表示	说　明
LD > AND > OR >	数据比较指令	├─[> S1, S2] ──[> S1, S2] └─[> S1, S2]	如果 S1 > S2 成立，则线路通
LD < AND < OR <	数据比较指令	├─[< S1, S2] ──[< S1, S2] └─[< S1, S2]	如果 S1 < S2 成立，则线路通
LD > = AND > = OR > =	数据比较指令	├─[>= S1, S2] ──[>= S1, S2] └─[>= S1, S2]	如果 S1 > = S2 成立，则线路通
LD < = AND < = OR < =	数据比较指令	├─[<= S1, S2] ──[<= S1, S2] └─[<= S1, S2]	如果 S1 < = S2 成立，则线路通
INC	增量	─[INC　D]	将 D + 1 后，将结果存储在 D 中
DEC	减量	─[DEC　D]	将 D - 1 后，将结果存储在 D 中
DECO	译码	─[DECO　S,D]	将 S 数据编码后，其结果存储在 D 中
ENCO	编码	─[ENCO　S,D]	将 S 数据译码后，其结果存储在 D 中
I	中断指针	├─[INTR　n]	中断程序起始指针（中断程序在主程序之后） 指针号　固定周期中断的周期时间T 　　　　(T=N×5ms, N:1~FF) 指针号： 1）00 ~ 03：因外部输入的中断原因（X0 ~ X3） 2）10 ~ 11：因高速计数器比较一致造成中断的原因 3）1C ~ 1F：固定周期中断原因
IRET	中断程序结束	├─[IRET]	中断程序结束
FEND	主程序结束	10 ├┤├──( ) 　　⋮　[FEND] 主程序 　　⋮　　　　 中断程序等 　　　　[IRET]	在使用中断程序等时，必须用 FEND 指令先结束主程序

三、编程位元件和字元件

1）只处理 ON/OFF 状态的元件称为位元件，处理数据的元件称为字元件。1字节 = 16 个位。

2）以输入继电器区为例说明位地址与字地址的关系，见表5-6。

表5-6 编程元件位地址与字地址的关系

		位地址															
		F	E	D	C	B	A	9	8	7	6	5	4	3	2	1	0
字地址	00	00F	00E	00D	00C	00B	00A	009	008	007	006	005	004	003	002	001	000
	01	01F	01E	01D	01C	01B	01A	019	018	017	016	015	014	013	012	011	010
	02	02F	02E	02D	02C	02B	02A	029	028	027	026	025	024	023	022	021	020

3）位地址与字地址关系。位地址 X000 ~ X00F 对应字地址 WX00；位地址 X010 ~ X01F 对应字地址 WX01；位地址 X020 ~ X02F 对应字地址 WX02 等。

单元 3 基本电路的硬件接线与软件编程

一、电动机起保停电路

1. 电动机起保停电路硬件接线

电动机起保停电路（起动、保持、停止）的硬件接线如图 5-11 所示。

（1）控制要求 按下起动按钮 SB1，电动机起动运行；按下停止按钮 SB2，电动机停止运行。

（2）I/O 地址 I/O 地址分配见表 5-7 所示。

2. 软件编程

电动机起保停的停止优先梯形图，梯形图方案设计如图 5-12 所示。

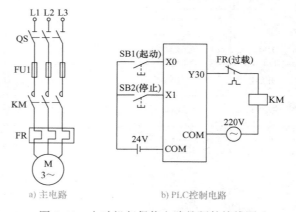

a) 主电路   b) PLC控制电路

图 5-11 电动机起保停电路的硬件接线图

如图 5-12 所示，在方法 1 中用 X1 的常闭触点，而在方法 2 中用 X1 的常开触点，但它们的外部输入接线完全相同。这两种方法均为停止优先，即如果起动按钮 X0 和停止按钮 X1 同时被按下，则电动机停止。

表5-7 I/O 地址分配表

输入设备	输入地址
起动按钮 SB1	X0
停止按钮 SB2	X1
输出设备	输出地址
运行接触器 KM	Y30

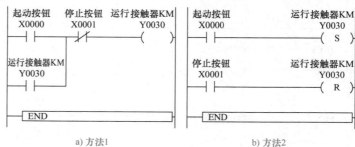

a) 方法1   b) 方法2

图 5-12 电动机起保停的停止优先梯形图

若要改为起动优先，则梯形图如图 5-13 所示。

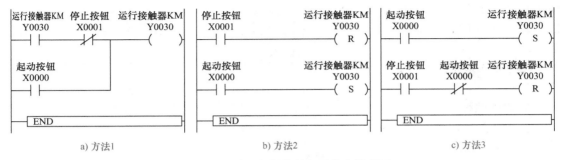

a) 方法1　　　　　　　　b) 方法2　　　　　　　　c) 方法3

图 5-13　电动机起保停的起动优先梯形图

如果将停止按钮的常闭触点接到 PLC 的 X1 端钮，则梯形图中的 X1 触点类型与 PLC 外接 SB2 的常开触点时刚好相反，如图 5-14 所示。

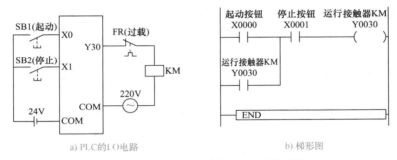

a) PLC的I/O电路　　　　　　　　　　　b) 梯形图

图 5-14　电动机的起保停电路及梯形图

二、互锁控制电路（电动机正反转控制）

1. 电动机正反转控制电路硬件接线

电动机正反转控制电路硬件接线如图 5-15 所示。

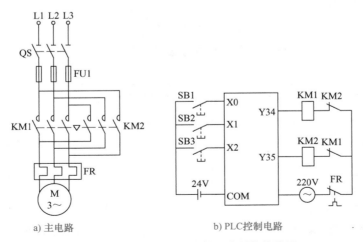

a) 主电路　　　　　　　　　b) PLC控制电路

图 5-15　电动机正反转控制电路硬件接线图

（1）控制要求 按下正转起动按钮 SB2，电动机正转运行；按下反转起动按钮 SB3，电动机反转运行；按下停止按钮 SB1，电动机停止运行。

（2）I/O 地址 I/O 地址分配见表5-8。

2. 软件编程

电动机正反转控制梯形图方案设计如图5-16所示。

在梯形图中，将 Y34 和 Y35 的常闭触点分别与对方的线圈串联，可以保证它们不会同时为 ON，因此 KM1 和 KM2 的线圈不会同时得电，这种安全保护措施在继电器电路中称为互锁。

为了方便操作和保证 Y34 和 Y35 不会同时为 ON，在梯形图中还设置了按钮互锁。即将反转起动按钮 X2 的常闭触点与控制正转的 Y34 的线圈串联，将正转起动按钮 X1 的常开触点与控制反转的 Y35 的线圈串联。

表 5-8 I/O 地址分配表

输入设备	输入地址	输出设备	输出地址
停止按钮 SB1	X0	正转运行接触器 KM1	Y34
正转起动按钮 SB2	X1	反转运行接触器 KM2	Y35
反转起动按钮 SB3	X2		

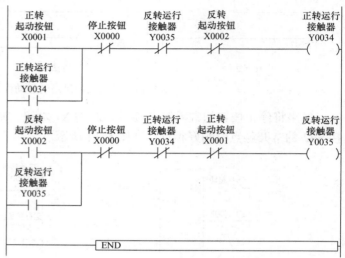

图 5-16 电动机正反转控制梯形图

注意 虽然在梯形图中已经有软继电器的互锁触点，但在外部硬件输出电路中还必须使用 KM1 和 KM2 的常闭触点进行互锁。因为 PLC 内部软继电器互锁只相差一个扫描周期，而外部硬件接触器触点的断开时间往往大于一个扫描周期，来不及响应。所以如果在没有外部硬件互锁的情况下，可能引起主电路短路。因此必须采用软硬件双重互锁。

三、振荡电路

（1）控制要求 振荡电路产生特定的通断时序脉冲。

（2）振荡电路梯形图 振荡电路梯形图方案设计如图5-17所示。

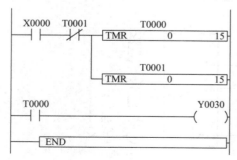

a) 方法1(定时器分别计时)

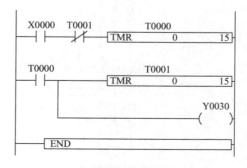

b) 方法2(定时器累计计时)

图 5-17 振荡电路梯形图

T0 和 T1 的输出信号通过它们的触点分别控制对方的线圈，形成了振荡电路。

单元4 PLC 的通信技术

一、数据通信基础

1. 并行通信和串行通信

数据通信主要采用并行通信和串行通信两种方式。

（1）并行通信 并行通信时数据的各个位同时传送，可以以字或字节为单位并行进行。并行通信速度快，计算机或 PLC 各种内部总线就是以并行方式传送数据的。缺点是数据有多少位，就需要多少根传送线。所以，并行通信用的通信线多、成本高，不适宜进行远距离通信。

（2）串行通信 串行通信时数据是一位一位顺序传送的，只需几根通信线。串行通信速度低，但传送的距离可以很长，因此串行通信适用于远距离而速度要求不高的场合。在 PLC 网络中传送数据绝大多数采用串行通信方式。

从通信双方信息的交互方式分类，串行通信方式又可以分为以下 3 种：

1）单工通信：如图 5-18 所示，信息只能单一方向传送，从一端传送到另一端，不能实现双方信息交流，在 PLC 网络中极少使用。

2）半双工通信：如图 5-19 所示，可以实现双向通信，但不能在两个方向上同时进行，必须轮流交替地进行。半双工通信线路简单，通信线有 3 条（其中一条为信号地线）或两条（无信号地线），这种方式得到广泛应用。

3）全双工通信：如图 5-20 所示，双向同时通信，即通信双方都可以同时发送和接收信息，双方的发送与接收装置同时工作。全双工通信的效率最高，但控制相对复杂，造价也较高。通信线有 5 条（其中一条为信号地线）或 4 条（无信号地线）。

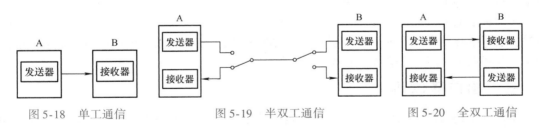

图 5-18 单工通信 图 5-19 半双工通信 图 5-20 全双工通信

串行通信中，传输速率用每秒传送的位数（比特/秒）来表示，称为比特率（bit/s）。常用的标准传输速率有 1200bit/s、2400bit/s、4800bit/s、9600bit/s、19200bit/s、38400bit/s 等。

2. 奇偶校验

为了确保传送的数据准确无误，常在传送过程中进行相应的检测，避免不正确数据被误用。

奇偶校验可以检验单个字符的错误。发送端在每个字符的最高位之后附加一个奇偶校验位，这个校验位可为 "1" 或 "0"，以便保证整个字符为 "1" 的位数是奇数（称为奇校验）或偶数（称为偶校验）。

发送端按照奇偶校验的原则编码后，以字符为单位发送，接收端按照相同的原则检验收到的每个字符中 "1" 的位数。如果为奇校验，发送端发出的每个字符中 "1" 的位数为奇数，若接收端收到的字符中 "1" 的位数也为奇数，则传输正确，否则传输错误。

偶校验方法类似。

二、RS-232C 通信接口

RS-232C 通信接口是终端设备和数据传输设备之间最常用的接口，已广泛应用于计算机与终端、计算机与计算机之间的就近连接。RS-232C 通信接口采用单端驱动和单端接收电路，一般情况下，只需 3 条线（2 条数据线和 1 条信号地线），就可实现点对点的全双工通信。

RS-232C 通信接口有许多不足之处：数据传输速率低（局限于 20kbit/s），传输距离短（局限于 15m），各种信号成分间相互产生干扰。为了解决这些问题，目前工业环境中广泛应用的是 RS-422/RS-485 通信接口。

三、RS-422/RS-485 通信接口

RS-422 通信接口采用平衡驱动、差分接收方式，使用两根线发送或接收信号，有更好的抗干扰性能和更远的传输距离。它一般需要 5 条线（4 条数据线和 1 条信号地线），如图 5-21 所示。支持点对多点的全双工通信。RS-422 的最大传输距离为 1200m（100kbit/s），最大传输速率为 10Mbit/s（12m）。

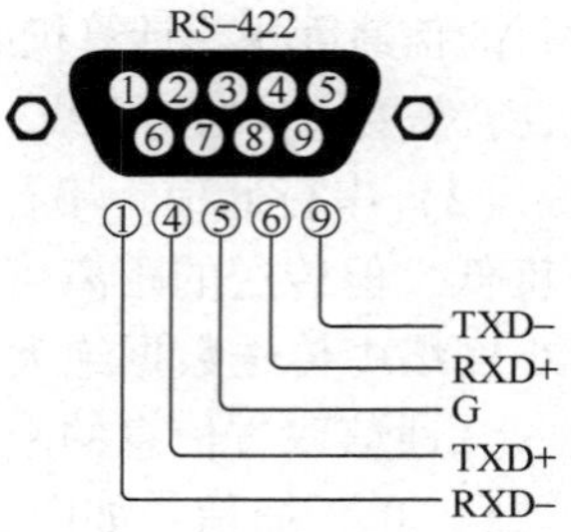

RS-485 通信接口是 RS-422 通信接口的改进。RS-485 通信接口采用半双工通信方式，接收和发送分时进行。它一般需要 3 条线（2 条数据线和 1 条信号地线），如图 5-22 所示。RS-485 通信接口用于多点互联时比较方便，可以省掉许多信号线。

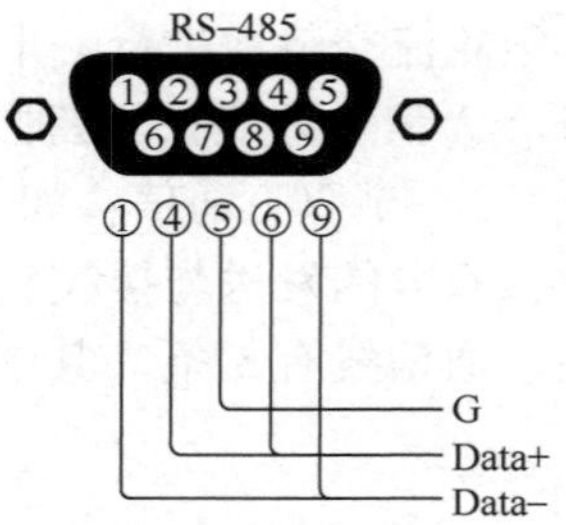

图 5-21　RS-422 通信线

四、通信电缆

RS-232C、RS-422、RS-485 通信接口一般都用多股屏蔽电缆连接计算机和 PLC、PLC 和 PLC。

多股屏蔽电缆共有 4 层。最内层为中心导体，导体的外层为绝缘层，包着中心导体，再向外一层为屏蔽层，最外一层为表面的保护皮。其特点是：传输速率高、距离远，但成本较高。

图 5-22　RS-485 通信线

五、串口通信协议

所谓通信协议就是通信双方的一种约定。约定包括对数据格式、同步方式、传输速率、传送步骤、检纠错方式以及控制字符定义等问题做出统一规定，通信双方必须共同遵守，因此也叫作通信控制规程，或称为传输控制规程。

实训 5.2　SX-Programmer Standard 编程软件的使用

一、实训目的

1. 熟悉 SX-Programmer Standard 软件界面。
2. 熟悉梯形图的基本输入操作。

3. 掌握利用 PLC 编程软件编辑、调试程序。

二、实训器材

1. PLC 1 台。

2. 计算机 1 台。

3. 编程电缆 1 根。

4. 接口转换器 1 个。

三、实训步骤

1. 安装编程软件

SX-Programmer Standard 编程软件是对于富士 MICREX-SPB 系列的 PLC 和富士基板控制器开发并基于视窗的编程工具。此软件可以安装在个人计算机上，作为 FLEX-N 系列、MICREX-SPB 的 PLC 编程工具。

首先安装 SX-Programmer Standard 编程软件，如图 5-23 所示。

图 5-23 安装 SX-Programmer Standard 编程软件

在计算机上安装好 SX 编程软件后，运行 SX 编程软件，其界面如图 5-24 所示。

图 5-24 运行 SX 编程软件后的界面

2. PLC 与计算机的通信

1）在已经安装了编程软件的计算机上，通过专用电缆和 PLC 连接，进行 PLC 和计算机的通信。

计算机与 PLC 之间的通信在计算机一端是 RS-232C 通信接口，而 PLC 一端为 RS-485 或 RS-422 通信接口，因此需要进行电平转换及插头转换才能实现连接，常用 RS-232C/RS-422 转换器或 RS-232C/RS-485 转换器进行连接。RS-232C/RS-422 转换插口如图 5-25 所示。计算机与 PLC 之间通信如图 5-26 所示。

注意：不允许在 PLC 主机通电的状态下插拔编程电缆。

2）安装端口驱动程序，如图 5-27 所示。

3）同时需要设置通信参数。

① 首先右击【计算机】→【属性】，单击【硬件】中的【设备管理器】，单击计算机 RS－232C 端口，查找端口号和端口属性，如图 5-28 所示。

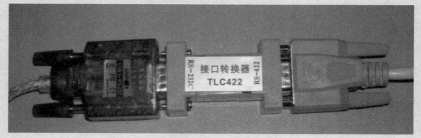

图 5-25　RS－232C/RS－422 转换插口

图 5-26　计算机与 PLC 之间通信

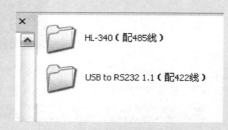

图 5-27　端口驱动程序

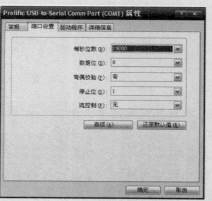

图 5-28　计算机端口号和端口属性

②PLC 端口属性设置。运行 SX 编程软件，在其菜单栏中选择 Options→Communications，弹出 Communication Parameters 对话框。在 Communications 下拉列表框中选择 PLC 端口（Com 1～Com 9），然后单击 Comm Port Properties 按钮，如图 5-29 所示。

计算机端口属性和 PLC 端口属性必须一致，才能进行通信。

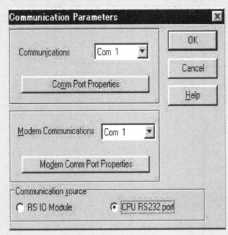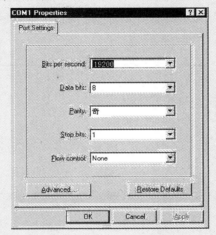

图 5-29　PLC 端口和端口属性

3. 运行 SX 编程软件

运行 SX 编程软件，其界面如图 5-24 所示。该窗口工具栏中除了新建、打开、在线 3 个按钮可使用外，其余按钮均不可使用。新建一个程序，出现图 5-30 所示界面。选择 PLC 所属系列和型号。

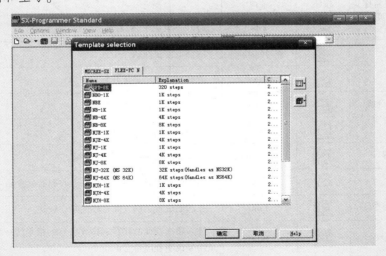

图 5-30　新建程序画面

选定适当的 PLC 模型后，单击【确定】按钮。在主窗口上显示图 5-31 所示界面。这就是程序的编辑窗口，可以在此输入程序。

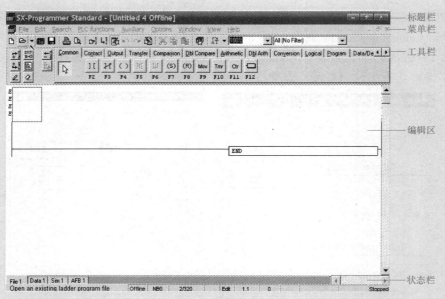

图 5-31　程序编辑窗口

4. 菜单命令和工具栏

常用的菜单命令在此不再赘述，这里只介绍 PLC 编程软件的菜单命令和工具栏按钮，见表 5-9。

表 5-9　菜单命令和工具栏按钮一览表

命令名称（按钮名称）	按钮	菜单	说　明
在线		File	打开一个在线 PC 程序
运行/停止		PC function	启动或停止在线连接处理器
查找		Search	查找任意指定地址和标签名称
跳转到指定指令线		Search	以指定编号显示指令线
编辑模式		Edit	开始设置编辑一个程序
标签编辑器		AuXiliarY	启动 Tag Editor 进行标签编辑
插入指令线		Edit	当需要插入新的指令线块时，在起始位置插入
在光标后插入指令线		Edit	在起始位置后插入新创建的指令线块
插入/修改注释		Edit	插入新指令线的注释或修改已有的指令线注释。指令线注释是用来说明程序特定的指令
删除指令线		Edit	删除所选指令线块
以指令列表显示指令线		Edit	以指令方式显示所选指令线
下载改变到 PC		Edit	下载在线窗口中改变的阶梯指令线到所连 PC

5. 程序的编辑

（1）每个指令单元的输入　单击 Common 选项卡的指令按钮，移动光标到描述指令的位置后单击此位置，出现图 5-32 所示对话框。

在 Address1 文本框中输入指令单元的地址，单击 OK 按钮，弹出 Tag Entry 对话框，如图 5-33 所示。

按要求在 Tag 文本框中输入标签名称。按要求在 Description 文本框中输入描述。单击 OK 按钮，则该指令单元、地址和标签显示如图 5-34 所示。

图 5-32　地址输入对话框

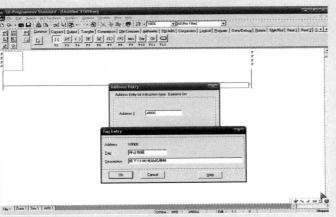

图 5-33　标签输入对话框

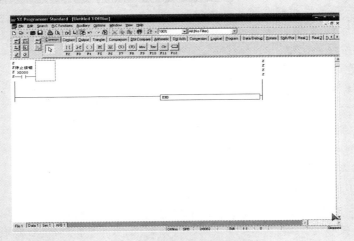

图 5-34　指令单元完成编辑界面

连续单元中其他地址的输入与其相同。

（2）输入分支 在指令的描述位置移动光标到指令单元（X0000）。按住〈Ctrl〉键，再按〈↓〉键，画出一条垂直的线，画面如图5-35所示。

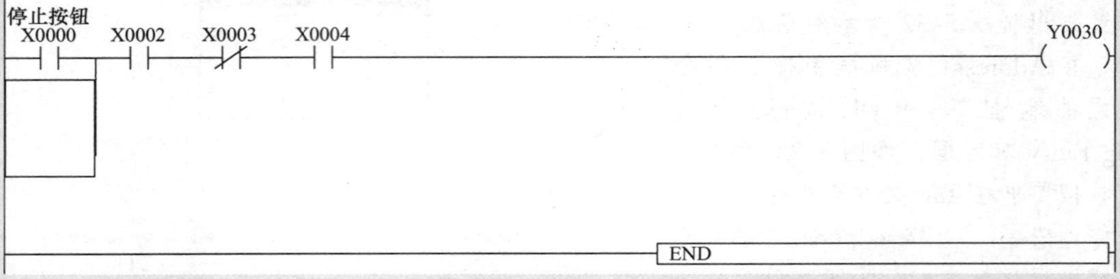

图 5-35　分支单元编辑

在阶梯编辑工具栏上单击Common 或 Branch。单击编辑按钮。移动光标到所需描述的指令位置后，单击该位置，出现 Address Entry 对话框，如图5-36所示。

在 Address1 文本框中输入分支的地址，单击 OK 按钮，分支单元将被连接到连续的指令单元上，如图5-37所示。

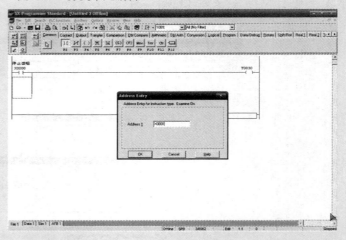

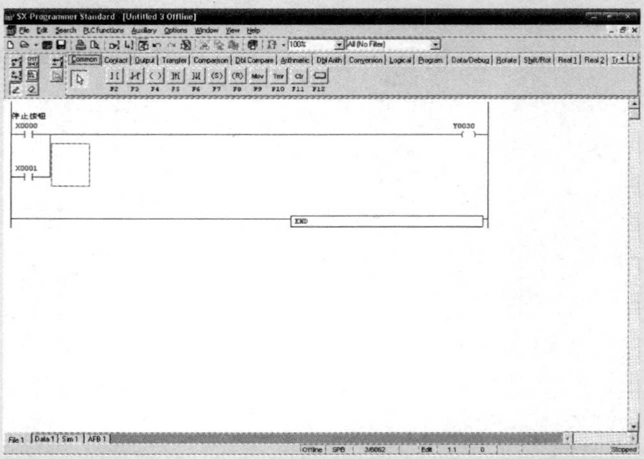

图 5-36　分支单元地址输入对话框

（3）绘制或删除连接线具体如下：

1）从左到右绘制连接线：将起始点放在光标的右侧，按住〈Ctrl〉键后，再按〈→〉键。

2）从右到左绘制连接线：将起始点放在光标的左侧，按住〈Ctrl〉键后，再按〈←〉键。

注意：从左侧的总线处绘制连接线时，立刻变换光标到右侧，从右到左画条连接线。

3）绘制向下的连接线：将起始点放在光标的右侧，按住〈Ctrl〉键后，再按〈↓〉键。

图 5-37　分支单元输入完成界面

4）绘制向上的连接线：将起始点放在光标的右侧，按住〈Ctrl〉键后，再按〈↑〉键。

5）删除连接线：按住〈Ctrl + Alt〉，再按下〈←〉〈→〉〈↓〉或〈↑〉，按绘制的方法删除连接线。

6. 显示数据

输入要显示的地址。单击数据显示窗口下的 Address（出现绿色框）。然后，在屏幕左上角的文本框中输入地址，如图 5-38 所示。最后，在数据格式列表中单击 Arrow→Bit。单击 Enter 按钮（也可以按〈Enter〉键），出现指定位的显示（0 是关，1 是开）状态。

7. PLC 程序的保存

选择菜单栏中的 File→Save as，出现 Save as 对话框后，在 File name 文本框后输入任意文件名，单击 Save 按钮。根据保存文件的类型输入其扩展名。

可以转换和修正的文件扩展名见表 5-10。

8. 在线连接

在菜单栏中选择 File→Online 或 PC functions → Change Remonte/Link，出现 Select documentation file for Online Windows 对话框。

图 5-38　数据显示界面

dows 对话框。单击 Open 按钮后打开 PLC 中的程序。正在打开的程序画面如图 5-39 所示。在线编程器显示的程序画面如图 5-40 所示。

表 5-10　文件扩展名一览表

Windows 加载器文件	DOS 加载器文件
程序文件（*.SPBL）	程序文件（*.PMA）
旧参数文件（*.LAD）	参数文件（*.PRM）
参数文件（*.SPBP）	数据文件（*.ADM）
数据文件（*.DTA）	

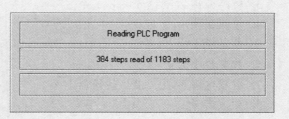

图 5-39　正在打开的程序画面

9. 将编程器的程序保存到 PLC

选择菜单栏中 File → Load，出现 Transfer 对话框，勾选 Program，如图 5-41 所示。单击 Browse 按钮、出现路径、文件夹和文件选择对话框。单击 OK 按钮即可保存。

四、实训内容

1. 安装 PLC 运行环境软件和端口驱动程序。

2. 进行端口设置，将 PLC 和计算机进行通信。

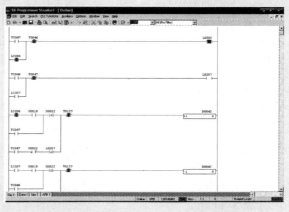

图 5-40　在线编程器显示的程序画面

3. 练习使用编程软件进行 PLC 编程。

五、实训报告

1. SX 编程软件菜单栏和工具栏可以进行哪些操作？

2. SX 编程软件如果出现无法与计算机进行通信的情况，可能是什么原因？

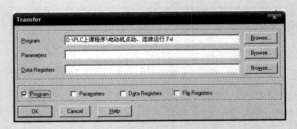

图 5-41　将编程器的程序保存到 PLC 的程序

实训 5.3　电动机点动、连续运行控制

一、实训目的

1. 掌握 PLC 的基本逻辑指令。

2. 掌握 PLC 编程的基本方法和技巧。

3. 掌握用转换开关控制电动机点动、连续运行及用限位开关实现电动机运行限位保护的 PLC 的外部接线和软件编程。

二、实训器材

1. PLC 1 台。

2. 隔离开关、熔断器、交流接触器、热继电器各 1 个。

3. 转换开关、限位开关各 1 个。

4. 按钮 2 个。

5. 电动机 1 台。

6. 计算机 1 台。

7. 编程电缆 1 根，接口转换器 1 个。

8. 导线若干。

9. 电工常用工具 1 套。

三、实训要求

用转换开关来实现电动机的点动和连续运行；用限位开关实现电动机运行的限位保护。

四、实训内容

1. 系统接线

电动机点动、连续运行控制系统接线如图 5-42 所示。

2. 软件设计

（1）I/O 地址分配　I/O 地址分配见表 5-11。

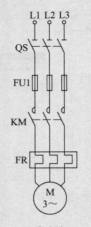

a) 主电路

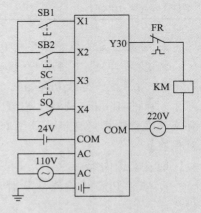

b) PLC控制电路

图 5-42　电动机点动、连续运行控制系统接线

120

表5-11　I/O地址分配表

输入设备	输入地址	输出设备	输出地址
停止按钮 SB1	X1	运行接触器 KM	Y30
起动按钮 SB2	X2		
点动与连续运行转换开关 SC	X3		
限位开关 SQ	X4		

（2）梯形图　电动机点动、连续运行控制梯形图如图5-43所示。

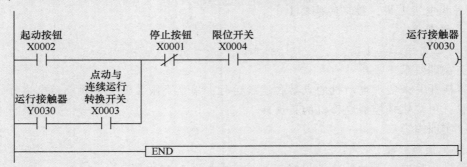

图5-43　电动机点动、连续运行控制梯形图

3. 系统调试

（1）输入程序　通过计算机将梯形图正确输入到 PLC 中。

（2）PLC 模拟调试　正确连接好输入设备，进行 PLC 的模拟静态调试，接通相应输入设备，观察 PLC 的输出指示灯是否按照要求指示，否则，检查并修改程序，直至指示正确。

（3）控制回路调试　正确连接好输出设备，进行系统的空载调试，观察交流接触器能否按照控制要求动作，否则，检查电路或修改程序，直至交流接触器能按照要求动作。

（4）主回路调试　按照主电路连接好电动机，进行带负载动态调试。动态调试正确后，保存程序。

五、实训报告

1. 画出电动机点动、连续运行控制的梯形图，并加适当的设备注释。

2. 试用其他编程方法设计程序。

实训5.4　电动机正反向运行加限位保护控制

一、实训目的

1. 进一步掌握 PLC 编程的基本方法和技巧。

2. 掌握电动机正反向点动、连续运行控制的 PLC 的外部接线和软件编程。

二、实训器材

1. PLC 1 台。

2. 隔离开关、熔断器、热继电器各 1 个。

3. 交流接触器 2 个。

4. 按钮 3 个。

5. 转换开关 1 个、限位开关 2 个。

6. 电动机 1 台。

7. 计算机 1 台。

8. 编程电缆 1 根，接口转换器 1 个。

9. 导线若干。

10. 电工常用工具 1 套。

三、实训要求

用转换开关来实现电动机的点动和连续运行；用上下限位开关实现电动机运行的上下限位保护；用按钮来控制电动机的正反转。

四、实训内容

1. 系统接线

电动机正反向运行加限位保护控制系统接线如图 5-44 所示。

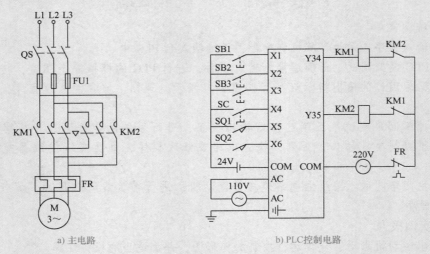

a) 主电路　　　　　　　　　　　　　b) PLC控制电路

图 5-44　电动机正反转运行加限位保护控制系统接线

2. 软件设计

（1）I/O 地址分配　I/O 地址分配见表 5-12。

表 5-12　I/O 地址分配表

输入设备	输入地址	输出设备	输出地址
停止按钮 SB1	X1	正转运行接触器 KM1	Y34
正转起动按钮 SB2	X2	反转运行接触器 KM2	Y35
反转起动按钮 SB3	X3		

（续）

输入设备	输入地址	输出设备	输出地址
点动与连续运转转换开关 SC	X4		
正转运行限位开关 SQ1	X5		
反转运行位开关 SQ2	X6		

（2）梯形图　电动机正反向运行控制梯形图如图5-45所示。

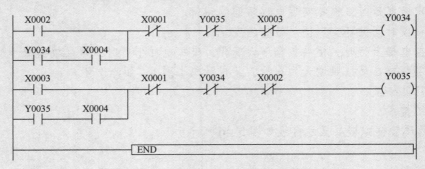

图 5-45　电动机正反向运行控制梯形图

3. 系统调试

（1）输入程序　通过计算机将梯形图正确输入到 PLC 中。

（2）PLC 模拟调试　正确连接好输入设备，进行 PLC 的模拟静态调试，接通相应输入设备，观察 PLC 的输出指示灯是否按照要求指示，否则，检查并修改程序，直至指示正确。

（3）控制回路调试　正确连接好输出设备，进行系统的空载调试，观察交流接触器能否按照控制要求动作，否则，检查电路或修改程序，直至交流接触器能按照要求动作。

（4）主回路调试　按照主电路连接好电动机，进行带负载动态调试。动态调试正确后，保存程序。

五、实训报告

1. 画出电动机正反转点动、连续运行控制的梯形图，并加适当的设备注释。

2. 将上述梯形图转换成指令表。

实训 5.5　七段数码管模拟楼层显示

一、实训目的

1. 掌握 PLC 数据传送指令、数据比较指令的使用方法。

2. 掌握 PLC 控制七段数码管模拟楼层显示的硬件接线和软件编程方法。

二、实训器材

1. PLC 1 台。

2. 计算机 1 台。

3. 编程电缆 1 根，接口转换器 1 个。

4. 七段数码管 1 个。

5. 导线若干。

6. 电工常用工具 1 套。

三、实训要求

用 PLC 的功能指令来模拟显示 6 层 6 站电梯楼层显示的控制系统。其控制要求如下：

1. 用定时器延时来模拟实现电梯轿厢的运行。

2. 隔一段时间循环实现楼层数据的变化。

3. 模拟电梯上行时，楼层数据增大变化；模拟电梯下行时，楼层数据减小变化。

4. 楼层数据自动按照增大到 6 后，又自动减小到 1，如此循环。

四、实训内容

1. 系统接线

七段数码管模拟楼层显示接线如图 5-46 所示。

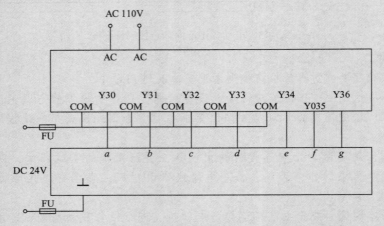

图 5-46　七段数码管模拟楼层显示接线图

2. 软件程序

（1）I/O 地址分配　I/O 地址分配：Y30~Y36 对应七段数码管的 $a \sim g$。

（2）梯形图　梯形图设计如图 5-47 所示。

3. 系统调试

（1）输入程序　通过计算机将梯形图程序正确输入到 PLC 中。

（2）PLC 模拟调试　让 PLC 上电运行，观察 PLC 的输出指示灯是否按照要求指示，否则，检查并修改程序，直至指示正确。

（3）整体调试　正确连接好输出设备，进行系统调试，观察七段数码管是否按照控制要求显示。否则，检查电路并修改调试程序，直至七段数码管能按照控制要求显示。

五、实训报告

1. 写出七段数码管模拟楼层循环点亮控制的梯形图，并加适当的设备注释。

2. 描述实训过程中所见到的现象。

3. 试用其他编程方法设计程序。

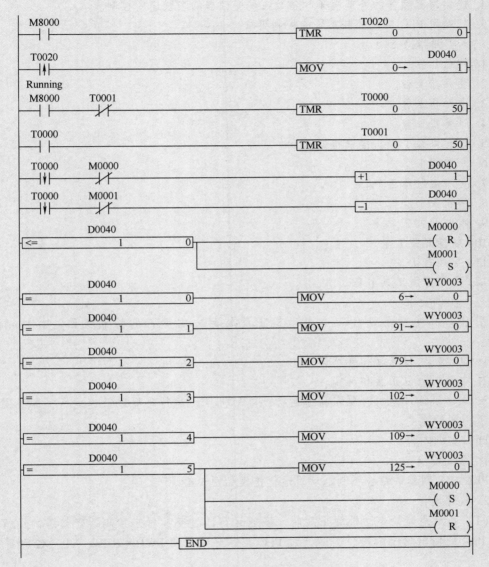

图 5-47　七段数码管模拟楼层显示梯形图

实训 5.6　PLC 与变频器的综合控制

一、实训目的

1. 掌握 PLC 和变频器综合控制的一般方法。

2. 掌握 PLC 和变频器的外部端子的接线。

3. 进一步熟悉变频器多段调速的参数设置。

4. 能运用变频器的外部端子和参数实现变频器的多段速度控制。

5. 能运用 PLC 实现控制系统的控制要求。

二、实训器材

1. PLC 1 台。

2. 变频器 1 台。

3. 电动机 1 台。

4. 计算机 1 台。

5. 编程电缆 1 根，接口转换器 1 个。

6. 断路器 1 个。

7. 交流接触器 2 个。

8. 按钮 3 个。

9. 限位开关 2 个。

10. 转换开关 1 个。

11. 导线若干。

12. 电工常用工具 1 套。

三、实训要求

用 PLC 和变频器设计一个电动机正反转两方向运行的控制系统。其控制要求如下：

1. 电动机可以点动和连续运行。

2. 电动机可以正转和反转。

3. 电动机连续运行时要以高速运行，电动机点动运行时要以低速运行，即不同运行模式下不同的速度。

四、实训内容

1. 系统接线

PLC 与变频器的综合控制电动机运行接线如图 5-48 所示。

2. 软件设计

（1）设计思路　电动机的正反转、多速运行通过变频器来控制。变频器的运行信号通过 PLC 的输出端子来提供，即通过 PLC 控制变频器的 FWD、REV、X1、X2 端子的通和断。

（2）变频器设定参数　根据控制要求，除了设定变频器的基本参数以外，还必须设定操作模式选择和多速速度设定等参数，具体参数如下：

1）上限频率为 50Hz；下限频率为 0Hz；基底频率为 50Hz。

2）加速时间为 2s；减速时间为 2s。

3）电子过电流保护动作值＝电动机的额定电流。

4）操作模式选择为端子控制。

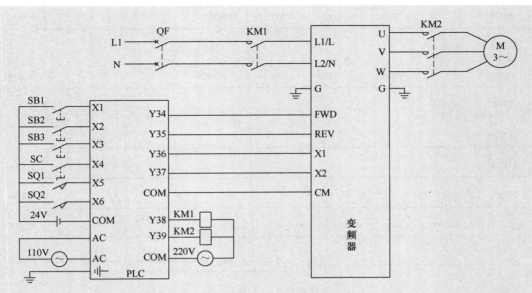

图 5-48　PLC 与变频器的综合控制电动机运行接线图

5）多速速度设定（1速）为 20Hz；多速速度设定（2速）为 40Hz。

6）电动机额定参数：电动机容量为 0.145kW；额定电流为 0.66A。

（3）I/O 地址分配　I/O 地址分配见表 5-13。

表 5-13　I/O 地址分配表

输入设备	输入地址	输出设备	输出地址
停止按钮 SB1	X1	变频器正转信号	Y34
正转起动按钮 SB2	X2	变频器反转信号	Y35
反转起动按钮 SB3	X3	变频器一速	Y36
点动与连续运行转换开关 SC	X4	变频器二速	Y37
正转运行限位开关 SQ1	X5	输入接触器 KM1	Y38
反转运行限位开关 SQ2	X6	输出接触器 KM2	Y39

（4）梯形图　PLC 与变频器的综合控制电动机运行梯形图如图 5-49 所示。

3. 系统调试

（1）设定参数　按照上述变频器的参数设定值设定变频器的参数。

（2）输入程序　通过计算机将梯形图程序正确输入到 PLC 中。

（3）PLC 模拟调试　正确连接好输入设备，进行 PLC 的模拟调试，观察 PLC 的输出指示灯是否按照要求指示，否则，检查并修改程序，直至指示正确。

（4）控制回路调试　将 PLC 与变频器连接好（不接电动机），进行 PLC、变频器的空载调试，通过变频器的操作面板观察变频器的输出频率是否符合要求，否则，检查系统接线、变频器参数、PLC 程序，直至变频器按照要求运行。

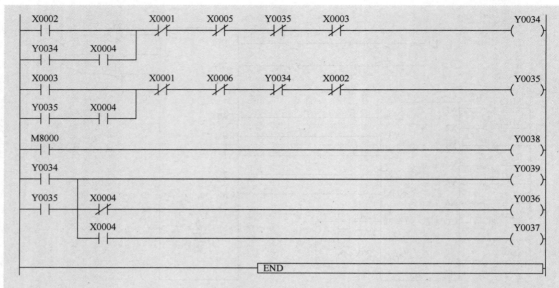

图 5-49 PLC 与变频器的综合控制电动机运行梯形图

（5）主回路调试 正确连接好输出设备，进行系统的调试，观察电动机能否按照控制要求运行，否则，检查系统接线、变频器参数、PLC 程序，直至电动机按照控制要求运行。

五、实训报告

1. 描述电动机的运行情况。
2. 实训中设置了哪些参数，使用了哪些外部端子？
3. 对上述梯形图加适当的设备注释。

单元 5 PLC 的高速计数器

富士 SPB 系列 PLC 基本装置配备中内置高速计数器。其主要功能及性能如下。

一、高速计数器输入

1. 输入规格

1）内置高速计数器的输入端子：X0 ~ X3。

2）输入信道数：1 相 2 信道模式或 2 相 1 信道模式。

3）输入信号额定电压为 DC 24V。

4）隔离方式：光电耦合器隔离。

5）计数速度：计数速度在 1 相模式时最大为 100kHz，2 相模式时最大为 50kHz。计数器通常进行无滤波时间的操作。

2. 输入端子功能

PLC 高速计数器输入端子功能见表 5-14。

表 5-14　PLC 高速计数器输入端子功能

输入端子	功　能	
	1 相模式	2 相模式
X0	CH0 脉冲输入	CH0 A 相脉冲输入
X1	CH1 脉冲输入	CH0 B 相脉冲输入
X2	CH0 复位输入	CH0 复位输入
X3	CH1 复位输入	

3. 输入端子外部接线

1）1 相模式时输入端子外部接线如图 5-50 所示。

2）2 相模式时输入端子外部接线如图 5-51 所示。

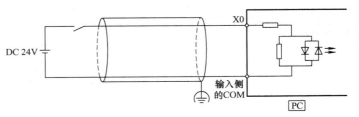

图 5-50　1 相模式时输入端子外部接线图

二、高速计数器的操作

1. 1 相模式

高速计数器计算通过输入端子进入信道的脉冲，使用无符号 16 位二进制加法计数器（H0000 ~ HFFFF）。计数值在程序扫描周期结束时刷新。CH0 的数据存入 D8040，CH1 的数据存入 D8041。

可用的计数类型（即倍乘功能：针对 1 个脉冲，可以设定计数几次）有：

1）1 相 1 倍乘（×1）计

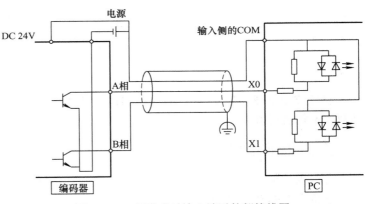

图 5-51　2 相模式时输入端子外部接线图

数器：只将输入脉冲的上升沿相加，每个周期计数 1 次，如图 5-52 所示。

2）1 相 2 倍乘（×2）计数器：输入脉冲的上升沿和下降沿都进行相加，每个周期计数 2 次，如图 5-53 所示。

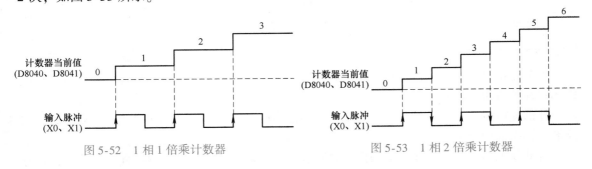

图 5-52　1 相 1 倍乘计数器　　　　图 5-53　1 相 2 倍乘计数器

2. 2 相模式

高速计数器将输入端子的输入脉冲进行加减计算，使用带符号 32 位加减法计数器

（H80000000～H7FFFFFFF）。计数值在程序扫描周期结束时刷新。D8041 内存储高位数据，D8040 内存储低位数据。

可用的计数类型：

1）2 相 2 倍乘计数器：将 B 相的上升沿和下降沿都进行相加，每个周期计数 2 次，如图 5-54 所示。

2）2 相 4 倍乘计数器：将 A 相、B 相的上升沿和下降沿都进行相加，每个周期计数 4 次，如图 5-55 所示。

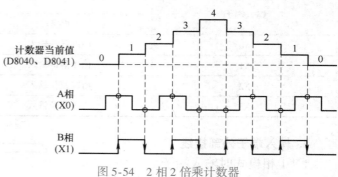

图 5-54　2 相 2 倍乘计数器

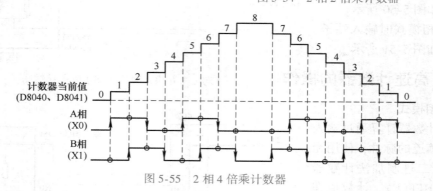

图 5-55　2 相 4 倍乘计数器

加计数还是减计数是由 A 相与 B 相信号的相位差决定的。当 A 相超前 B 相 90°时，加计数；A 相滞后 B 相 90°时，减计数。

三、当前值的复位

可以用外部信号或内部寄存器将计数器当前值复位为零。

复位寄存器及端子见表 5-15。

表 5-15　复位寄存器及端子

模　式	信　道	当前值寄存器	内部复位寄存器	外部复位端子
1 相	CH0	D8040	M8181	X2 端子
	CH1	D8141	M8189	X3 端子
2 相	CH0	D8141（高位） D8140（低位）	M8181	X2 端子

内部复位时，对应的内部寄存器由 0 变化到 1（上升沿）时复位；当再次复位时，将此内部寄存器再次返回到 0。

外部复位时，在对应的端子状态从 L 变化到 H（上升沿）时复位；当再次复位时，将此端子再次返回至 L。

自动复位功能只有在设定 1 相模式时有效，可设定任意值为上限值，此时，比较值寄存器 D8042、D8043 的值为上限值。当自动复位功能无效时，计数器的上限值为 FFFF。

四、当前值的预置

可以根据用户程序在开始计数前预置计数器当前值。

预置值寄存器及预置标记见表5-16。

表 5-16 预置值寄存器及预置标记

模 式	信 道	当前值寄存器	预置值寄存器	预置标记
1 相	CH0	D8040	D8044	M8187
	CH1	D8141	D8145	M818F
2 相	CH0	D8141（高位） D8140（低位）	D8145（高位） D8144（低位）	M8187

预置顺序：将数据写入预置值寄存器；预置标记设置为1，预置结束后，此标记将自动复位到0。

五、比较值的设置

对计数器比较值进行设定，比较值用于下列功能：自动复位；比较一致中断。

比较值寄存器及设置标记见表5-17。

表 5-17 比较值寄存器及设置标记

模 式	信 道	比较值寄存器	比较值设置标记
1 相	CH0	D8042	M8186
	CH1	D8143	M818E
2 相	CH0	D8143（高位） D8142（低位）	M8186

将数据写入此寄存器后，通过将比较值设置标记设置为1或PC电源开关经过断开再闭合的过程后识别比较值。比较值设置完成后，比较值设置标记自动复位到0。

六、比较一致中断

此功能是在计数器的当前值和比较值一致时，产生中断，即在每个信道中，当计数器当前值等于比较寄存器值时，可以启动一个中断程序，实现高速应答处理。

中断指针及寄存器见表5-18。

表 5-18 中断指针及寄存器

模式	信道	中断指针	中断允许	中断锁定清除	所有中断批复位	一致发生	一致清除
1 相	CH0	I1000	M8182	M8184	M817F	M8190	M8183
	CH1	I1100	M818A	M818C		M8198	M818B
2 相	CH0	I1000	M8182	M8184		M8190	M8183

比较一致中断的操作如图5-56所示。

七、内部寄存器规格概述

1. 参数区

OC：指定是否使用计数器。

OD：指定计时器的操作。

参数的设定内容在 CPU 再次从停止到启动后有效。参数的初始值（默认值）处于"不使用高速计数器"的状态。如果参数设定为"不使用高速计数器"时，相关的内部寄存器设定无效。

2. 内部寄存器区

M817F：中断锁定批复位 R/W（说明：R 表示读出，W 表示写入）。

WM818：命令寄存器 R/W。

WM819：状态寄存器 R。

与内置高速计数器有关的数据寄存器 D8040 ~ D8045 地址映像见表 5-19。

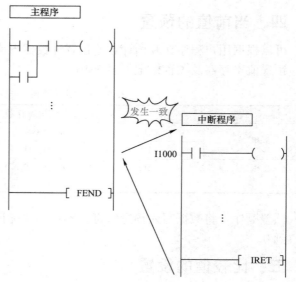

图 5-56　比较一致中断的操作

表 5-19　数据寄存器 D8040 ~ D8045 地址映像

数据寄存器	1 相模式	2 相模式
D8040	CH0 当前值 R	CH0 当前值低位段 R
D8041	CH1 当前值 R	CH0 当前值高位段 R
D8042	CH0 比较值 R/W	CH0 比较值低位段 R/W
D8043	CH1 比较值 R/W	CH0 比较值高位段 R/W
D8044	CH0 预置值 R/W	CH0 预置值低位段 R/W
D8045	CH1 预置值 R/W	CH0 预置值高位段 R/W

3. 内部寄存器状态

停电、停止/启动后的内部寄存器的状态见表 5-20。

表 5-20　停电、停止/启动后的内部寄存器的状态

内部寄存器地址	停电时	运行→停止	停止→运行	识别时间
参数 OC、OD	维持	维持	维持	停止→启动时
M817F、WM818、WM819	清除	维持	维持	扫描结束时
D8040 ~ D8045	维持	维持	维持	扫描结束时

八、内部寄存器规格详述

1. 参数区

通过参数清除等设定，初始值都为 0。

（1）指定是否使用计数器 OC　OC 参数区中位的功能分配如图 5-57 所示。

OC 参数区中位 0、1 功能设定见表 5-21。

位 2：选择 1 相/2 相模式（0：选择 1 相模式；1：选择 2 相模式）。

其余位必须设定为 0。

（2）计数器的指定操作 OD　OD 参数区中位的功能分配如图 5-58 所示。OD 参数区中位 0、1 功能设定见表 5-22。

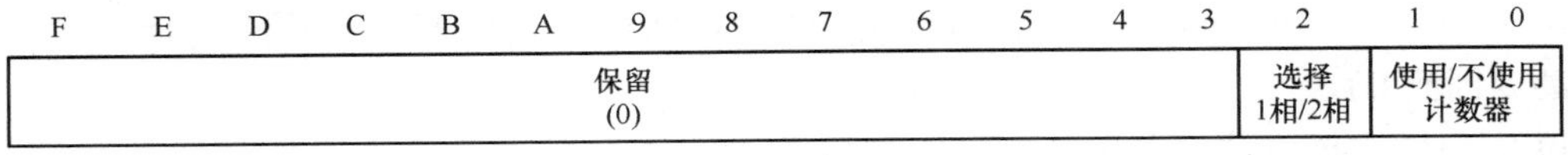

F	E	D	C	B	A	9	8	7	6	5	4	3	2	1	0
保留 （0）														选择 1相/2相	使用/不使用 计数器

图 5-57　OC 参数区中位的功能分配

F	E	D	C	B	A	9	8	7	6	5	4	3	2	1	0
保留 （0）									1相CH1 自动复位	保留 （0）	1相CH1 倍乘	保留 （0）	1相CH0 自动复位	1相CH0/ 2相倍乘	

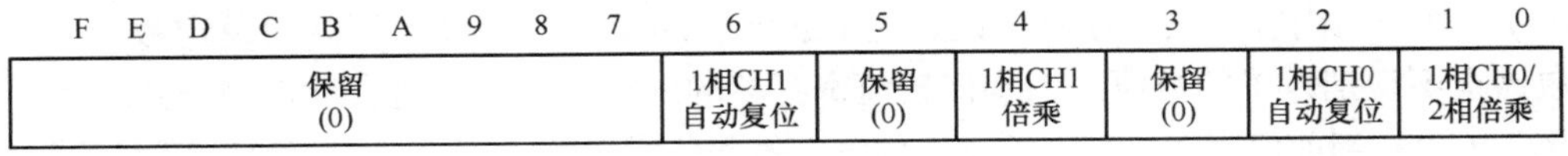

图 5-58　OD 参数区中位的功能分配

表 5-21　OC 参数区中位 0、1 功能设定

位 1	位 0	选择 1 相模式时	选择 2 相模式时
0	0	不使用高速计数器	不使用高速计数器
0	1	只使用 1 相 CH0	使用 2 相
1	0	只使用 1 相 CH1	不使用高速计数器
1	1	使用 1 相 CH0、CH1	使用 2 相

表 5-22　OD 参数区中位 0、1 功能设定

位 1	位 0	选择 1 相模式时	选择 2 相模式时
0	0	1 相 CH0、1 倍乘	脉冲 + 方向信号
0	1	1 相 CH0、2 倍乘	2 相、2 倍乘
1	0	1 相 CH0、1 倍乘	2 相、4 倍乘
1	1	1 相 CH0、2 倍乘	2 相、4 倍乘

位 2：1 相 CH0 自动复位设定（0：不自动复位；1：自动复位）。

位 4：设定 1 相 CH1 倍乘（0：1 相 CH1、1 倍乘；1：1 相 CH1、2 倍乘）。

位 6：1 相 CH1 自动复位设定（0：不自动复位；1：自动复位）。

其余位必须设定为 0。

2. 内部寄存器区

（1）中断锁定批复位标记 M817F（上升沿）　0→1：清除。如果中断禁止情况下发生了外部中断和内置高速计数器的比较一致中断，那么中断在内部锁定。如果将此标记设定为 1，上述锁定将全部被解除。一旦锁定清除处理结束，此位将自动复 0。

（2）命令寄存器 WM818　WM18 用于内置高速计数的控制，2 相模式下，使用 CH0（位 7 ~ 0）。WM818 中位的功能分配如图 5-59 所示。

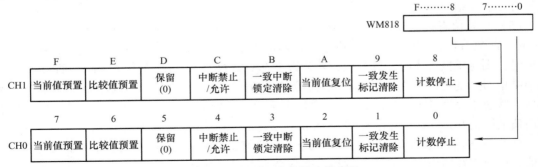

图 5-59　WM818 中位的功能分配

WM818（M8180 ~ M818F）中位的具体功能如下：

位 0（8）：计数停止（0：计数；1：计数停止）。

位 1（9）：当前值复位（0→1：复位，当前值寄存器的内容将清除为 0；1→0：无任何动作）。

位 2（A）：中断禁止/允许值（0：中断禁止；1：中断允许）。

位3（B）：一致发生标记复位（0→1：复位，状态寄存器 WM819 的内容将为0；1→0：无任何动作）。

位4（C）：一致中断锁定清除（0→1：清除；如果一致中断锁定清除处理完成，此位将自动返回到0）。

位5（D）：必须设定为0。

位6（E）：比较值预置标记（0→1：设定。将此位设置为1后，写入比较值寄存器 D8042（D8043），其中的内容生效。在此位设置为1之前，即使在比较值寄存器内设定数值，内置高速计数器也不识别设置的数值。识别比较值寄存器的内容后，此位将自动返回到0）。

位7（F）：当前值预置标记（0→1：预置。将此位设置为1后，可以将预置值寄存器 D8044（D8045）的内容写入当前值寄存器 D8040（D8041）中。写入处理结束后，此位自动复0）。

（3）状态寄存器 WM819　WM819 显示内置高速计数器的操作状态，在2相模式下，使用 CH0（位7~0）。WM819 中位的功能分配如图 5-60 所示。

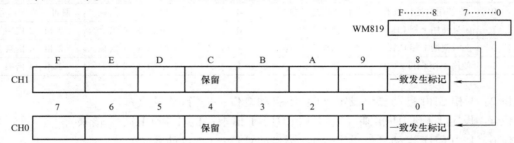

图 5-60　WM819 中位的功能分配

WM819（M8190~M819F）中位的具体功能如下：

位0：一致发生标记（0：未一致发生；1：一致发生）。

如果当前值寄存器 D8040（D8041）的内容和比较值寄存器 D8042（D8043）的内容一致时，此位将变成1。计数器停止后启动时一致发生的情况已经存在，此位也将变为1。命令寄存器的位3（B）0→1时，此位将为0。在操作命令寄存器的位3（B）之前，将维持此位状态。

（4）当前值寄存器（D8040、D8041）　当前值寄存器用于显示计数器当前值，它的数据只有在扫描结束时更新。

（5）比较值寄存器（D8042、D8043）　比较值寄存器用于和当前值比较。当电源处于 ON 时，此数值将自动传送到内置高速计数器的内部寄存器内，而且生效。此后，在变更比较值时，则先更换此寄存器的数值，然后改变命令寄存器 WM818 的位6（E），即0→1，当扫描结束时，变更内容生效。当前值寄存器的数值等于比较值寄存器的数值时，将执行下列动作。状态寄存器 WM819 的位0：一致发生标记被设置为1；设置参数设定在自动复位时，当前值清除为0。当命令寄存器 WM818 的位2（A）为1时，中断程序启动。

（6）预置值寄存器（D8044、D8045）　预置值寄存器用于变更当前值。如果要变更当前值，在此寄存器内写入变更数据后，改变命令寄存器 WM818 的位7（F），即0→1，当扫描结束时，当前值寄存器内的数值将改变。

九、高速计数器内部逻辑框图

高速计数器内部逻辑框图如图 5-61 所示。

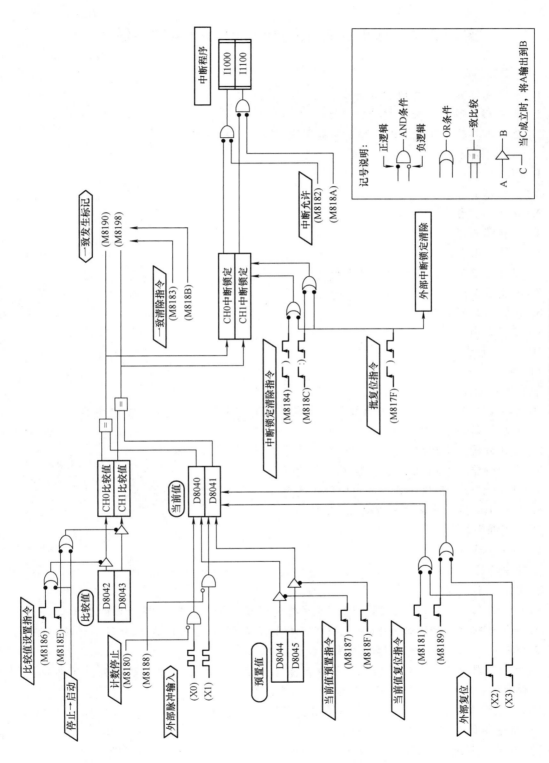

图5-61　高速计数器内部逻辑框图

实训5.7 基于旋转编码器的电动机控制系统

一、实训目的

1. 掌握旋转编码器和 PLC 的接线。
2. 掌握 PLC 高速计数器的功能特点。
3. 能运用旋转编码器、PLC 和变频器实现对电动机的控制。

二、实训器材

1. PLC 1 台。
2. 变频器 1 台。
3. 电动机 1 台。
4. 旋转编码器 1 个。
5. 计算机 1 台。
6. 编程电缆 1 根，接口转换器 1 个。
7. 断路器 1 个。
8. 交流接触器 2 个。
9. 按钮 2 个。
10. 导线若干。
11. 电工常用工具 1 套。

三、实训要求

用旋转编码器、PLC 和变频器设计一个电动机的控制系统。其控制要求如下：

1. 电动机起动后，全速运行。
2. 当计数器为 100000 时，电动机第一次减速。
3. 当计数器为 130000 时，电动机第二次减速。
4. 当计数器为 150000 时，电动机停止运行。
5. 延时 10s 后，将输出全部关闭。

四、实训内容

1. 系统接线

旋转编码器、PLC 与变频器的综合控制电动机运行接线如图 5-62 所示。

2. 软件设计

（1）设计思路 电动机的正转、多速运行通过变频器来控制。变频器的运行信号通过 PLC 采集旋转编码器的输出脉冲来提供。旋转编码器接入 PLC 内置的高速计数端子，采用 2 相模式，本次实训旋转编码器采用加计数工作方式。

（2）变频器设定参数 根据控制要求，除了设定变频器的基本参数以外，还必须设定操作模式选择和多速速度设定等参数，具体参数如下：

1）上限频率为 50Hz；下限频率为 0Hz；基底频率为 50Hz。

2）加速时间为 2s；减速时间为 2s。

3）电子过电流保护动作值 = 电动机的额定电流。

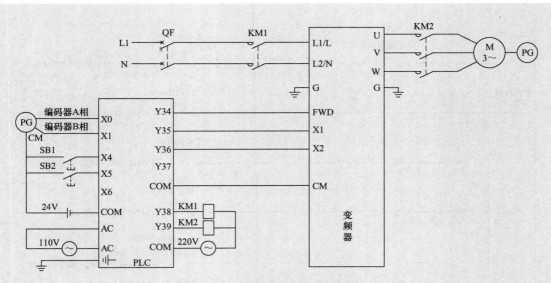

图 5-62　旋转编码器、PLC 与变频器的综合控制电动机运行接线图

4）操作模式选择：端子控制。

5）多速速度设定（1速）为 25Hz；多速速度设定（2速）为 10Hz。

6）电动机额定参数：电动机容量 = 0.145kW；额定电流 = 0.66A。

（3）I/O 地址分配　I/O 地址分配见表 5-23。

表 5-23　I/O 地址分配表

输入设备	输入地址	输出设备	输出地址
旋转编码器 A 相（CH0 A 相输入）	X0	变频器正转信号	Y34
旋转编码器 B 相（CH0 B 相输入）	X1	变频器一速	Y35
准备按钮 SB1	X4	变频器二速	Y36
起动按钮 SB2	X5	输入接触器 KM1	Y38
		输出接触器 KM2	Y39

（4）梯形图　旋转编码器、PLC 与变频器的综合控制电动机运行梯形图如图 5-63 所示。

3. 系统调试

（1）设定参数　按照上述变频器的设定参数值设定变频器的参数。

（2）输入程序　通过计算机将梯形图程序正确输入到 PLC 中。

（3）PLC 模拟调试　正确连接好输入设备，进行 PLC 的模拟调试，观察 PLC 的输出指示灯是否按照要求指示。否则，检查并修改程序，直至指示正确。

（4）控制回路调试　将 PLC 与变频器连接好（不接电动机），进行 PLC、变频器的空载调试，通过变频器的操作面板观察变频器的输出频率是否符合要求。否则，检查系统接线、变频器参数、PLC 程序，直至变频器按照要求运行。

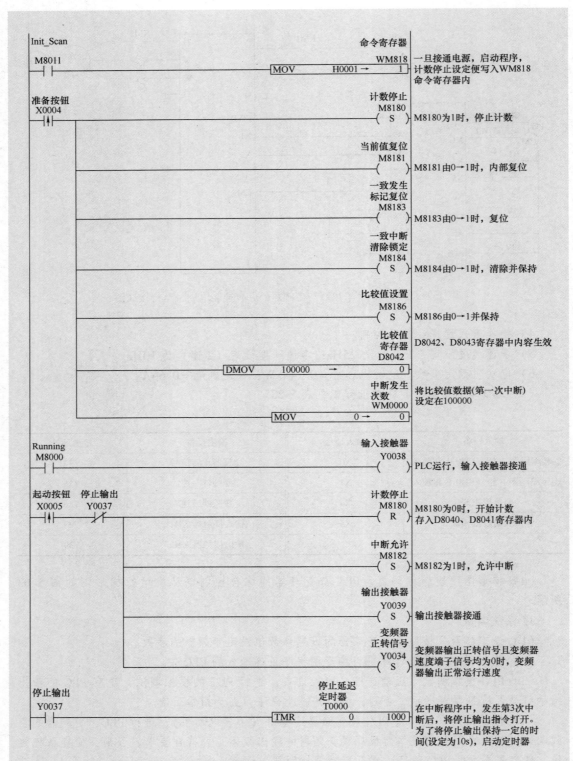

图 5-63 旋转编码器、PLC 与变频器的综合控制电动机运行梯形图

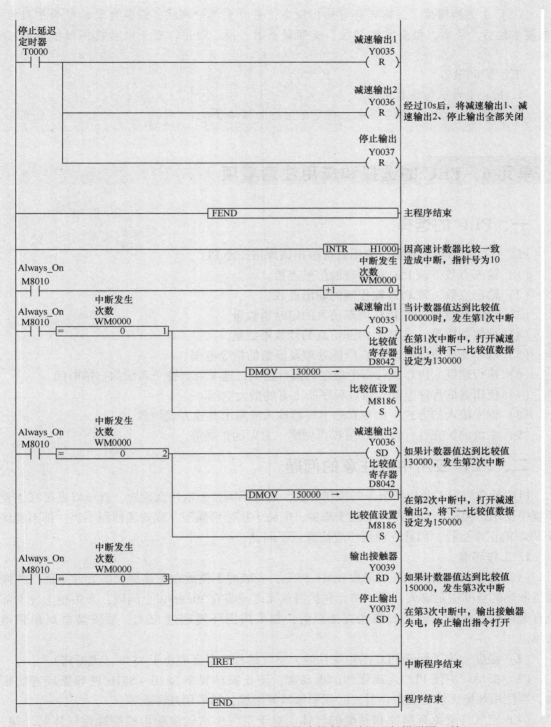

图 5-63 旋转编码器、PLC 与变频器的综合控制电动机运行梯形图（续）

（5）主回路调试　正确连接好输出设备，进行系统的调试，观察电动机能否按照控制要求运行。否则，检查系统接线、变频器参数、PLC 程序，直至电动机按照控制要求运行。

五、实训报告

1. 描述电动机的运行情况。

2. 实训中，设置了哪些参数，使用了哪些外部端子？

单元 6　PLC 的选择和应用注意事项

一、PLC 的选择

PLC 有以下的功能规格，使用者可根据该规格选择 PLC。

（1）输入点数　该 PLC 能处理的信号点数。

（2）输出点数　该 PLC 能控制的输出点数。

（3）定时器数量　该 PLC 内部仿真的定时器数量。

（4）计数器数量　该 PLC 内部仿真的计数器数量。

（5）PLC 支持指令　该 PLC 所能处理及涵盖的指令范围。

（6）执行速度　PLC 执行每个指令的执行速度，这关系到整个系统的扫描时间。

（7）使用者的程序空间　PLC 程序所占有的最大空间。

（8）程序输入的方式　由专有的书写器输入或是由其他方式加载。

（9）系统的扩充性　该 PLC 可以再做哪一方面的扩展等。

二、PLC 应用中应注意的问题

PLC 是专门为工业生产服务的控制装置，通常不需要采取什么措施，就可以直接在工业环境中使用。但是，当生产环境过于恶劣，电磁干扰特别强烈，或安装使用不当，都不能保证 PLC 的正常运行，因此在使用中应注意以下问题。

1. 工作环境

（1）温度　PLC 要求环境温度在 0～55℃，安装时不能放在发热量大的元件下面，四周通风散热的空间应足够大，基本单元和扩展单元之间要有 30mm 以上间隔；开关柜上、下部应有通风的百叶窗，防止太阳光直接照射；如果周围环境超过 55℃，要安装电风扇强迫通风。

（2）湿度　为了保证 PLC 的绝缘性能，空气的相对湿度应小于 85%（无凝露）。

（3）振动　应使 PLC 远离强烈的振动源，防止振动频率为 10～55Hz 的频繁或连续振动。当使用环境无法避免振动时，必须采取减振措施，如采用减振胶等。

（4）空气　避免有腐蚀和易燃的气体。对于空气中有较多粉尘或腐蚀性气体的环境，可将 PLC 安装在封闭性较好的控制室或控制柜中，并安装空气净化装置。

（5）电源　PLC 供电电源为 50Hz、100～240V 的交流电，对于来自电源线的干扰，PLC 本身具有足够的抵制能力。对于可靠性要求很高的场合或电源干扰特别严重的环境，可以安装一台带屏蔽层的电压比为1:1的隔离变压器，以减少设备与地之间的干扰，还可以在电源输入端串接 *LC* 滤波电路。

SPB 系列 PLC 有直流24V输出接线端，该接线端可为输入传感器（如光电开关或接近开关）提供直流24V电源。当输入端使用外接直流电源时，应选用直流稳压电源，因为普通的整流滤波电源，由于纹波的影响，容易使 PLC 接收到错误信息。

2. 安装与布线

1）动力线、控制线以及 PLC 的电源线和 I/O 线应分别配线，隔离变压器与 PLC 和 I/O 之间应采用双绞线连接。

2）PLC 应远离强干扰源如电焊机、大功率硅整流装置和大型动力设备，不能与高压电器安装在同一个开关柜内。

3）PLC 的输入与输出最好分开走线，开关量与模拟量也要分开敷设。模拟量信号的传送应采用屏蔽线，屏蔽层应一端或两端接地，接地电阻应小于屏蔽层电阻的1/10。

4）PLC 基本单元与扩展单元以及功能模块的连接线应单独敷设，以防止外界信号的干扰。

5）交流输出线和直流输出线不要用同一根电缆，输出线应尽量远离高压线和动力线，避免并行。

3. I/O 端的接线

（1）输入接线

1）输入接线一般不要超过30m。但如果环境干扰较小，电压降不大时，输入接线可适当长些。

2）输入/输出线不能用同一根电缆，输入/输出线要分开。

3）尽可能采用常开触点形式连接到输入端，使编写的梯形图与继电器原理图一致，便于阅读。

（2）输出连接

1）输出端接线分为独立输出和公共输出。在不同组中，可采用不同类型和电压等级的输出电压，但同一组中的输出只能用同一类型、同一电压等级的电源。

2）由于 PLC 的输出元件被封装在印制电路板上，并且连接至端子板，若将连接输出元件的负载短路，将烧毁印制电路板，因此应用熔丝保护输出元件。

3）采用继电器输出时，所承受的电感性负载的大小会影响继电器的使用寿命，因此使用电感性负载时选择的继电器工作寿命要长。

4）PLC 的输出负载可能产生干扰，因此要采取措施加以控制，如直流输出的续流管保护，交流输出的阻容吸收电路，晶体管及双向晶闸管输出的旁路电阻保护。

4. 外部安全电路

为了确保整个系统能在安全状态下可靠工作，避免由于外部电源发生故障、PLC 出现异常、误操作以及误输出造成的重大经济损失和人身伤亡事故，PLC 外部应安装必要的保护电路。

（1）急停电路 对于能使用户造成伤害的危险负载，除了在控制程序中加以考虑之外，还应设计外部紧急停车电路，使得 PLC 发生故障时，能将引起伤害的负载电源可靠切断。

（2）保护电路 正反向运转等可逆操作的控制系统，要设置外部电器互锁保护；往复运行及升降移动的控制系统，要设置外部限位保护电路。

（3）外电路 PLC 有监视定时器等自检功能，检查出异常时，输出全部关闭。但当 PLC 的 CPU 故障时就不能控制输出，因此对于能使用户造成伤害的危险负载，为确保设备在安全状态下运行，需设计外电路加以防护。

（4）电源过负载的防护 如果 PLC 电源发生故障，中断时间少于 10s，PLC 工作不受影响。若电源中断超过 10s 或电源下降超过允许值，则 PLC 停止工作，所有的输出点均同时断开。当电源恢复时，若 RUN 输入接通，则操作自动进行。因此，对一些易过负载的输入设备应设置必要的限流保护电路。

（5）重大故障的报警及防护 对于易发生重大事故的场所，为了确保控制系统在重大事故发生时仍能可靠的报警及防护，应将与重大故障有联系的信号通过外电路输出，以使控制系统在安全状况下运行。

5. PLC 的接地

良好的接地是保证 PLC 可靠工作的重要条件，可以避免偶然发生的电压冲击危害。PLC 的接地线与机器的接地端相接，接地线的截面积应不小于 $2mm^2$，接地电阻小于 100Ω；如果要用扩展单元，其接地点应与基本单元的接地点接在一起。为了抑制加在电源及输入端、输出端的干扰，应给 PLC 接上专用地线，接地点应与动力设备（如电动机）的接地点分开，接地点应尽可能靠近 PLC。

一、判断题

1.（　　）PLC 内部的输出端子和中间继电器各内接一对硬件的常开触点。

2.（　　）PLC 中可以连续使用输入/输出继电器触点无数次。

3.（　　）我们常常会看到某台 PLC 有多少个点的 I/O 数，是指能够输入、输出开关量和模拟量的总个数，它与继电器触点个数相对应。

4.（　　）梯形图中的输入触点和输出线圈即为现场的开关状态，可直接驱动现场执行元件。

5.（　　）PLC 内部继电器线圈不能用作输出控制，它们只是一些逻辑控制用的中间存储状态寄存器。

6.（　　）梯形图两边的两根竖线就是电源。

7.（　　）定时器工作时，时间设定值不断减 1，当现有的时间值变成 0000 时，产生一个输出。

8.（　　）PLC 中所有继电器都可以由程序来驱动。

9.（　　）PLC 中的辅助继电器的常开、常闭触点可以无限制地供编程使用，但不能直接驱动外部负载。

10.（　　）当 PLC 中的计数器复位时，其设定值同时为零。

11.（　　）PLC 的输入、输出端口都采用光电隔离。

12.（　　）PLC 的定时器都相当于通电延时继电器，可见 PLC 的控制无法实现断电延时。

13.（　　）PLC 虽然是电子产品，但它的抗干扰能力很强，可以直接安装在强电柜中。

14.（　　）在一段不太长的用户程序结束后，写与不写 END 指令，对于 PLC 的程序运行来说效果是不同的。

15.（　　）PLC 所有继电器全部采用十进制编号。

16.（　　）串行通信不适用于远距离通信。

17.（　　）在 PLC 网络中传送数据绝大多数采用并行方式。

18.（　　）半双工通信可以实现双向的通信，但不能在两个方向上同时进行。

19.（　　）全双工通信可以实现双向同时通信，且通信双方都可以同时发送和接收信息。

20.（　　）一般情况，半双工通信的通信线有 5 条，全双工通信的通信线有 3 条。

二、选择题

1.（　　）PLC 内部有许多辅助继电器，作用相当于继电器-接触控制系统中的_____。

A. 接触器　　　　　　B. 中间继电器　　　　C. 时间继电器　　　　D. 热继电器

2.（　　）富士 SPB 系列 PLC 能够提供 100ms 时钟脉冲的辅助继电器是_____。

A. M8011　　　　　　B. M8015　　　　　　C. M8016　　　　　　D. M8017

3.（　　）PLC 控制电梯时，将各种指令信号作为_____，而将各种执行信号作为_____。

A. 输入、停止　　　　B. 输入、输出　　　　C. 输出、停止　　　　D. 输出、输入

4.（　　）富士 SPB 系列 PLC 提供一个常开触点型的初始脉冲是_____，用于对程序进行初始化处理。

A. M8000　　　　　　B. M8001　　　　　　C. M8011　　　　　　D. M8017

5.（　　）计数器的两个输入端是_____。

A. 计数输入端和输出端　　　　　　　　B. 复位端和计数输入端
C. 复位端和移位端　　　　　　　　　　D. 计数输出端和复位端

6.（　　）PLC 内的输出继电器用于内部编程的触点数量有_____。

A. 一对　　　　　　　　　　　　　　　B. 四对常开、常闭
C. 无数对　　　　　　　　　　　　　　D. 由产品本身性能决定

7.（　　）PLC 的整个工作过程分为 5 个阶段，PLC 通电运行时，第 4 个阶段是_____。

A. 与编程器通信　　　　　　　　　　　B. 执行用户程序
C. 读入现场信号　　　　　　　　　　　D. 自诊断

8.（　　）PLC 各生产厂家都把_____作为第一用户编程语言。

A. 指令表　　　　　　B. 梯形图　　　　　　C. 逻辑功能图　　　　D. C 语言

9.（　　）在梯形图编程中，常闭触点与母线连接指令的助记符应为_____。

A. LD　　　　　　　　B. LDI　　　　　　　C. OR　　　　　　　　D. ORI

10.（　　）串行通信接口中，为半双工通信的接口为_____。

A. RS-232C　　　　　B. RS-422　　　　　　C. RS-485

三、填空题

1. PLC 的内部结构有两部分：_____系统和_____系统。

2. PLC 的_____继电器只能由外部信号来驱动，不能被程序指令驱动。

3. PLC 的_____继电器状态只由程序的执行决定。

4. PLC 等效电路可以表示输入部分、_____、输出部分三部分。

5. PLC 有两种工作状态：_____状态和_____状态。

6. PLC 采用_____的工作方式。

7. PLC 的扫描工作方式由 5 个阶段构成，分别是_____、_____、_____、_____、_____。

8. 取、与、或的 PLC 基本逻辑指令符号分别是_____、_____、_____。

9. 置位、复位的 PLC 基本逻辑指令符号分别是_____、_____。

10. 数据通信主要采用_____通信和_____通信两种方式。

11. 串行通信可分为 3 种方式：_____通信、_____通信、_____通信。

12. 常用的串行通信接口有：_____、_____、_____。

13. 每台计算机都配备_____串行通信接口，工业环境中广泛应用的是_____、_____串行通信接口。

14. 富士 SPB 系列 PLC 内置高速计数器的输入端子为_____。

15. 富士 SPB 系列 PLC 内置高速计数器的输入信道数类型有：_____模式和_____模式。

16. 富士 SPB 系列 PLC 内置高速计数器采用 2 相模式时，X0 为_____，X1 为_____，X2 为_____。

17. 富士 SPB 系列 PLC 内置高速计数器采用 2 相模式时，可用的计数类型有：_____、_____。

18. 富士 SPB 系列 PLC 内置高速计数器采用 2 相模式时，加计数还是减计数是由_____决定的。

四、简答题

1. 简述 PLC 的工作过程？

2. PLC 有哪些内部资源？

3. 为什么 PLC 中器件的触点可以无限次使用？

4. 画出电动机连续正转 PLC 控制接线图和梯形图。

5. 画出电动机正反转 PLC 控制接线图和梯形图。

6. 画出变频器和 PLC 综合控制电动机正反转接线图和梯形图。

模块6

基于单片机的自动控制技术

知识目标

1. 了解单片机的基本概念、结构及程序语言。
2. 了解富士基板控制器的组成。
3. 掌握富士基板控制器 CPU 模板性能规格。
4. 掌握富士基板控制器扩展 I/O 模板地址分配及规格。

能力目标

1. 能正确分析富士基板控制器 CPU 模板性能。
2. 能正确分析富士基板控制器扩展 I/O 模板规格。
3. 能正确识读富士基板控制器扩展 I/O 模板 I/O 地址。
4. 能正确完成富士基板控制器控制的基本电路的硬件接线和软件编程。
5. 能应用编程软件完成梯形图程序的编辑、仿真、下载、上传、在线调试。

素质目标

1. 培养学生遵时守纪、踏实肯干的态度。
2. 培养学生团队合作和沟通交流的能力。
3. 培养学生自我学习和信息化学习的意识。
4. 培养学生的创新精神。
5. 培养学生发现问题、解决问题的能力。

单元1 单片机概述

一、单片机的基本概念

单片机是微型计算机的一种。单片机是指将 CPU、存储器、时钟模块、定时器/计数器以及各种 I/O 接口等功能部件制作在一块大规模集成电路芯片上,具有一定的规模和独立功能的微控制器。

单片机面向控制应用领域。给单片机配上适当的外围设备和软件,便可构成一个单片机应用系统,如图 6-1 所示。

单片机应用系统可分为基本系统和扩展系统两大类，扩展系统和基本系统的区别在于有无程序存储器、数据存储器和I/O接口电路等扩展部件。

单片机具有体积小、可靠性高、控制功能强、使用方便、性能价格比高、容易产品化等特点。

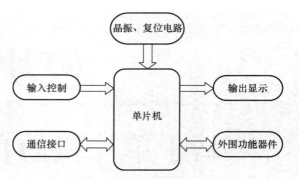

图6-1 单片机应用系统组成框图

二、单片机与PLC比较

1）PLC是一个带有CPU、存储器、I/O、系统软件和支持系统的专用面向过程控制的计算机控制系统。单片机是一个带CPU、存储器的裸计算机。PLC是建立在单片机之上的产品，单片机只是一种集成电路。

2）单片机可以构成各种各样的应用系统，从微型、小型到中型、大型均可，PLC是单片机应用系统的一个特例。

3）PLC系统复杂，价格高，只要编写简单的用户程序就可以直接在工业上应用。单片机功能灵活，但开发应用都要从底层做起，功能由开发者水平决定。

4）不同厂家的PLC有相同的工作原理，类似的功能和指标，有一定的互换性，质量有保证，编程软件正朝标准化方向迈进，这正是PLC获得广泛应用的基础。而单片机应用系统功能千差万别，质量参差不齐，学习、使用和维护都很困难。

最后，从工程的角度，谈谈PLC与单片机系统的选用原则。

1）对单项工程或重复数极少的项目，采用PLC方案是明智、快捷的，成功率高，可靠性好，事故少，但成本较高。

2）对于量大的配套项目，采用单片机系统具有成本低、效益高的优点，但这要有相当的研发力量和行业经验才能使系统稳定、可靠地运行。

最好的方法是单片机系统嵌入PLC的功能，这样可大大简化单片机系统的研制时间，性能得到保障，效益也就有保证。

三、单片机的基本结构

单片机由CPU、存储器、定时器/计数器、时钟模块、可编程串行口和多种I/O接口构成。其功能简单说明如下：

1. CPU

CPU是单片机的核心部件，它执行预先设置好的程序代码，负责数据的计算和逻辑的控制。

2. 存储器

存储器分为程序存储器和数据存储器。程序存储器用来存放程序代码，数据存储器用来存放执行过程中的数据。

3. 定时器/计数器

定时器/计数器是单片机重要的内部资源，定时器与计数器的工作原理是相同的，定时器/计数器根据输入的脉冲进行加1或减1计数，当计数器溢出时，将溢出标志位置1，表示计数到预定值。当输入的是标准脉冲时，计数的目的是为了得到时间，此时即为定时器；若输入的不是标准脉冲，只是计输入脉冲数，此时即为计数器。

4. 时钟模块

时钟模块提供整个单片机所需要的各个时钟信号。时钟电路控制着计算机的工作节奏，是计算机的心脏。时钟可由内部振荡器产生，也可由外部振荡器提供。

5. 可编程串行口

可编程串行口根据设置进行串行数据通信。

6. I/O 接口

单片机中已经集成了 I/O 接口电路，但它只有数据锁存和缓冲功能，没有状态寄存和命令功能。而在构成一个实际的较复杂的单片机应用系统时一般需要进行 I/O 接口的扩展，为外围设备提供一个输入、输出通道。

四、单片机的程序语言

单片机的基本结构属于硬件部分，是单片机工作的基础。而只有硬件的单片机称为"裸机"，它是若干物理器件的集合，是无法工作的。单片机只有在软件的协调、配合下才能进行工作，所以说"硬件是基础，软件是灵魂"。

指令是计算机用于控制各功能部件完成指定动作的指示和命令，不同功能指令的有序组合就构成了程序。单片机常用指令表见表 6-1。

表 6-1　单片机常用指令表

名　称		格　式	功　能
通用传送类指令		MOV　目的操作数，源操作数	把源操作数指定的内容传送到目的操作数中
字节交换类指令		XCH　累加器 A，源操作数	把累加器内容和源操作数之间的数据交换
算术运算类指令		ADD　目的操作数，源操作数 ADD　目的操作数，源操作数（带进位）	把源操作数与目的操作数内容相加，将结果保存在目的操作数中
		SUBB　目的操作数，源操作数（带借位）	把目的操作数与源操作数内容相减，将结果保存在目的操作数中
增 1 指令		INC	把所指出的变量加 1，计算结果仍然送回原地址单元
减 1 指令		DEC	把所指出的变量减 1，计算结果仍然送回原地址单元
逻辑运算类指令	单操作数指令	累加器清 0　　CLR　A	将 00H 送入累加器 A 中
		累加器取反　　CPL　A	将累加器 A 中内容取反后再送回到累加器 A 中
		累加器内容循环左移一位　RL　A RLC　A（带进位）	将累加器 A 中的内容（与进位标志位）循环左移一位
		累加器内容循环右移一位　RR　A RRC　A	将累加器 A 中的内容（与进位标志位）循环右移一位
	双操作数指令	逻辑与指令　　ANL　目的操作数，源操作数	将目次操作数单元中的内容与源操作数单元中的内容按位相与后，结果再送回目的操作数单元中
		逻辑或指令　　ORL　目的操作数，源操作数	将目次操作数单元中的内容与源操作数单元中的内容按位相或后，结果再送回目的操作数单元中
		逻辑异或指令　XRL　目的操作数，源操作数	将目次操作数单元中的内容与源操作数单元中的内容按位相异或后，结果再送回目的操作数单元中

有的厂家的单片机的程序语言就是梯形图语言、ST语言，让使用者更加容易使用。

单元2 富士基板控制器

富士基板控制器由 NW3P08－41C（CPU 模板）和 NW3W05606R（扩展 I/O 模板）组成，其结构示意图如图 6-2 所示。

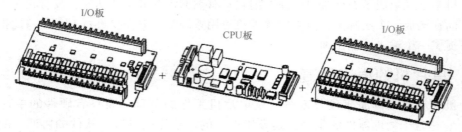

图 6-2 富士基板控制器结构示意图

1. CPU 模板

1）CPU 模板性能规格见表 6-2。

表 6-2 CPU 模板性能规格表

项　　目		规　　格
型号		NW3P08－41C
控制系统		程序存储，循环扫描方式
输入/输出控制方式		直接输入/输出
程序语言		梯形图语言，ST 语言
CPU		16 位 OS 处理器
内存类型		程序，数据，临时
指令速度		触点指令：最小 0.38μs；线圈指令：最小 0.44μs
程序容量		8192 步
输入/输出存储器（X，Y）		512 字
通用存储器（M）		4800 字
保持存储器（L）		2048 字
用户 FB 存储器（F）		2560 字
系统 FB 存储器（共 4096 字）	定时器（T）	128 点
	积分定时器（T）	32 点
	计数器（C）	64 点
	边缘检测	256 点
	其他	2048 字
系统存储器（SM）		512 字
RS－485 存储器		544 字
临时存储器		4096 字

2）CPU 模板结构如图 6-3 所示。

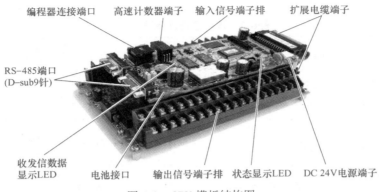

图 6-3　CPU 模板结构图

CPU 模板各部分名称及功能：

① 状态显示 LED：电源指示灯 PWR，该 CPU 模板电源接通时绿灯亮；运行指示灯 RUN，该 CPU 模板运行时绿灯亮；错误指示灯 ALM，该 CPU 模板出现非致命错误或致命错误时红灯亮；RAM 有写入/电池电压低 MEN/BAT，在程序运行时进行程序变更，内容被 CPU 模板上的 RAM 存储，该红灯闪烁；选配的电池电压太低时红灯亮。

② 收发信数据显示 LED：信号收发信时，相应的 LED 灯灭。无收发信数据时，灯始终亮。（由于数据收发信高速运行，LED 显示有时会高速闪烁）

③ DC 24V 电源端子：由外部接通 DC 24V 用连接器。

④ RS–485 端口：NW3P08–41C，1 通道 RS–485；NW3P16–42C，2 通道 RS–485。端口采用 D–sub 9 针形式，可以实现通用串行通信、简易 CPU 链接通信、程序加载和变频器通信。

⑤ 编程器连接端口：用来连接计算机编程器，可编制程序并与上位机通信。

⑥ 高速计数器端子：用于外接高速输入端子，高速计数模式有 1 相和 2 相模式。

⑦ 扩展电缆端子：用于连接扩展 I/O 接口板。

⑧ 输入/输出信号端子排：I/O 接线端子。

⑨ 电池接口：安装电池选件时使用。

2. 存储器

存储器映射如图 6-4 所示。

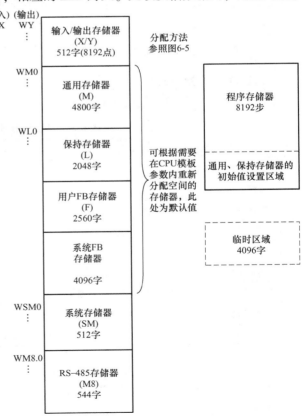

图 6-4　存储器映射图

3. 常用系统存储器

常用系统存储器见表6-3。

表6-3 常用系统存储器一览表

地 址	名 称	说 明
SM0000	运行	CPU 正在运行时，置为"开启"
SM0001	停止	CPU 停止时，置为"开启"
SM0002	致命错误	当 CPU 出现致命错误时，置为"开启"
SM0003	非致命错误	当 CPU 出现非致命错误时，置为"开启"
SM0420	初始化标记	当程序下载后第一次执行及初始化启动时，置为"开启"
SM0421	断电标记	当前面的操作出现断电情况时，置为"开启"

4. 扩展 I/O 模板输入/输出地址分配

连接 CPU 模板的扩展 I/O 模板（型号：NW3W05606R）输入/输出地址分配如图6-5所示，其各部分名称如图6-6所示。

基板控制器地址见表6-4所示。

表6-4 基板控制器地址表

单元编号	输入	输出	从扩展 I/O 模板的单元编号设置孔（1、2、3、4、5）中选择
字编号	WX	WY	扩展 I/O 模板内字地址（0、1、…）
位地址	X	Y	每个字的地址（0~F）

5. I/O 扩展模板规格

1）基板控制器输入规格见表6-5。

表6-5 基板控制器输入规格表

项 目	规 格
额定电压	DC 24V
容许电压差	DC 26.4V
容许波动率	5%
输入形式	源极共用
额定电流	约 5mA
输入阻抗	约 4.7kΩ
标准动作范围	开通电压范围：DC 15~26.4V，关断电压范围：DC 0~5V
输入延迟时间	选择参数，无滤波，3ms/3ms、10ms/10ms（导通延迟时间/截止延迟时间）中的一个
绝缘电阻	用 DC 500V 的绝缘表计量，值在 10MΩ 以上

基板控制器输入电路结构如图6-7所示。

2）基板控制器输出规格见表6-6所示。

基板控制器输出电路结构如图6-8所示。

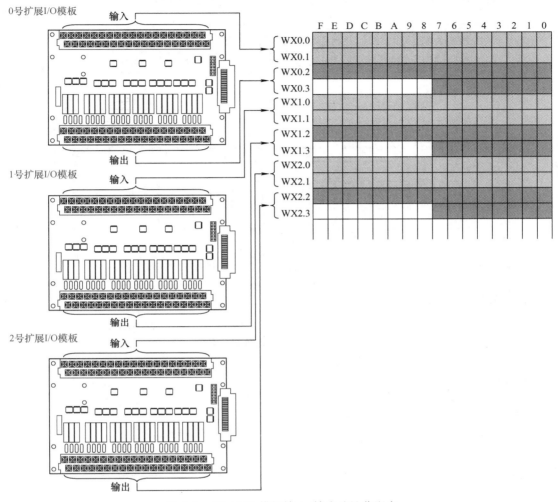

图 6-5　扩展 I/O 模板输入/输出地址分配表

表 6-6　基板控制器输出规格表

项　目	规　格
额定电压	AC 240V，DC 110V
容许电压	AC 264V，DC 140V
最大额定电流	AC 240V/DC 24V：2A/点，8A/公共端子 DC 110V：0.2A/点，1.6A/公共端子
最小负载电压电流	DC 5V，1mA
最大开关频率	1800 次/h
输出类型	继电器（AC/DC）
绝缘强度	AC 2300V，1min
输出保护	可变电阻的浪涌吸收电路

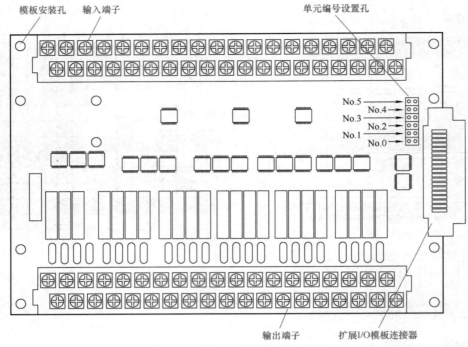

图 6-6　扩展 I/O 模板各部分名称

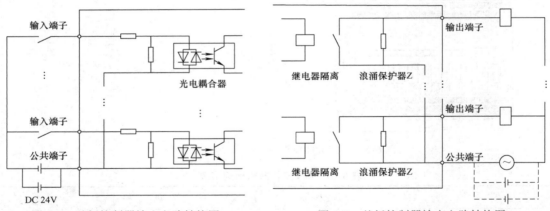

图 6-7　基板控制器输入电路结构图　　　　图 6-8　基板控制器输出电路结构图

3）输入/输出地址分配框图及配线如图 6-9 所示。

6. RS-485 通信规格

CPU 模板提供了 RS-485 端口，通过这个端口，CPU 模板可以连接各种通用串行设备或具有 RS-485 通信端口的个人计算机，也可以连接其他板式控制器，SPB 系列或者富士变频器。

在系统定义设置中，设置以下通信参数：

比特率：1200/2400/4800/9600/19200/38400/57600/115200bit/s（38400bit/s 为默认值）。

数据长度：8 位（固定）。

奇偶：无/奇数/偶数（偶数为默认值）。

停止位：1/2（1 为默认值）。

无应答监视时间：1~16s（1 为默认值）。

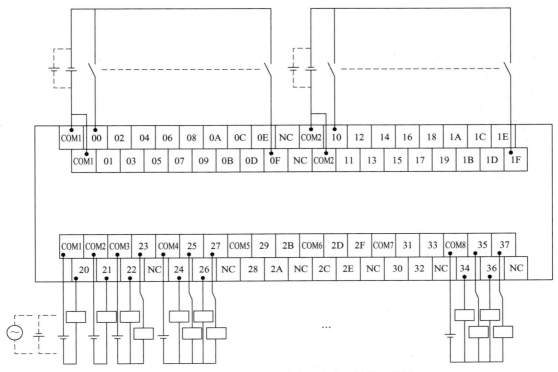

图 6-9 基板控制器输入/输出地址分配框图及配线

实训 6.1 电动机点动、连续运行控制

一、实训目的

1. 掌握基板控制器的基本逻辑指令。

2. 掌握基板控制器编程的基本方法和技巧。

3. 掌握电动机点动、连续运行的基板控制器的外部接线和操作。

二、实训器材

1. 基板控制器 1 台。

2. 隔离开关、熔断器、交流接触器、热继电器各 1 个。

3. 转换开关、限位开关各 1 个。

4. 按钮 2 个。

5. 电动机 1 台。

6. 计算机 1 台。

7. 编程电缆 1 根，接口转换器 1 个。

8. 导线若干。

9. 电工常用工具 1 套。

三、实训要求

用转换开关来实现电动机的点动和连续运行；用限位开关实现电动机运行的限位保护。

四、实训内容

1. 系统接线

电动机点动、连续运行控制接线如图6-10所示。

2. 软件设计

1）I/O地址分配见表6-7。

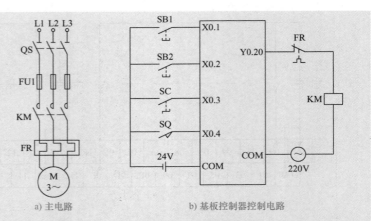

a) 主电路　　　　　b) 基板控制器控制电路

图6-10　电动机点动、连续运行控制接线

表6-7　I/O地址分配表

输入设备	输入地址	输出设备	输出地址
停止按钮 SB1	X0.1	运行接触器 KM	Y0.20
起动按钮 SB2	X0.2		
点动与连续运行转换开关 SC	X0.3		
限位开关 SQ	X0.4		

2）富士基板控制器 NW3P08－41C 可采用梯形图编程，梯形图如图6-11所示。

3. 系统调试

（1）输入程序　通过计算机将梯形图程序正确输入到基板控制器中。

（2）调试　正确连接好 I/O 设备，进行系统的空载调试，观察交流接触器能否按照控制要求动作，否则，检查电路或修改程序，直至交流接触器能按照要求动作。然后按照主电路连接好电动机，进行带负载动态调试。

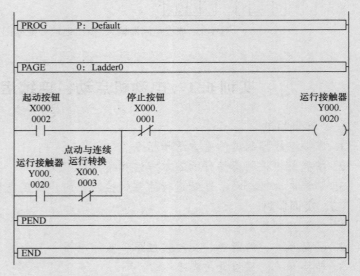

图6-11　电动机点动、连续运行控制梯形图

（3）修改、打印并保存程序　动态调试正确后，进行程序传送、监视程序、设备注释等操作，最后打印并保存程序。

五、实训报告

1. 画出电动机点动、连续运行控制的梯形图，并加适当的设备注释。

2. 说明设计 PLC 控制电路和基板控制器控制电路的异同。

3. 试用其他编程方法设计程序。

实训6.2　电动机正反向运行加限位保护控制

一、实训目的

1. 进一步掌握基板控制器编程的基本方法和技巧。

2. 掌握电动机正反向点动、连续运行控制的基板控制器的外部接线和操作。

二、实训器材

1. 基板控制器1台。

2. 隔离开关、熔断器、热继电器各1个。

3. 交流接触器2个。

4. 按钮3个。

5. 转换开关、限位开关各1个。

6. 电动机1台。

7. 计算机1台。

8. 编程电缆1根，接口转换器1个。

9. 导线若干。

10. 电工常用工具1套。

三、实训要求

用转换开关来实现电动机的点动和连续运行；用上下限位开关实现电动机运行的上下限位保护。用按钮来控制电动机的正反转。

四、实训内容

1. 系统接线

电动机正反向运行加限位保护控制接线如图6-12所示。

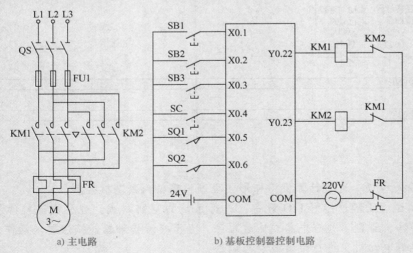

a) 主电路　　　　　　b) 基板控制器控制电路

图6-12　电动机正反运行控制接线

2. 软件程序

1）I/O地址分配见表6-8所示。

表 6-8　I/O 地址分配表

输入设备	输入地址	输出设备	输出地址
停止按钮 SB1	X0.1	正转运行接触器 KM1	Y0.22
正转起动按钮 SB2	X0.2	反转运行接触器 KM2	Y0.23
反转起动按钮 SB3	X0.3		
点动与连续运行转换开关 SC	X0.4		
正转运行限位开关 SQ1	X0.5		
反转运行限位开关 SQ2	X0.6		

2）电动机正反转运行控制梯形图如图 6-13 所示。

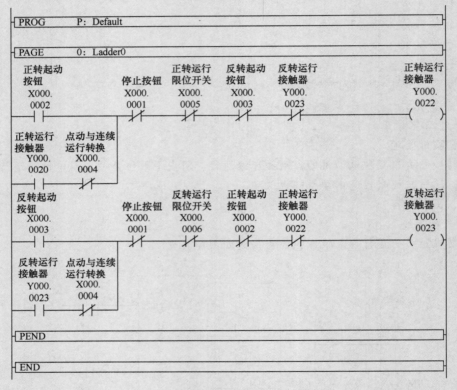

图 6-13　电动机正反转运行控制梯形图

3. 系统调试

（1）输入程序　通过计算机将梯形图程序正确输入到基板控制器中。

（2）调试　正确连接好 I/O 设备，进行系统的空载调试，观察交流接触器能否按照控制要求动作，否则，检查电路或修改程序，直至交流接触器能按照要求动作。然后按照主电路连接好电动机，进行带负载动态调试。

（3）修改、打印并保存程序　动态调试正确后，进行程序传送、监视程序、设备注释等操作，最后打印并保存程序。

五、实训报告

1. 画出电动机正反转点动、连续运行控制的梯形图，并加适当的设备注释。

2. 将上述梯形图转换成指令表。

实训6.3　七段数码管模拟楼层显示

一、实训目的

1. 掌握基板控制器的基本逻辑指令。

2. 掌握基板控制器编程的基本方法和技巧。

3. 掌握基板控制器的外部接线和操作。

二、实训器材

1. 基板控制器1台。

2. 计算机1台。

3. 编程电缆1根，接口转换器1个。

4. 七段数码管1个。

5. 导线若干。

6. 电工常用工具1套。

三、实训要求

用基板控制器的功能指令来模拟显示6层6站电梯楼层显示的控制系统。其控制要求如下：

1. 用定时器延时来模拟实现电梯轿厢的运行。

2. 隔一段时间循环实现楼层数据的变化。

3. 模拟电梯上行时，楼层数据是增大变化；模拟电梯下行时，楼层数据是减小变化。

4. 楼层数据自动按照增大到6后，又自动减小到1，如此循环。

四、实训内容

1. 系统接线

七段数码管模拟楼层显示接线如图6-14所示。

2. 软件程序

1）I/O地址分配：Y1.24 ~ Y1.2A 对应七段数码管的 a ~ g。

2）由学生自己设计梯形图。

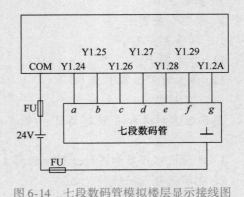

图6-14　七段数码管模拟楼层显示接线图

3. 系统调试

（1）输入程序　通过计算机将梯形图程序正确输入到基板控制器中。

（2）调试 正确连接好输出设备，进行系统的调试，观察七段数码管是否按照控制要求显示。否则，检查电路并修改调试程序，直至七段数码管能按照控制要求显示。

五、实训报告

1. 画出数码管模拟楼层循环点亮控制的梯形图，并加适当的设备注释。

2. 描述实训过程中所见到的现象。

3. 试用其他编程方法设计程序。

实训 6.4 基板控制器与变频器的综合控制

一、实训目的

1. 掌握基板控制器和变频器综合控制的一般方法。

2. 掌握基板控制器和变频器的外部端子的接线。

3. 进一步熟悉变频器多段调速的参数设置。

4. 能运用变频器的外部端子和参数实现变频器的多段速度控制。

5. 能运用基板控制器实现控制系统的控制要求。

二、实训器材

1. 基板控制器 1 台。

2. 变频器 1 台。

3. 电动机 1 台。

4. 计算机 1 台。

5. 编程电缆 1 根，接口转换器 1 个。

6. 断路器 1 个。

7. 交流接触器 2 个。

8. 按钮 3 个。

9. 限位开关 2 个。

10. 转换开关 1 个。

11. 导线若干。

12. 电工常用工具 1 套。

三、实训要求

用基板控制器和变频器设计一个电动机正反转两速运行的控制系统。其控制要求如下：

1. 电动机有点动和连续运行两种模式。

2. 电动机可以正转和反转。

3. 电动机连续运行时要以高速运行，点动运行时要以低速运行，即不同运行模式下有不同的速度。

四、实训内容

1. 系统接线

基板控制器与变频器的综合控制电动机运行接线如图 6-15 所示。

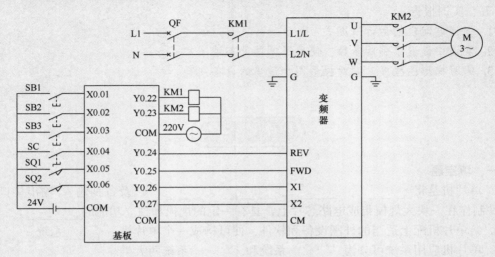

图 6-15 基板控制器与变频器的综合控制电动机运行接线图

2. 软件设计

（1）设计思路 电动机的正反转、多速运行通过变频器来控制。变频器的运行信号通过基板控制器的输出端子来提供，即通过基板控制器控制变频器的 FWD、REV、X1、X2 端子的通和断。

（2）设定变频器参数

（3）I/O 地址分配 I/O 地址分配见表 6-9。

表 6-9 I/O 地址分配表

输入设备	输入地址	输出设备	输出地址
停止按钮 SB1	X0.01	输入接触器 KM1	Y0.22
正转起动按钮 SB2	X0.02	输出接触器 KM2	Y0.23
反转起动按钮 SB3	X0.03	变频器反转信号	Y0.24
点动与连续运行转换开关 SC	X0.04	变频器正转信号	Y0.25
正转运行限位开关 SQ1	X0.05	变频器一速	Y0.26
反转运行限位开关 SQ2	X0.06	变频器二速	Y0.27

（4）梯形图 由学生自己设计梯形图。

3. 系统调试

（1）设定参数 按照上述变频器的参数设定值设定变频器的参数。

（2）输入程序 通过计算机将梯形图程序正确输入到基板控制器中。

（3）基板控制器调试 将基板控制器与变频器连接好（不接电动机），进行基板控制器、变频器的空载调试，通过变频器的操作面板观察变频器的输出频率是否符合要求。否则，检查系统接线、变频器参数、基板控制器程序，直至变频器按照要求运行。

（4）系统调试 正确连接好输出设备，进行系统调试，观察电动机能否按照控制要求运行。否则，检查系统接线、变频器参数、基板控制器程序，直至电动机按照控制要求运行。

五、实训报告

1. 描述电动机的运行情况。

2. 实训中设置了哪些参数，使用了哪些外部端子？

3. 编写梯形图程序，并对梯形图加适当的设备注释。

习 题

一、填空题

1. 单片机是将_____、_____、_____、_____以及各种输入/输出接口等功能部件制作在一块大规模集成电路芯片上，具有一定的规模和独立功能的_____。

2. 给单片机配上适当的外围设备和软件，便可构成一个单片机_____系统。

3. 单片机应用系统可分为_____系统和_____系统两大类。

4. 单片机结构中，硬件是_____，软件是_____。

5. 富士基板控制器由_____模板和_____模板组成。

6. 富士基板控制器 NW3P08 - 41C 型 CPU 模板采用_____工作方式。

7. 富士基板控制器 NW3P08 - 41C 型 CPU 模板采用的程序语言是_____。

8. 富士基板控制器 NW3P08 - 41C 型 CPU 模板输入/输出控制方式采用_____。

9. 富士基板控制器 NW3P08 - 41C 型 CPU 模板串行通信接口为_____。

10. 富士基板控制器 NW3P08 - 41C 型 CPU 模板标志 CPU 开启运行的系统存储器为_____，标志 CPU 停止运行的系统存储器为_____。

11. 富士基板控制器 NW3W05606R 型扩展 I/O 模板输入电路采用_____形式，额定电压为_____；输出电路采用_____形式，额定电压为_____。

二、简答题

1. 简述单片机应用系统的组成。

2. 简述单片机与 PLC 的区别。

三、设计题

用基板控制器控制电动机正反转运行，并加以限位保护。

模块7

电梯控制系统

知识目标

1. 了解基于 PLC 或基板控制器的电梯控制系统。
2. 掌握电梯控制系统的硬件和软件系统的特点和原理。
3. 了解电梯门机开关门的逻辑控制。
4. 掌握电梯门机软件设计方法。
5. 掌握电梯运行模式的种类和优先级。
6. 掌握电梯多段速运行、自学习运行、距离控制运行时接线图、时序图和变频器功能码设置。

能力目标

1. 能正确分析电梯控制系统的硬件接线的特点和原理。
2. 能正确绘制基于 PLC 或基板控制器的电梯控制系统的电路图。
3. 能正确分析电梯控制系统的软件设计的特点。
4. 能正确设计电梯门机开关门软件。
5. 能正确调试开关门运行程序，调整开关门速度。
6. 能正确分析电梯各种运行模式的特点。
7. 能正确画出电梯各种运行模式的运行时序图。
8. 能正确设置电梯专用变频器各种模式下的功能码。

素质目标

1. 培养学生安全意识。
2. 培养学生团队合作和沟通交流的能力。
3. 培养学生自我学习和信息化学习的能力。
4. 培养学生发现问题、解决问题的能力。
5. 培养学生创新精神。

基于 PLC 或基板控制器的电梯控制系统框图如图 7-1 所示。

由图 7-1 可知：输入的控制信号有运行方式选择（自动、有司机、检修等）、运行控制信号、安全保护信号、内指令信号、外召唤信号及井道位置信息、门区或平层信号、开关门信号。输出信号有变频器拖动控制信号和开关门控制信号、呼梯信号提示、运行方向提示、呼梯铃到站钟和楼层显示。

PLC 或基板控制器对输入的信号进行运算，以实现召唤信号登记、轿厢位置判断、选层定向、顺向截车、反向最远截车及信号消除等功能，并控制电梯自动关门、起动加速、减速平层、自动开门等过程。根据图7-1所示系统框图，电梯要实现功能控制，就必须在硬件接线或软件设计方面进行设计。

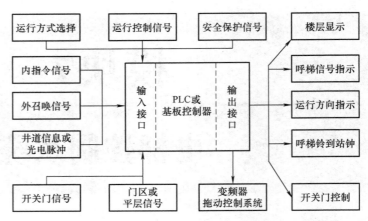

图 7-1　基于 PLC 或基板控制器的电梯控制系统框图

下面以仿真教学电梯控制系统的硬件接线和软件设计进行说明。

单元 1　电梯控制系统的硬件接线

电梯控制系统的硬件接线分为12张电气图进行讲解，分别是：电源电路原理图，变频器主电路接线图，PLC 和变频器的综合控制电路接线图，PLC 外呼、内选指令输入电路接线图，PLC 井道信息输入电路接线图，PLC 控制信息输入电路接线图，PLC 强电输出电路接线图，PLC 信号输出电路接线图，门机主电路接线图，门锁急停防粘连电路接线图，抱闸制动电路原理图，轿厢照明及风扇电路接线图。基于 PLC 控制的电梯控制系统电气设备见表7-1，PLC 输入/输出地址分配见表7-2。

表 7-1　基于 PLC 控制的电梯控制系统电气设备表

序号	电气设备名称	序号	电气设备名称	序号	电气设备名称
1	曳引电动机	14	极限接触器	27	输出接触器
2	抱闸线圈（仿真梯没有）	15	相序继电器	28	变压器
3	大轿门电动机	16	急停接触器（真实电梯为安全继电器）	29	整流器
4	小轿门电动机	17	门锁接触器 1	30	上强换换速开关
5	控制柜电源闸 QF2	18	门锁接触器 2	31	下强换换速开关
6	AC 380V 开关 QF3	19	开门 1 接触器	32	上限位开关
7	AC 220V 开关 Q1	20	关门 1 接触器	33	下限位开关
8	AC 110V 开关 Q2	21	开门 2 继电器	34	上极限开关
9	DC 24V 开关 Q3	22	关门 2 继电器	35	下极限开关
10	井道照明开关 Q4	23	PLC 主机	36	一层上呼按钮
11	DC 110V 开关 Q5（仿真梯没有）	24	PLC 扩展单元	37	二层上呼按钮
12	抱闸继电器（真实电梯为抱闸接触器）	25	变频器	38	三层上呼按钮
13	锁梯继电器	26	输入接触器	39	四层上呼按钮

序号	电气设备名称	序号	电气设备名称	序号	电气设备名称
40	五层上呼按钮	58	直驶开关	76	二层下呼灯
41	二层下呼按钮	59	锁梯开关	77	三层下呼灯
42	三层下呼按钮	60	小轿门开门限位开关	78	四层下呼灯
43	四层下呼按钮	61	小轿门关门限位开关	79	五层下呼灯
44	五层下呼按钮	62	大轿门开门限位开关	80	六层下呼灯
45	六层下呼按钮	63	大轿门关门限位开关	81	一层内选灯
46	一层内选按钮	64	换速开关	82	二层内选灯
47	二层内选按钮	65	门区开关	83	三层内选灯
48	三层内选按钮	66	检修开关	84	四层内选灯
49	四层内选按钮	67	慢上按钮	85	五层内选灯
50	五层内选按钮	68	慢下按钮	86	六层内选灯
51	六层内选按钮	69	开门按钮（光幕）	87	上方向灯
52	警铃开关	70	关门按钮	88	下方向灯
53	司机开关	71	一层上呼灯	89	蜂鸣器
54	消防开关	72	二层上呼灯	90	满载灯
55	超载开关	73	三层上呼灯	91	轻载灯
56	满载开关	74	四层上呼灯	92	超载灯
57	轻载开关	75	五层上呼灯	93	数码显示管

表 7-2　PLC 输入/输出地址分配表

输入地址	中文说明	输出地址	中文说明
X1	一层上呼按钮	Y30	蜂鸣器输出
X2	二层上呼按钮	Y31	关门 2 继电器
X3	三层上呼按钮	Y32	关门 1 接触器
X4	四层上呼按钮	Y33	变频器输入接触器
X5	五层上呼按钮	Y34	开门 2 继电器
X6	二层下呼按钮	Y35	开门 1 接触器
X7	三层下呼按钮	Y36	变频器输出接触器
X8	四层下呼按钮	Y37	抱闸继电器
X9	五层下呼按钮	Y38	二层下呼灯
XA	六层下呼按钮	Y39	三层下呼灯
XB	一层内选按钮	Y3A	四层下呼灯
XC	二层内选按钮	Y3B	五层下呼灯
XD	三层内选按钮	Y3C	六层下呼灯
XE	四层内选按钮	Y3D	一层内选灯
XF	五层内选按钮	Y3E	二层内选灯

（续）

输入地址	中文说明	输出地址	中文说明
X10	六层内选按钮	Y3F	三层内选灯
X11	警铃开关	Y40	四层内选灯
X12	司机开关	Y41	五层内选灯
X13	消防开关	Y42	六层内选灯
X14	超载开关	Y44	变频器二速
X15	满载开关	Y45	变频器一速
X16	轻载开关	Y46	变频器反转
X17	直驶开关	Y47	变频器正转
X18	锁梯信号	Y60	上方向灯
X19	上强换换速开关	Y61	下方向灯
X1A	下强换换速开关	Y62	一层上呼灯
X1B	上限位开关	Y63	二层上呼灯
X1C	下限位开关	Y64	三层上呼灯
X1D	小轿门开门限位开关	Y65	四层上呼灯
X1E	小轿门关门限位开关	Y66	五层上呼灯
X1F	大轿门开门限位开关	Y67	满载灯
X20	大轿门关门限位开关	Y68	轻载灯
X21	换速开关	Y69	A 段数码管
X22	门区开关	Y6A	B 段数码管
X50	输出接触器和抱闸继电器接点并联接入	Y6B	C 段数码管
X51	门锁接触器接点	Y6C	D 段数码管
X52	检修开关	Y6D	E 段数码管
X53	慢上按钮	Y6E	F 段数码管
X54	慢下按钮	Y6F	G 段数码管
X55	急停接触器接点		
X56	开门按钮和光幕并联接入		
X57	关门按钮		

一、电源电路

电梯电源电路原理图如图 7-2 所示。

电梯供电采用三相五线制供电系统（即 TN - S 系统）。工作零线和保护零线应始终分开，电梯设备中外露的金属外壳均应可靠接地。

AC 380V 作为电梯动力电源，为电梯曳引机及其控制系统供电；AC 220V 作为井道照明和 PLC 输出继电器的线圈电源；AC 110V 为 PLC 上电电源；DC 24V 作为 PLC 输入负载电源和输出信号灯电源；DC 110V 作为抱闸线圈的供电电源。（说明：由于仿真梯上没有装设抱闸线圈，所以没有设置 DC 110V 电源。）

QF1 为电梯供电电源闸（即建筑物电源闸），QF2 为电梯主开关（即控制柜电磁闸）。

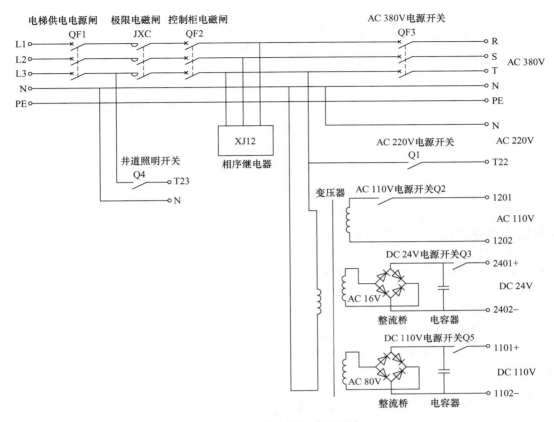

图 7-2　电梯电源电路原理图

QF2 的操作不应切断下列电路：轿顶照明或通风，报警装置，机房、底坑、滑轮、井道照明，轿顶电源插座。QF3 为 AC 380V 电源开关（R、S、T）。Q1 为 AC 220V 电源开关（T22、N），Q2 为 AC 110V 电源开关（1201、1202），Q3 为 DC 24V 电源开关（2401 +、2402 −），Q4 为井道 AC 220V 的照明电源开关（T_{23}、N），Q5 为 DC 110V 电源开关（1101 +、1102 −）。

通过锁梯钥匙开关可以实现对电梯供电的控制，并且当电梯碰到上下极限开关后，会切断对电梯的供电。通过按着复位按钮，将电梯恢复到行程范围内。锁梯极限开关控制电路原理图如图 7-3 所示。

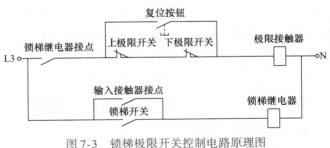

图 7-3　锁梯极限开关控制电路原理图

二、变频器主电路

真实电梯的动力电源为三相电源，由三相电源为曳引电动机提供电能。真实电梯变频器主电路接线图如图 7-4 所示。

仿真教学电梯采用单相变频器，由单相电源经过变频器后，逆变为频率和电压均可调节的三相电源，供电给仿真曳引电动机。仿真教学电梯变频器主电路接线图如图 7-5 所示。

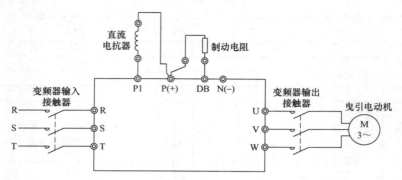

图 7-4　真实电梯变频器主电路接线图

当满足电梯安全运行的条件时，变频器输入接触器闭合，向变频器供电。在电梯运行过程中，当满足不同条件时，变频器输出接触器主触点闭合或断开，控制曳引电动机旋转或停止。所以，变频器输入接触器也叫安全主接触器，变频器输出接触器也叫运行主接触器。

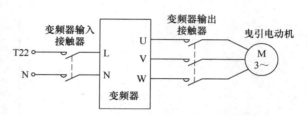

图 7-5　仿真教学电梯变频器主电路接线图

切记：变频器输入和输出端子不能接反，否则将损坏变频器。

三、PLC 和变频器的综合控制电路

PLC 和变频器的综合控制电路中，PLC 给变频器提供控制和指令的通断信号，而电动机换向及变速都通过变频器控制端子实现。

PLC 和变频器的综合控制电路接线图如图 7-6 所示。

电梯正常运行时，安全回路接通且电梯门关好，则急停接触器和门锁接触器线圈得电，其常开触点均接通，PLC 的 COM 端和变频器的 CM 端子接通；当 PLC 向变频器的数字输入端子 X1、X2、FWD（或 REV）同时输入信号时，轿厢在曳引电动机拖动下直接加速至正常行驶速度；PLC 一旦检测到减速信号，向变频器输送的 X2 信号断开，轿厢在曳引电动机拖动下迅速减速至爬行速度；PLC 一旦检测到平层信号，向变频器输送的 X1 信号断开，曳引电动机转速迅速下降至零，FWD（或 REV）信号断开，PLC 输出为零。

变频器端子状态与输出速度的关系见表 7-3。

四、PLC 外呼、内选指令输入电路

PLC 外呼、内选指令输入接线图如图 7-7 所示。PLC 上电工作电源电压为 AC 110V，外呼内选指令输入设备电源电压为外接 DC 24V。

五、PLC 井道信息输入电路

井道信息包括端站保护信号，轿厢开门、关门限位，门区开关，各种运行状态信号和轿厢载重量状态信号，通过电缆传入机房控制柜 PLC 输入端口。输入设备电源电压为外接 DC 24V。

表7-3　变频器端子状态与输出速度的关系

端子状态 X2 X1	输出速度
0 0	零速
0 1	速度1：爬行速度
1 0	速度2：检修速度
1 1	速度3：正常速度

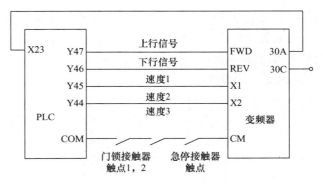

图7-6　PLC和变频器的综合控制电路接线图

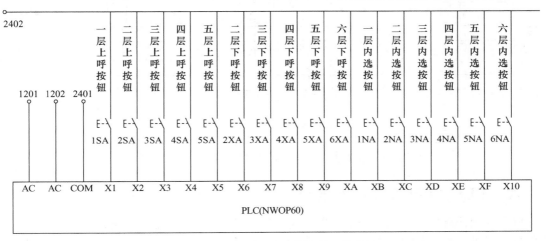

图7-7　PLC外呼、内选指令输入接线图

PLC井道信息输入电路接线图如图7-8所示。其中，负载（超载、满载、轻载）开关、上下强迫换速开关、上下限位开关、大小轿门开门限位开关、大小轿门关门限位开关的常闭触点接入PLC，是为了监测这些开关的情况，避免这些开关出现故障，而电梯维护保养人员没有发现。

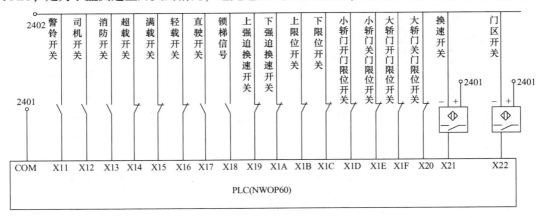

图7-8　PLC井道信息输入电路接线图

锁梯信号由锁梯继电器的常开触点提供。电梯开梯运行后，锁梯继电器线圈得电，其常开触点闭合，PLC的X18输入端接通；锁梯后，锁梯继电器线圈失电，其常开触点断开，

PLC 的 X18 输入端断开。由此来监视电梯开梯和锁梯两种状态。

仿真教学电梯为了便于教学，设置了故障设置台、井道故障板和轿厢故障板，以便学生模拟练习故障的排除。同时电梯的负载状态采用开关模拟信号。仿真教学电梯 PLC 井道信息输入电路接线图如图 7-9 所示。

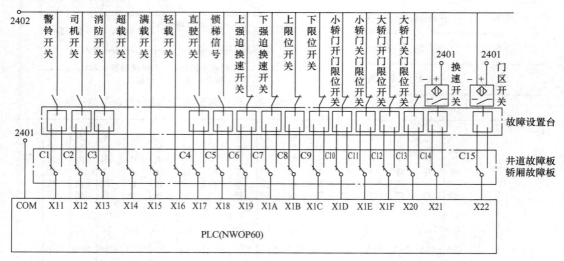

图 7-9　仿真教学电梯 PLC 井道信息输入电路接线图

六、PLC 控制信息输入电路

PLC 控制信息包括控制抱闸继电器、输出接触器、门锁接触器、急停接触器、开关门动作信息。另外，对于检修控制，要求设置为轿顶检修优于轿厢检修，轿厢检修又优于机房检修，同时检修操作时都是点动操作（说明：模型电梯未设置轿顶检修）。

PLC 控制信息输入接线图如图 7-10 所示。

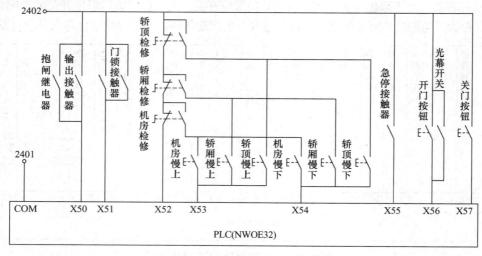

图 7-10　PLC 控制信息输入接线图

正常和检修转换开关的常闭接触接入 PLC 的 X52 输入端，常开触点串接慢上或慢下按钮后分别接入 PLC 的 X53 和 X54 输入端。正常运行时，PLC 的 X52 输入端接通；检修运行时（轿顶、轿厢、机房有任意一处处于检修状态），PLC 的 X52 输入端断开。检修慢上运行时，PLC 的 X53 输入端接通，检修慢下运行时，PLC 的 X54 输入端接通。

图 7-10 所示接线图中，开门按钮和光幕开关并联接入 PLC 的 X56 输入端，实际应用中光幕开关也可单独用常闭触点接入 PLC，监测光幕开关的好坏。

七、PLC 强电输出电路

PLC 强电输出电路接线图如图 7-11 所示。PLC 强电输出电源为 AC 220V。

急停接触器反映电梯安全回路的状况。门锁接触器反映电梯所有层门和轿门是否关闭的状况。

图 7-11 所示电路接线图说明，电梯处于急停状态时，从硬件接线上保证电梯不能开门且不能运行；

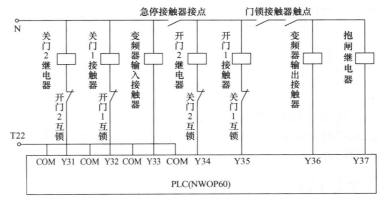

图 7-11　PLC 强电输出电路接线图

电梯门锁没有接通时，从硬件接线上保证电梯不能运行。

变频器输出接触器和抱闸继电器的线圈同时得电和失电。电梯运行时，变频器输出接触器和抱闸继电器的线圈同时得电，抱闸装置松闸，曳引电动机旋转；电梯停止运行时，变频器输出接触器和抱闸继电器的线圈同时失电，曳引电动机停转且进行抱闸制动。

电梯开关门电路硬件设置互锁，防止出现电源短路现象。

说明：仿真教学电梯没有设置抱闸线圈，用抱闸继电器反映抱闸线圈得电与失电的状态。在真实电梯中，用抱闸接触器来控制抱闸线圈的得电与失电。

八、PLC 信号输出电路

PLC 信号输出电路接线图如图 7-12 所示。

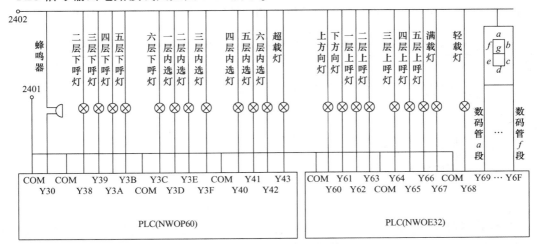

图 7-12　PLC 信号输出电路接线图

PLC 输出信号灯和层楼显示的电源电压为外接 DC 24V。

九、门机主电路

大轿门机主电路接线图如图 7-13 所示。小轿门机主电路接线图如图 7-14 所示。

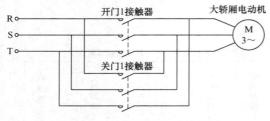

图 7-13　大轿门机主电路接线图

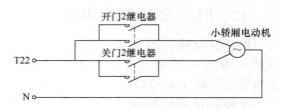

图 7-14　小轿门机主电路接线图

大轿厢电动机为低转速三相异步电动机，额定电压为 AC 380V，小轿厢电动机为带有齿轮减速器的单相交流可逆同步电动机，额定电压为 AC 220V，它们都是通过电动机的正反转带动轿门开关门。

十、门锁急停防粘连电路

门锁急停防粘连电路接线图如图 7-15 所示。

本仿真教学电梯因为没有一套完整的安全保护装置，所以将该电路称为门锁急停防粘连电路。其作用是保证电梯在运行中，任何一个安全开关或门锁开关断开都会使急停接触器和门锁接触器线圈失电，使电梯停止运行。防粘连保护功能只是演示功能，当将防粘连开关接通后，电梯上下方向箭头双向闪烁，电梯不能投入运行。

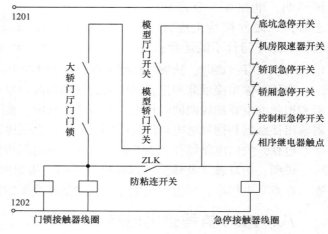

图 7-15　门锁急停防粘连电路接线图

该电路在真实电梯电路中分为：安全回路和门锁回路原理图如图 7-16 所示。

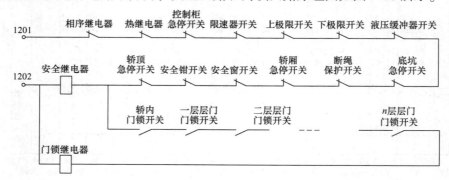

图 7-16　电梯安全回路和门锁回路原理图

安全回路就是将电梯各安全部件的安全保护开关串联，控制安全继电器。只有所有安全开关都接通，安全继电器吸合，电梯才能运行。常见的安全回路开关有：机房中，控制柜急停开关、相序继电器、热继电器、限速器开关；井道中，上极限开关、下极限开关（有的电梯把这两个开关放在安全回路中，有的则用这两个开关直接控制动力电源）；底坑中，断绳保护开关、底坑急停开关、液压缓冲器开关；轿厢内，轿厢急停开关；轿顶，安全窗开关、安全钳开关、轿顶急停开关。

门锁回路就是在电梯安全回路接通的情况下，所有层门和轿门的门锁开关全部接通，电梯才能运行。

十一、抱闸制动电路

真实电梯的抱闸制动电路原理图如图7-17所示。

电梯起动、运行阶段，抱闸线圈通电，制动器松闸；电梯零速停车后，抱闸线圈断电，制动器抱闸。（现在电梯都是零速抱闸，即电梯停止后抱闸，闸皮磨损很小。）抱闸线圈两端电压是DC 110V，因为直流电磁铁吸力稳定、振动小、噪声低。

切断制动器电流，至少应用两个独立的电气装置来实现，无论这些装置与用来切断电梯驱动主机电流的电气装置是否为一体。

为了防止抱闸线圈断电后，抱闸线圈两端产生过电压，设置了放电回路，放电回路由电阻和二极管串联组成，同时设置了保护回路，将抱闸线圈并联压敏电阻。当出现过电压时，击穿压敏电阻，保护抱闸线圈。

十二、轿厢照明及风扇电路

轿厢照明及风扇电路接线图如图7-18所示。该电路为轿厢内照明和风扇、插座的供电电路。电源电压为AC 220V。本模型未安装风扇。

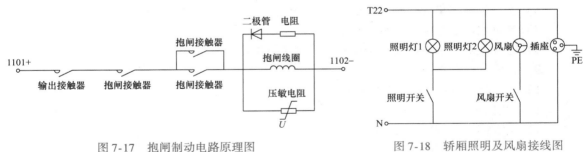

图7-17 抱闸制动电路原理图   图7-18 轿厢照明及风扇接线图

实训7.1 绘制基于PLC的电梯控制系统电路图

一、实训目的
掌握基于PLC的电梯控制系统硬件接线的特点和原理。
二、实训器材
PLC控制的仿真教学电梯。
三、实训内容
1. 画出PLC和变频器综合控制的电梯整体电路图。

2. 观察 PLC 和变频器综合控制的电气控制柜的配线。

四、实训报告

1. PLC 和变频器综合控制的电梯整体电路图。

2. 说明 PLC 控制的设备的种类和电压等级。

3. 说明电梯能保证安全的硬件接线方面的措施。

实训 7.2 绘制基于基板控制器的电梯控制系统电路图

一、实训目的

掌握基于基板控制器的电梯控制系统硬件接线的特点和原理。

二、实训器材

基板控制器控制的仿真教学电梯。

三、实训内容

电梯基板控制器输入/输出地址分配见表 7-4，根据该地址分配表画出下列基板控制器的硬件电路图。

1) 电源电路原理图。

2) 变频器主电路接线图。

3) 变频器控制电路接线图。

4) 基板控制外呼、内选指令输入电路接线图。

5) 基板控制井道信息输入电路接线图。

6) 基板控制控制信息输入电路接线图。

7) 基板控制强电输出电路接线图。

8) 基板控制信号输出电路接线图。

9) 门机主电路接线图。

10) 门锁急停防粘连电路接线图。

11) 抱闸制动电路原理图。

12) 轿厢照明及风扇电路接线图。

表 7-4 基板控制器输入/输出地址分配表

输入地址	中文说明	输出地址	中文说明
X0.1	一层上呼按钮	Y0.20	蜂鸣器
X0.2	二层上呼按钮	Y0.21	关门2继电器
X0.3	三层上呼按钮	Y0.22	关门1接触器
X0.4	四层上呼按钮	Y0.23	变频器输入接触器
X0.5	五层上呼按钮	Y0.24	开门2继电器
X0.6	二层下呼按钮	Y0.25	开门1接触器
X0.7	三层下呼按钮	Y0.26	变频器输出接触器
X0.8	四层下呼按钮	Y0.27	抱闸继电器
X0.9	五层下呼按钮	Y0.28	一层上呼灯

（续）

输入地址	中文说明	输出地址	中文说明
X0. A	六层下呼按钮	Y0. 29	二层上呼灯
X0. B	一层内选按钮	Y0. 2A	三层上呼灯
X0. C	二层内选按钮	Y0. 2B	四层上呼灯
X0. D	三层内选按钮	Y0. 2C	五层上呼灯
X0. E	四层内选按钮	Y0. 2D	二层下呼灯
X0. F	五层内选按钮	Y0. 2E	三层下呼灯
X0. 10	六层内选按钮	Y0. 2F	四层下呼灯
X0. 11	警铃开关	Y0. 30	五层下呼灯
X0. 12	司机开关	Y0. 31	六层下呼灯
X0. 13	直驶开关	Y0. 32	一层内选灯
X0. 14	超载开关	Y0. 33	二层内选灯
X0. 15	满载开关	Y0. 34	三层内选灯
X0. 16	轻载开关	Y0. 35	四层内选灯
X0. 17	直驶开关	Y0. 36	五层内选灯
X0. 18	锁梯开关	Y0. 37	六层内选灯
X0. 19	上强换换速开关	Y1. 22	上方向灯
X0. 1A	下强换换速开关	Y1. 23	下方向灯
X0. 1B	上限位开关	Y1. 24	数码管 A 段
X0. 1C	下限位开关	Y1. 25	数码管 B 段
X0. 1D	小轿门开门限位开关	Y1. 26	数码管 C 段
X0. 1E	小轿门关门限位开关	Y1. 27	数码管 D 段
X0. 1F	大轿门开门限位开关	Y1. 28	数码管 E 段
X1. 01	大轿门关门限位开关	Y1. 29	数码管 F 段
X1. 03	门区开关	Y1. 2A	数码管 G 段
X1. 05	输出接触器	Y1. 2B	满载灯
X1. 06	门锁接触器	Y1. 2C	变频器 2 速
X1. 07	检修开关	Y1. 2D	变频器 1 速
X1. 08	慢上按钮	Y1. 2E	变频器下行信号
X1. 09	慢下按钮	Y1. 2F	变频器上行信号
X1. 0A	急停接触器接点		
X1. 0B	开门按钮（光幕）		
X1. 0C	关门按钮		

观察基板控制器和变频器综合控制的电气控制柜的配线。

四、实训报告

1. 基于基板控制器的电梯各电路图。

2. 说明 PLC 控制和基板控制器控制电路图的相同点和不同点。

单元 2 电梯控制系统的控制要求

我们在进行软件设计之前，必须要明确电梯的控制要求。

1. 电梯位置的确定

电梯的运行还需要准确的电梯位置信号，实现运行定向，制动停车控制，门厅及轿厢内楼层数字指示。

2. 电梯位置的显示

轿厢中的乘客及门厅中等待乘坐电梯的人都需要知道电梯的位置，因而轿厢及门厅中都设有以楼层标志的电梯位置显示装置。

3. 轿厢内的内选指令及门厅的召唤信号

司机及乘客可按下轿厢内操纵盘上的选层按钮选定电梯运行的目的楼层，此为内选信号。按钮按下后，该信号应被记忆并使相应的指示灯亮。在门厅等候电梯的乘客可以按门厅的上行或下行召唤按钮，此为外呼信号，该信号也需记忆并点亮门厅的上行或下行指示灯。这些保持信号在要求得到满足时应能自动消号。

4. 电梯自动运行时的信号响应

电梯自动运行时应根据内选及外呼信号，决定电梯的运行方向及在哪些楼层停站。一般情况下，电梯按先上后下的原则安排运送乘客的次序，而且规定在运行方向确定后，不响应中途的反向呼唤要求，直到到达本方向的最远站点才开始返程。

5. 电梯的起动与运行

轿厢在运行方向确定后，轿门已关好时起动运行。

6. 轿厢的平层与停车

轿厢运行后需要确定在哪一站停车，平层即是指停车时，轿厢地坎与门厅地坎应相平齐，一般有具体的平层误差规定。平层停车过程需要在轿厢底面与停车楼面相平之前开始，先发出减速信号，再发出停车信号，以满足平层的准确性及乘客的舒适感。

7. 安全保护

曳引电动机在运行过程中，电磁抱闸都是很重要的，它是电梯制动的主要设备，抱闸要求有足够的制动力，抱闸一般在通电时打开，断电时闸死。

电动机在运行过程中，安全回路必须是接通的，如果安全回路断开，电动机则停止运行。

单元 3　电梯控制系统软件设计

一、电梯位置确定的软件设计

电梯位置由电气选层器来提供，选层器由门区开关和微机软件共同组成。门区开关由井道隔磁板或隔光板和轿顶平层感应装置组成，仿真教学电梯的门区开关由井道圆磁铁和轿顶磁开关组成，反映轿厢在井道的位置信息。

微机软件用门区开关作加法器、减法器，门区开关通断串上方向（变频器正转信号）做加法，门区开关通断串下方向（变频器反转信号）做减法。把加法器、减法器的数字转换到数据寄存器内，同时用转换过的数据寄存器做层楼记忆。这种形式的选层器，当轿厢停止时，直接提供当时轿厢位置；在轿厢运行时，提供即将到达的层楼位置。

电梯位置确定的梯形图如图7-19所示。

此梯形图包含4种情况，分别为：

1）电梯开梯后正常运行，当轿厢在门区时，门区开关通断加变频器正转或反转信号，层楼位置数据变化。

2）电梯正常运行，当轿厢不在门区，电梯运行方向改变时，层楼位置数据变化。

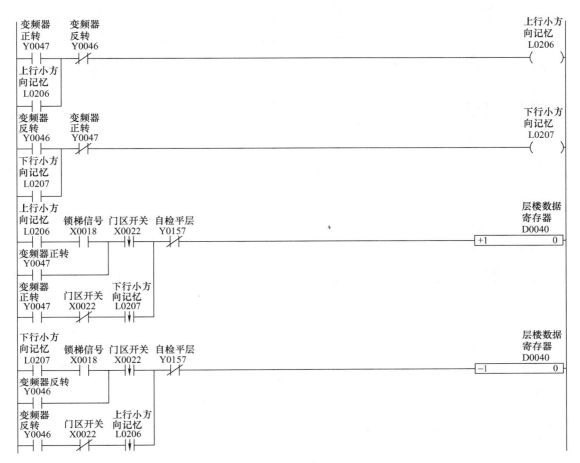

图 7-19　电梯位置确定的梯形图

3）电梯自锁梯后，不再进行层楼位置的确定。

4）电梯自检平层运行时，不进行层楼位置的确定。

说明：锁梯继电器常闭触点（锁梯信号）接入 PLC 的 X18 输入端。开梯后，锁梯继电器常闭触点接通，所以正常运行时，X18 的常开触点闭合，常闭触点断开；锁梯后，锁梯继电器常闭触点断开，所以 X18 常开触点断开，常闭触点闭合。

二、电梯位置显示的软件设计

电梯位置显示的梯形图如图 7-20 所示。

该梯形图包含 3 种情况：将层楼数据寄存器中内容译码给层楼继电器，七段数码管显示电梯位置。

1）电梯正常运行时，显示电梯位置。

2）电梯处于急停状态时，电梯位置显示闪烁。

3）电梯打锁梯后，当轿厢停在一层关好门后，切断电梯位置显示。

三、电梯运行命令回路的软件设计

电梯运行命令回路的软件设计方法：首先做内选指令，内选指令一般用标准的起动停止

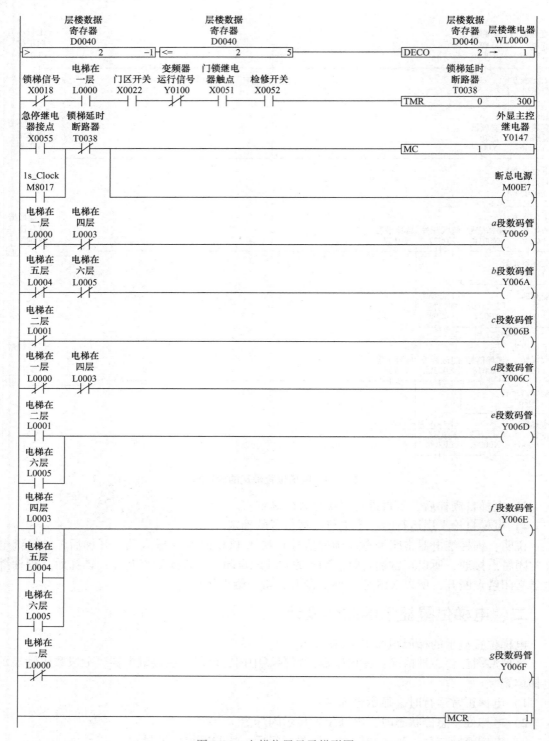

图 7-20　电梯位置显示梯形图

程序编写，其次做外呼信号，做外呼信号时一定要分上呼和下呼，最后把外呼信号和内选指令合并在一起。

1. 内选指令

乘客或司机通过轿厢内操纵盘上一～六层选层按钮的操作，可以选择要去的楼层。选层信号被登记后，选层按钮下的指示灯亮。当电梯到达所选的楼层后，停层信号被消除，指示灯也应熄灭。并且设置司机状态时，外呼信号在内选板上闪烁。

一层、二层内选指令梯形图如图7-21所示。

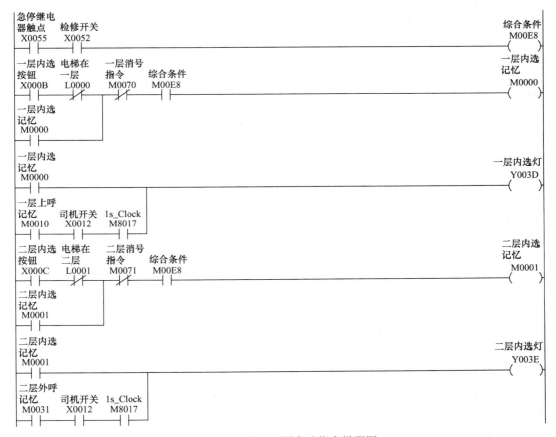

图 7-21　一层、二层内选指令梯形图

三层、四层、五层和六层的内选灯和内选指令梯形图程序略。

图7-21所示梯形图包含3种情况：

1）电梯在急停、检修状态下，内选指令不能被登记。

2）电梯正常运行时，电梯不在一层且没有一层的消号指令，按下一层内选按钮，一层内选记忆，一层内选灯亮。

3）司机运行状态下，电梯不在一层，有一层上呼记忆，一层内选灯闪烁。

说明：检修开关的常闭触点接入PLC的X52输入端，所以正常运行时，X52常开触点闭合，常闭触点断开；检修状态时，X52触点常开触点断开，常闭触点闭合。

2. 外呼信号

乘客或司机在层门外呼时，呼梯信号应被接收和记忆。当电梯到达该楼层，且定向方向与目的地方向一致时，呼梯要求已满足，呼梯信号应被消除；电梯运行方向与呼梯目的地方向相反时，电梯在经过该层时不停梯，呼梯要求没有满足，呼梯信号不能消除。只有当呼梯信号满足后，呼梯信号才能被消除。

1）一层、二层上呼指令梯形图如图 7-22 所示。三层、四层和五层的上呼灯和上呼指令梯形图程序，以及各层的下呼灯和下呼指令梯形图程序略。

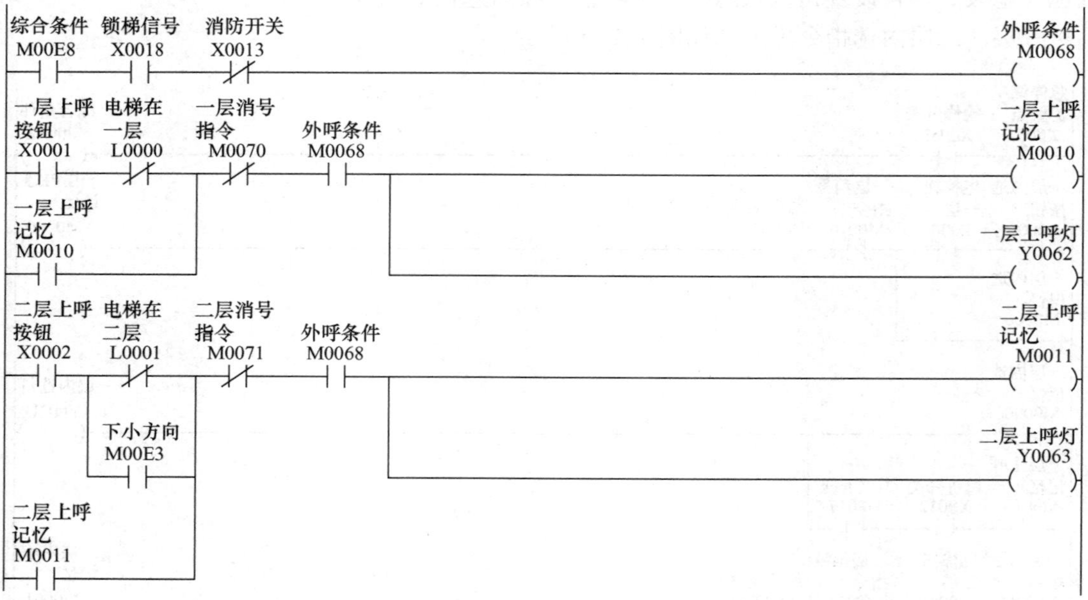

图 7-22 一层、二层上呼指令梯形图

图 7-22 所示梯形图包含 3 种情况：

① 电梯在急停、检修、锁梯、消防状态下，外呼信号不能被登记。

② 正常运行时，电梯不在一层，没有一层的消号指令，按下一层上呼按钮，一层上呼记忆，一层上呼灯亮。

③ 正常运行时，电梯不在二层，没有二层的消号指令，按下二层上呼按钮，二层上呼记忆，同时电梯在下行，二层上呼灯亮。

2）将上呼指令和下呼指令合为外呼指令，二层、三层外呼指令梯形图如图 7-23 所示。四层和五层的外呼指令梯形图程序略。

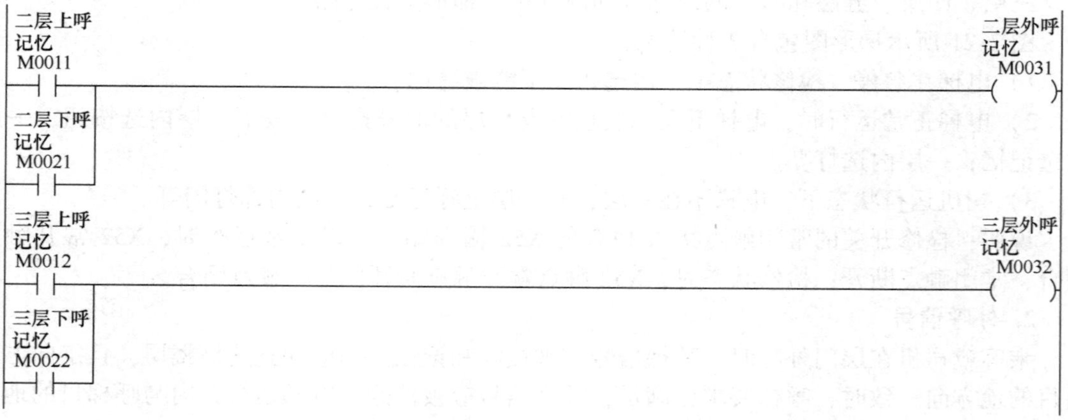

图 7-23 二层、三层外呼指令梯形图

3）将外呼指令和内选指令合为综合指令。一层、二层综合指令梯形图如图 7-24 所示。三～六层的综合指令的梯形图程序略。

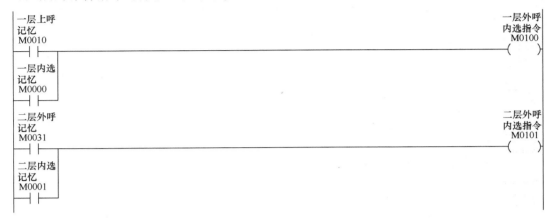

图 7-24　一层、二层综合指令梯形图

四、电梯定向回路的软件设计

电梯运行首先要确定运行方向，即定向。电梯的定向只有两种情况，即上行或下行。不同的运行状态下，电梯定向方法不同。

1. 自动定向

在自动运行状态下，电梯处于待命状态，接收到内选指令和外呼信号时，应将电梯所处的位置与内选指令和外呼信号进行比较，确定是上行还是下行。一旦电梯定向后，内选指令与外呼信号对电梯进行顺向运行的要求没有满足的情况下，定向信号不能消除。

做自动定向的方法是：做层楼链，首先把层楼串在一起使电梯能自动定向，其次把呼梯指令并在一起。同时在编程中需要首先设置小方向，小方向只是从逻辑上判断方向的指令，不代表方向的输出。电梯自动定小方向梯形图如图 7-25 所示。检修状态下运行方向直接由上行和下行起动按钮确定，不需定向。

图 7-25 所示梯形图包含 5 种情况：

1）正常运行时，当二层有外呼内选指令时，电梯不在二～六层；当三层有外呼内选指令时，电梯不在三～六层；当四层有外呼内选指令时，电梯不在四～六层；当五层有外呼内选指令时，电梯不在五、六层；当六层有外呼内选指令时，电梯不在六层。在这些情况下，电梯定上小方向。

2）正常运行时，当五层有外呼内选指令时，电梯不在一～五层；当四层有外呼内选指令时，电梯不在一～四层；当三层有外呼内选指令时，电梯不在一～三层；当二层有外呼内选指令时，电梯不在一、二层；当一层有外呼内选指令或接收到消防锁梯信号时，电梯不在一层。在这些情况下，电梯定下小方向。

3）实现了最远反方向截梯功能，最远反方向信号能定电梯运行小方向。

4）自检平层时，电梯不能自动定向。

5）司机运行时，司机换向可切断电梯自动定向。

2. 司机定向

当司机配合维修人员进行操作时，采用司机定向方法，将电梯转入司机状态，按下慢上或慢下按钮，电梯定向运行。司机定向梯形图如图 7-26 所示。

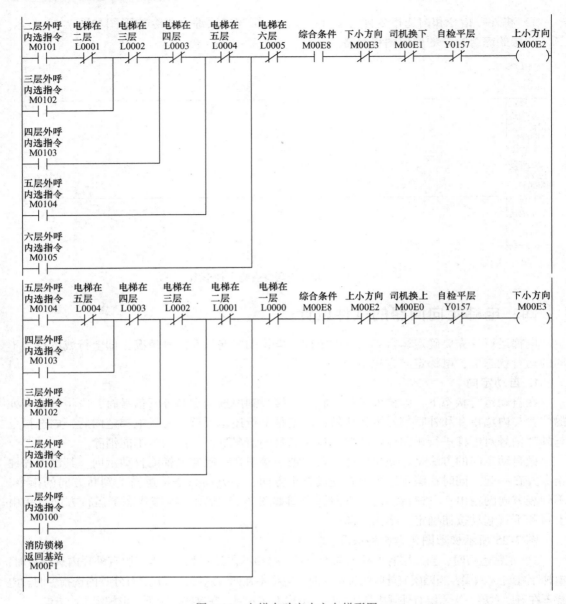

图 7-25　电梯自动定小方向梯形图

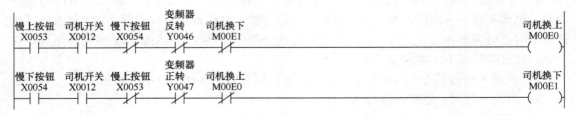

图 7-26　司机定向梯形图

3. 运行方向显示

电梯在运行时，乘客应能从电梯运行方向显示上判断电梯的运行状态。当电梯定好方向后，方向灯亮；电梯运行过程中，方向灯一直亮；当有换速指令时，相应方向的指示灯闪烁；当门锁不通或防粘连功能启动时，方向灯双闪。电梯运行方向显示梯形图如图7-27所示。

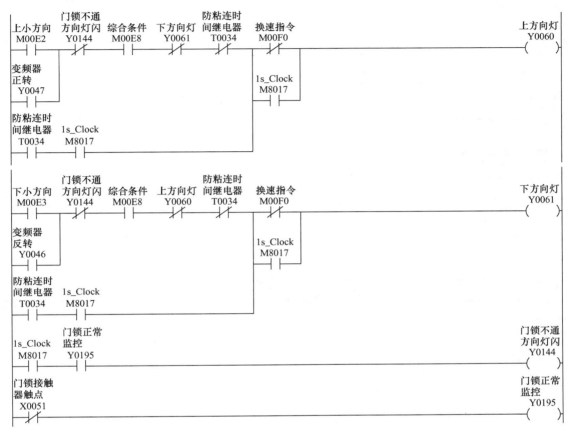

图7-27 电梯运行方向显示梯形图

五、电梯运行回路的软件设计

电梯的运行回路软件编写方法与条件：电梯运行必须要满足安全条件。只有条件都满足了，电梯才能运行。电梯在运行时，要先获得方向信号，然后获得速度信号。

1. 电梯运行条件和方向控制

电梯安全可靠运行必须要满足的条件：安全回路（仿真梯为急停回路）和门锁回路接通、正反向互锁等。当运行条件都满足时，变频器发出方向信号。电梯运行方向控制梯形图如图7-28所示。

图7-28所示梯形图包含6种情况：

1）电梯正常运行时，定小方向，门锁回路接通，变频器输出正转或反转信号，电梯向上或向下运行。当接收到停车指令时，变频器停止方向信号输出，电梯停止运行。

2）电梯在急停、门锁回路不通的状态下，不能运行。

3）电梯在碰压井道上限位开关时，不能向上运行；电梯在碰压井道下限位开关时，不能向下运行。

4）电梯启动自检平层功能时，向上运行找平层。

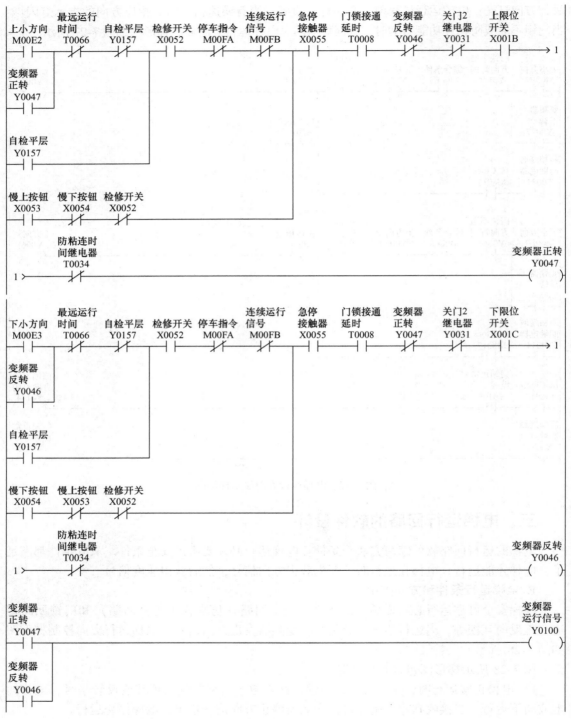

图 7-28　电梯运行方向控制梯形图

5）检修运行时，按下慢上或慢下按钮，决定电梯的运行方向。检修运行时，打急停或门锁回路不通，电梯不能运行。

6）当防粘连功能启动或超过最远运行时间，电梯不能继续运行。

2. 电梯运行速度控制

变频器发出方向信号后,再发出速度信号。当没有检修信号、自检平层信号,没有接收到换速指令时,变频器一速和变频器二速回路都接通时,输出正常速度;当接收到自检平层信号,或接收到换速指令时,变频器一速回路接通时,输出爬行速度;当接收到检修信号时,变频器二速回路接通时,输出检修速度。电梯运行速度控制梯形图如图7-29所示。

图 7-29 电梯运行速度控制梯形图

六、电梯控制回路的软件设计

国际上有关电梯制造和安装安全规程中有明确的规定:凡是安全回路,安全保护环节中必须应用可以直接可见的有触点元件。因此,任何国家的微机控制电梯均应用了很少量的继电器,有触点开关元件等。

对电梯运行主回路输入接触器、输出接触器和抱闸接触器的控制梯形图如图7-30所示。

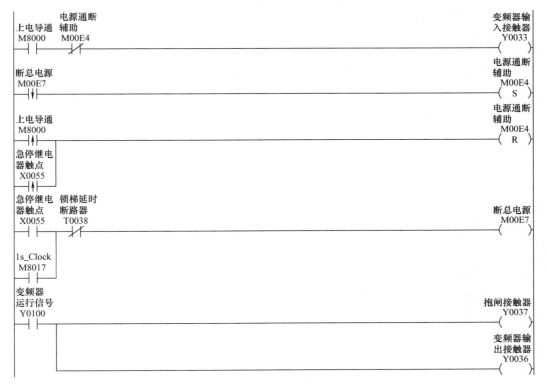

图 7-30 电梯运行主回路输入接触器、输出接触器、抱闸接触器的控制梯形图

图 7-30 所示梯形图包含两种情况：

1）当 PLC 上电运行或电梯由急停恢复正常状态时，变频器输入接触器接通。当电梯处在急停或锁梯状态时，变频器输入接触器断开。

2）当变频器输出运行信号时，输出接触器和抱闸接触器同时得电；当变频器断开运行信号时，输出接触器和抱闸接触器同时断电。

七、电梯停车消号回路的软件设计

1. 停车指令的发出条件和方法

本仿真教学电梯在运行过程中，设定每层楼间的运行时间，由此发出预换速指令；如果前方层站为停靠站，则发出换速指令，换速指令在门区保持一段时间后，发出停车指令。

1）发出预换速指令，梯形图如图 7-31 所示。

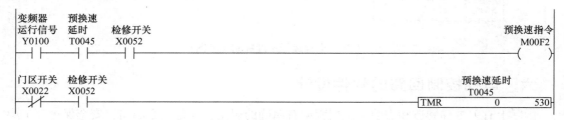

图 7-31　电梯运行发出预换速指令梯形图

图 7-31 所示梯形图说明：当电梯正常运行（不在检修状态），轿厢不在门区时，进行延时，延时 5.3s（可设置）后发出预换速指令。（T0045 是 10ms 时基定时器）

2）判断前方站是否为停靠站，梯形图如图 7-32 所示。

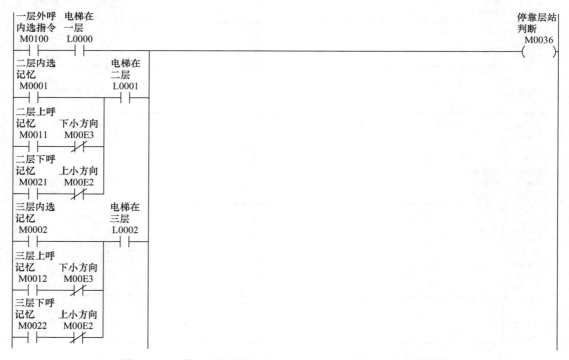

图 7-32　电梯运行判断前方站一层、二层是否为停靠站梯形图

电梯在停车制动之前，首先确定其停层信号，即确定要停靠的楼层，应根据电梯的运行方向与外呼信号的位置和轿内选层信号比较后得出。各层的停车触发信号在顺向召唤（下行下呼、上行上呼）及内选信号存在时产生。

电梯在四～六层发出前方是否为停靠站的梯形图程序略。

3）发出换速指令，梯形图如图7-33所示。

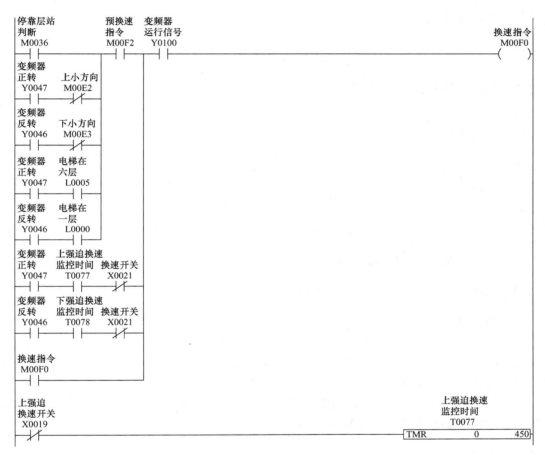

图7-33　电梯运行发出换速指令梯形图

图7-33所示梯形图包含3种情况：

① 电梯正常运行，收到预换速指令，判定前方站为停靠站，发出换速指令。

② 变频器正转运行时，没有了上小方向信号或电梯已经在六层，发出换速指令。变频器反转运行时，没有了下小方向信号或电梯已经在一层，发出换速指令。

③ 变频器运行过程中，运行时间超过了换速监控时间，且换速开关接通，发出换速指令。

4）发出停车指令，梯形图如图7-34所示。当存在触发信号、电梯又运行到该层时，产生停车信号。

图7-34所示梯形图说明：电梯收到换速指令且到了门区，收到门区开关信号并保持1s（可设置），发出停车指令；自检平层中，收到门区开关信号即刻发出停车指令。

2. 消号回路的编写条件

电梯在该层有换速指令且在门区，将该层的内选和外呼信号消号。电梯运行发出一层、

图 7-34 电梯运行发出停车指令梯形图

二层消号指令梯形图如图 7-35 所示。

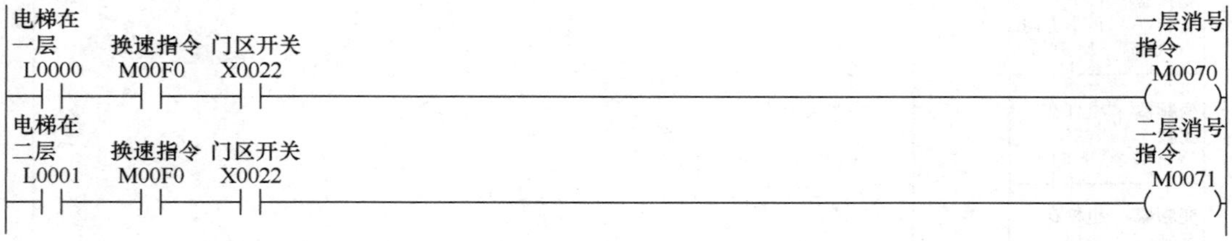

图 7-35 电梯运行发出一层、二层消号指令梯形图

三~六层的内选外呼指令消号的梯形图程序略。

八、电梯其他回路的软件设计

1. 电梯层楼校正

电梯在运行中若发生曳引绳打滑或其他原因，会出现乱层的现象。所以，通常在井道中需要设置层楼校正装置。例如：设计顶层和基站校正，即利用感应器或其他形式的开关元件，在电梯到达基站或顶层校正点时，将计数脉冲清零，或是置一个固定数值。

本模型电梯用上下强换开关作层楼校正，同时接通上下换速开关，给变频器送一个换速信号。电梯层楼校正梯形图如图 7-36 所示。

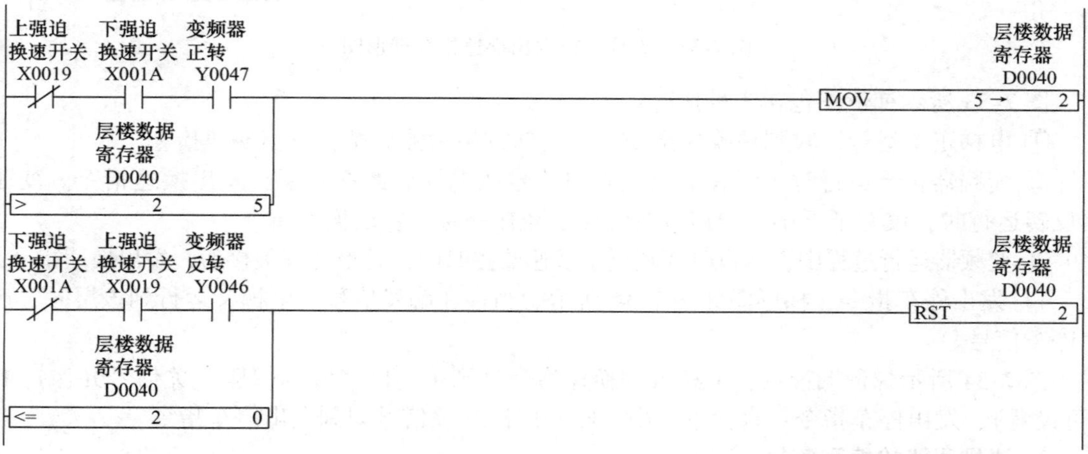

图 7-36 电梯层楼校正梯形图

说明：上强迫换速开关、下强迫换速开关的常闭触点接入 PLC 的 X19、X1A 输入端，所以电梯轿厢打板没有按压时，X19、X1A 常开触点闭合，常闭触点断开；当按压某一个开关时，相应触点常开触点断开，常闭触点闭合。

2. 电梯最远运行时间监控

为了防止电梯越位，设置了电梯最远运行时间监控，梯形图如图 7-37 所示。

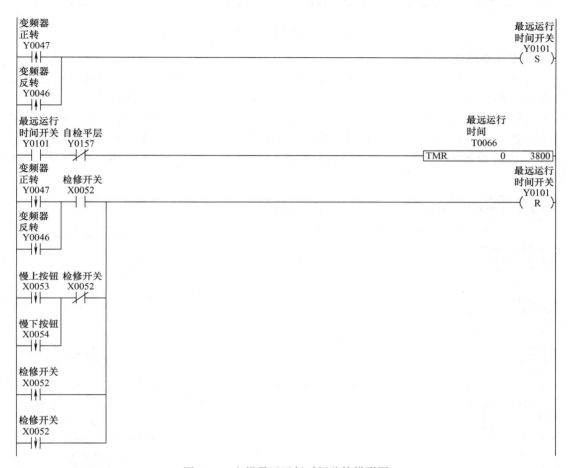

图 7-37　电梯最远运行时间监控梯形图

图 7-37 所示梯形图说明：电梯正常运行且非自检平层状态时，变频器一有运行信号，最远运行时间监控功能启动，最远运行时间为 38s（可设置）。正常运行时，当变频器一停止运行，最远运行时间监控功能复位；检修运行时，按下慢上或慢下按钮，最远运行时间监控功能复位；正常转检修或检修转正常，最远运行时间监控功能复位。

3. 电梯自检平层功能

电梯在运行中，遇到突然停电或因故停梯时，当电梯停在平层区外，再来电后或撤销停梯时，电梯启动自检平层功能，即电梯能自动找门区，找到门区后，变频器停止运行时，自检平层功能复位。电梯自检平层梯形图如图 7-38 所示。

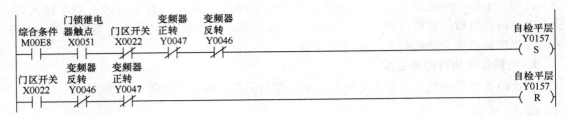

图7-38 电梯自检平层梯形图

4. 电梯防粘连功能

电梯正常运行中，如果输出继电器和抱闸接触器触点粘连，或者门锁触点粘连，电路无法切断，电梯可能会出现冲顶、蹲底、溜车或开门运行等情况，从而发出事故。电梯防粘连功能要求确保电梯每运行一次，其输出接触器、抱闸接触器和门锁接触器复位一次，一旦接收不到接触器动作信号，电梯将无法进入下一次运行。电梯在急停、检修、消防或锁梯状态时，都可以消除防粘连功能。电梯防粘连梯形图如图7-39所示。

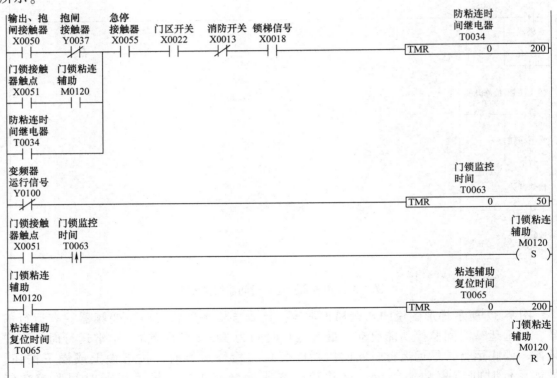

图7-39 电梯防粘连梯形图

5. 电梯消防功能

电梯消防返回基站梯形图如图7-40所示。

图7-40所示梯形图说明：电梯由正常运行转入消防状态，消防返基站功能启动；当电梯停靠在一层时，消防返基站功能复位。发生火灾时，电梯直接锁梯，也具有返基站功能。

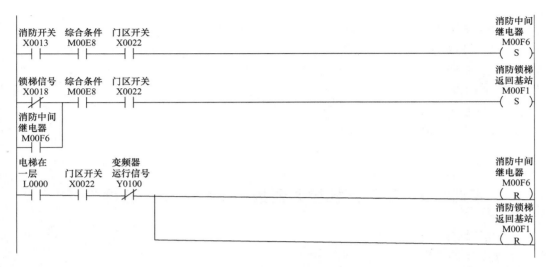

图 7-40　电梯消防返回基站梯形图

实训 7.3　基于 PLC 的电梯控制系统软件设计

一、实训目的
1. 熟悉乘客电梯的控制原理。
2. 掌握基于 PLC 的电梯控制系统软件设计方法。
3. 进一步熟悉 PLC 与外围电路的实际接线。
4. 熟悉基于 PLC 的电梯控制系统的调试方法。

二、实训器材
仿真教学电梯。

三、实训内容
1. 根据电梯控制要求编制具有以下功能的程序
1）电梯位置确定。
2）电梯位置显示。
3）电梯运行命令。
4）电梯定向回路。
5）电梯运行回路。
6）电梯控制回路。
7）电梯停车消号回路。
8）电梯其他回路。

在程序编制中，可以先从电梯基本功能开始，然后再添加其他辅助功能，逐步完善梯形图。

2. 系统调试
1）将编制的程序在计算机软件中运行，检查程序逻辑是否正确，尤其是检查程序互锁逻辑是否已经设置。

2）将编制的梯形图程序正确输入到 PLC 中。

3）通过 PLC 梯形图程序判断各电气设备的状态，并实际查看各电气设备的运行状态，如不符合逻辑，修改程序，直至符合。

四、实训报告

1. 根据电梯控制要求编制的程序。

2. 调试过程及结果。

实训 7.4　基于基板控制器的电梯控制系统软件设计

一、实训目的

1. 进一步熟悉乘客电梯的控制原理。

2. 进一步熟悉基板控制器与外围电路的实际接线。

3. 掌握基于基板控制器的电梯控制系统软件设计方法。

4. 熟悉基于基板控制器的电梯控制系统的调试方法。

二、实训器材

基板控制器控制的仿真教学电梯。

三、实训内容

1. 根据电梯控制要求编制具有以下功能的程序

1）电梯位置确定。

2）电梯位置显示。

3）电梯运行命令。

4）电梯定向回路。

5）电梯运行回路。

6）电梯控制回路。

7）电梯停车消号回路。

8）电梯其他回路。

在程序编制中，可以先从电梯基本功能开始，然后再添加其他辅助功能，逐步完善梯形图。

2. 系统调试

1）将编制的程序在计算机软件中运行，检查程序逻辑是否正确，尤其是检查程序互锁逻辑是否已经设置。

2）将编制的梯形图程序正确输入到基板控制器中。

3）通过梯形图程序判断各电气设备的状态，并实际查看各电气设备的运行状态，如不符合逻辑，修改程序，直至符合。

四、实训报告

1. 根据电梯控制要求编制的程序。

2. 调试过程及结果。

单元 4　电梯门机电气控制原理

电梯门分为轿门和层门。它们由自动门机直接驱动，这样的门称为自动门。层门封住每个层站的井道出入口，它必须由轿门带动，称为被动门。电梯层门设有机械电气联锁装置，轿门除电气联锁外，通常装有安全触板、光幕保护装置等。由于轿门是由自动门机驱动的，是主动门，故只要控制自动门机便可对电梯门的开启、关闭、加减速等进行控制。

一、开关门过程

为了提高电梯工作效率，使门具有开、关迅速的特点，但要避免在起端和终端发生冲击，要求自动门机应具有自动调速的功能，实现开关门"慢—快—慢"或按照速度曲线运行。

二、门拖动系统

传统门机的转向由微机控制器输出开门或关门的信号，接通开门接触器或关门接触器的线圈，门电动机得电正转或反转，实现开门或关门动作；当开门或关门到位后，停止开门或关门动作。变频门机是由微机控制器向变频器输出正转或反转的信号，变频器接收到信号后，驱动门电动机正转或反转，实现开门或关门动作；当开门或关门到位后，停止开门或关门动作。为了避免开门回路和关门回路同时闭合造成短路事故，硬件和软件都必须设计互锁环节。

三、开关门的逻辑控制

1. 电气联锁

电气上设置了层门、轿门门锁开关，保证所有层门、轿门都关闭好，门锁开关全部接通时门锁接触器才能吸合，它是电梯具备起动运行的条件之一。

2. 电梯投入运行前的开门

电梯投入运行前，电梯位于基站，将钥匙插入锁梯开关，旋转至"运行"位置，则电梯应自动开门。乘客或司机进入轿厢，选层后电梯自动运行。

3. 自动开关门

对于客梯，通常要求电梯平层后能自动开门。无司机的客梯还备有自动关门功能，即在开门延时一定时间后自动关门。

4. 手动指令开关门

电梯控制电路中还设有开门按钮和关门按钮。在有司机操纵情况下，关门由司机按关门按钮操纵；在无司机情况下，如乘客不想等待延时关门，可以按手动关门按钮，使电梯尽快关门。

5. 呼梯开门

电梯到达某层站后，如果没有人继续使用电梯，电梯将停靠在该层站待命，若有人在该层站呼梯，电梯将首先开门，以满足用梯要求。若其他层站有人呼梯，电梯将首先定向，并起动运行，到达呼梯楼层时再开门，此时的开门按停层开门处理。

6. 电梯关门过程中的重新开门

在电梯关门的过程中，若有人或物夹在两门中间，需要重新开门。目前大多数电梯采用光幕或机械安全触板进行检测，自动发送重新开门信号，以达到重新开门的目的。

7. 电梯超载时开门

电梯超载时，电梯将一直处于开门状态。

8. 电梯检修时的开关门

检修状态下，开关门均为手动状态，由开关门按钮实施开门或关门。检修后恢复正常运行时，电梯实施开门动作。

9. 电梯停用后的关门

此时电梯到达基站，司机或乘客离开轿厢，电梯自动关门，司机将锁梯钥匙插入，旋转至"停止"位置，电梯的电源回路被切断，电梯被关闭。

四、PLC 控制软件设计

1. 开门条件和自动关门条件

电梯开门条件和自动关门条件设置梯形图如图 7-41 所示。

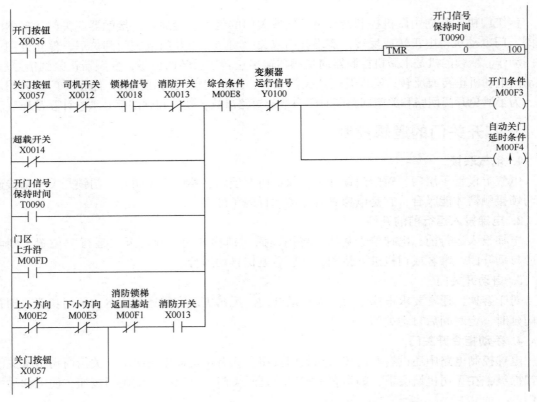

图 7-41　电梯开门条件和自动关门条件设置梯形图

图 7-41 所示梯形图包含两种情况：

1）电梯正常运行，变频器没有运行信号时，下列动作符合开门条件，且启动自动关门延时功能：按开门按钮（延时 9s，可设置）；超载开关接通；转入消防运行状态后，电梯返回基站后。

2）电梯在司机状态、消防状态、锁梯状态，以及按下关门按钮时，都不符合开门条件。

2. 开门运行

开门运行梯形图如图 7-42 所示。

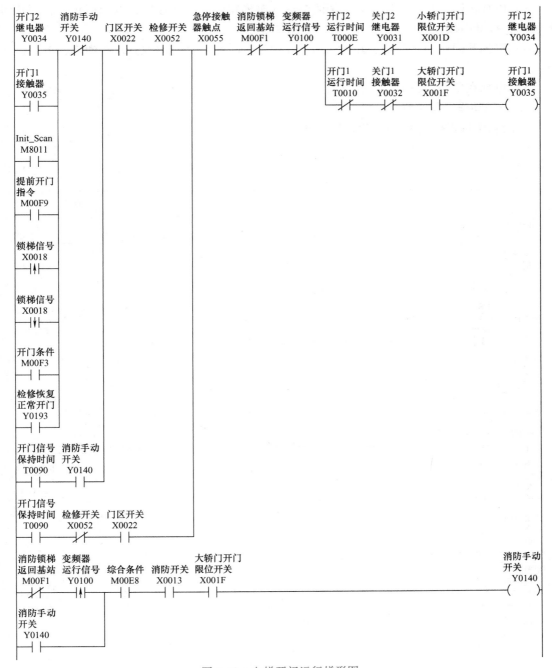

图7-42 电梯开门运行梯形图

图7-42所示梯形图包含5种情况：

1）电梯在门区，收到下列信号时开门接触器线圈得电，电梯开门：电梯正常运行时，收到符合开门条件的信号；收到开梯或锁梯信号后；由检修恢复正常后；一上电运行时；收到提前开门指令。

2）电梯检修运行到门区时，按开门按钮开门。

3）电梯消防运行返回基站后，消防员进入电梯轿厢后内选楼层，电梯运行后，到达目的层门，按开门按钮开门。

4）电梯开门碰到开门限位开关或到了开门运行时间，开门接触器线圈断电，电梯停止开门。

5）电梯在急停状态下，不能开门。

3. 开门动作过程控制

开门动作过程控制梯形图如图7-43所示。

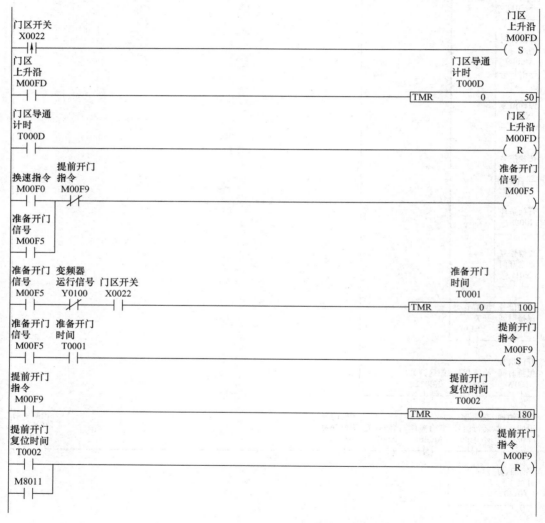

图7-43　电梯开门动作过程控制梯形图

图7-43所示梯形图包含两种情况：

1）电梯运行中，门区开关一接通，立即发出符合开门条件信号，延时0.5s后符合开门条件信号复位。

2）当有换速指令时，发出准备开门信号；当电梯停止运行且在门区，准备开门信号延时1s后，发出提前开门指令，电梯开门；延时1.8s，提前开门指令复位。时间参数均可设置。

4. 关门运行

关门运行梯形图如图 7-44 所示。

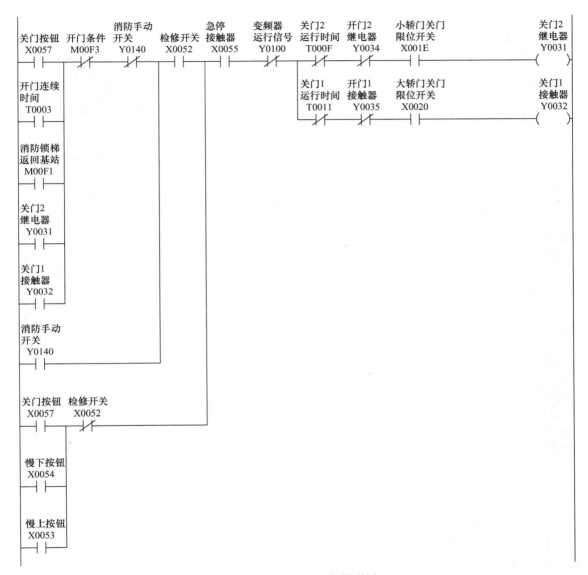

图 7-44　电梯关门运行梯形图

图 7-44 所示梯形图包含 4 种情况:

1) 电梯正常运行时,变频器没有运行信号,收到下列信号时关门接触器线圈得电,电梯关门:按下关门按钮;开门延时后自动关门;消防运行返回基站功能复位前。

2) 电梯消防运行返回基站后,消防员进入电梯轿厢后内选楼层,电梯运行后,到达目的层门,按关门按钮关门。

3) 电梯检修运行时,按关门按钮关门。

4) 电梯关门碰到关门限位开关或到了关门运行时间,关门接触器线圈断电,电梯停止关门。

5) 电梯在急停状态下,不能关门。

5. 关门动作过程控制

关门动作过程控制梯形图如图 7-45 所示。

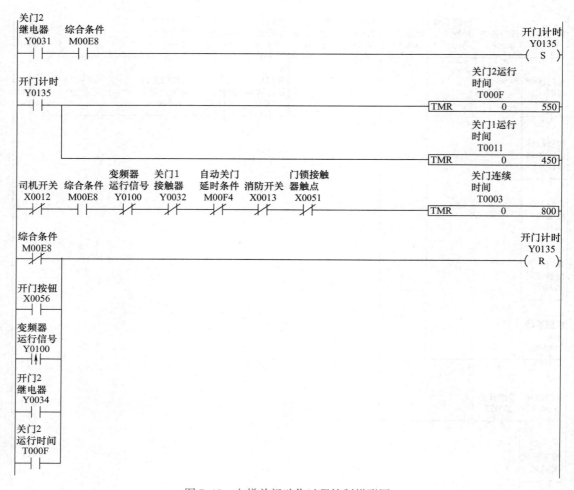

图 7-45　电梯关门动作过程控制梯形图

图 7-45 所示梯形图包含 4 种情况：

1）关门接触器线圈一得电，就进入关门运行时间计时，大轿厢 4.5s，小轿厢 5.5s，到时间后，停止关门。

2）电梯正常运行，变频器无运行信号，电梯门打开 8s 后，自动关门。

3）电梯在消防、司机、检修状态下，均不能自动关门。

4）按下开门按钮、变频器有运行信号，关门运行时间到，都停止关门计时。

实训 7.5　PLC 控制电梯开关门

一、实训目的

1. 掌握电梯门系统的工作原理，设计门系统的控制程序并运行。

2. 读懂仿真教学电梯 PLC 控制的开关门程序。

3. 能正确调试开关门运行程序，调整开关门速度。

二、实训器材

仿真教学电梯。

三、实训内容

1. 操作电梯，观察开关门电动机转动轿门、层门开启的运动传递过程。

2. 编制电梯开关门运行的梯形图，并在软件中模拟运行软件，检查程序逻辑是否正确，尤其是检查程序互锁逻辑是否已经设置。

3. 将编制的程序输入 PLC，通过梯形图程序判断各电气设备的状态，并实际查看各电气设备的运行状态。如不符合逻辑，修改程序，直至符合。

4. 修改开关门程序，改变开关门的时间，观察轿门、层门的运动过程。

四、实训报告

1. 电梯开关门运行的梯形图。

2. 开关门运行时间调整参数。

实训 7.6 基板控制电梯开关门软件设计

一、实训目的

1. 掌握电梯门系统的工作原理，设计门系统的控制程序并运行。

2. 读懂仿真教学基板控制电梯的开关门运行程序。

3. 能正确调试开关门运行程序，调整开关门速度。

二、实训器材

基板控制器控制的仿真教学电梯。

三、实训内容

1. 编制基板控制电梯开关门的运行程序。

2. 在线连接调试。

四、实训报告

单元 5 电梯的精密控制运行

电梯的运行模式可分为正常运行和特殊运行两大类。正常运行包括多段速运行、距离控制运行，特殊运行包括自学习运行、检修运行和应急运行。

在实际电梯应用中，可能同时有几种运行模式输入，此时变频器会自动选择优先级高的模式运行，各种运行模式的优先级顺序由高到低为：自学习运行/检修运行/应急运行，多段速运行，距离控制运行。

PLC 和变频器综合运用后，中小型电梯大多采用速度端子组合的多段速控制方式输出固定的电梯运行曲线，电梯平层之前均有慢速爬行的过程。

　　而现代生活、生产和建筑的蓬勃发展，大大推进了电梯技术的发展，从而对电梯控制系统提出了越来越高的要求。以下选用艾默生 EV3100 电梯专用变频器进行讲解。此类电梯采用自行研发的电梯专用变频器和控制器，采用距离控制的直接停靠方式。图 7-46 为 EV3100变频器基本配线图。

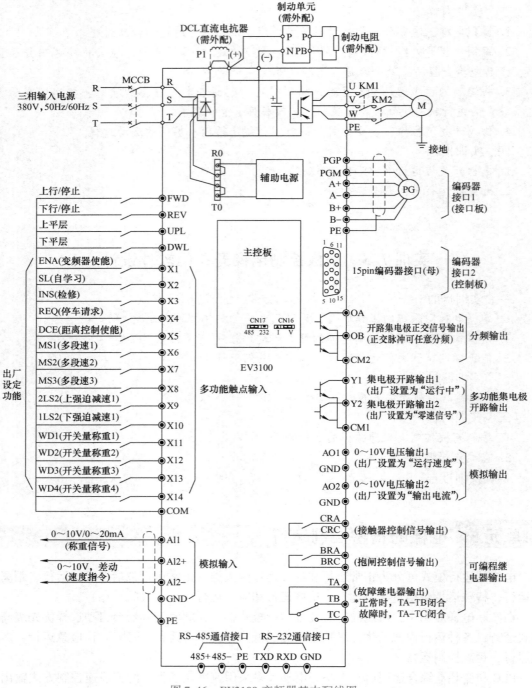

图 7-46　EV3100 变频器基本配线图

一、电梯多段速度运行

1. 接线图

电梯多段速度运行基本接线图如图 7-47 所示。

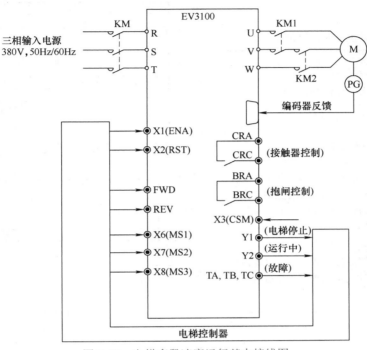

图 7-47　电梯多段速度运行基本接线图

各端子含义见表 7-5。

表 7-5　多段速度运行端子含义

端子符号	含　义	说明
ENA	输入端子 X1 信号：使能，可接安全回路	通用端子功能（以下不再说明）
RST	输入端子 X2 信号：故障复位命令	
FWD	输入端子信号：上行命令	
REV	输入端子信号：下行命令	
CRA－CRC	继电器输出信号：可与安全回路等串联控制接触器	
BRA－BRC	继电器输出信号：可与安全回路等串联控制抱闸	
CSM	输入端子 X3 信号：可从接触器常开/常闭触点引入	
Y1	集电极开路输出信号 1：电梯停止（2s 的脉冲信号）	
Y2	集电极开路输出信号 2：运行中	
TA－TC；TA－TB	继电器输出信号：报警输出 TA－TC 为常开输出；TA－TB 为常闭输出	
MS1	输入端子 X6 信号：多段速度指令 1	具体端子功能
MS2	输入端子 X7 信号：多段速度指令 2	
MS3	输入端子 X8 信号：多段速度指令 3	

2. 时序图

电梯多段速度运行时序图如图 7-48 所示。

图 7-48 中各段延时时间的含义见表 7-6。

表 7-6　各段延时时间含义

符号	意义
T1	接触器闭合至变频器开机延时
T2	抱闸打开延时时间
T3	抱闸关闭延时时间
T4	变频器关机延时时间（由外部运行命令控制，控制器应确保抱闸完全关闭后再撤运行命令 FWD，以保证停车的舒适感）
T5	接触器释放延时时间（变频器内部控制，保证输出接触器在电流为零时才断开）

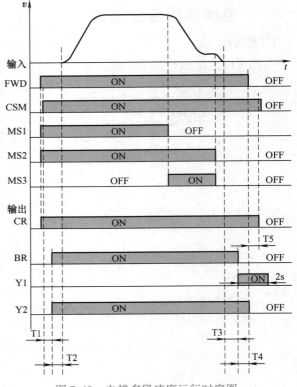

图 7-48　电梯多段速度运行时序图

运行时序说明：

1）变频器接收到从控制器发来的运行命令 FWD 和运行速度指令 MS1～MS3 时，输出接触器吸合指令 CR。

2）变频器检测到接触器吸合 CSM 后，再经过 T1 时间，打开变频器，输出释放抱闸的命令 BR 和变频器运行中信号 Y2。

3）经过抱闸打开延时时间 T2 后，抱闸完全打开，变频器开始按 S 曲线加速运行。

4）控制器切除速度指令 MS1～MS3 后，变频器开始停车，当速度为 0 时，经 T3 时间，变频器输出抱闸关闭命令 BR；同时输出电梯停车信号 Y1，要求控制器切除运行命令 FWD。

5）控制器在接收到电梯停止信号后，经 T4 时间切除运行命令 FWD，变频器封锁 PWM 后输出停机状态 Y2。

6）停机状态 Y2 有效后，经 T5 时间，输出电流为 0，变频器输出释放接触器命令 CR，至此一次运行过程结束。

3. 速度曲线设置

通过 MS1、MS2、MS3 的不同逻辑组合，可实现 0～7 段多段速度运行。运行示意图如图 7-49 所示。

速度曲线 S 字的设定可以防止电梯起动、停止时的冲击，增加舒适感。S 字的设定分为加速度、开始段急加速、结束段急加速、减速度、开始段急减速、结束段急减速。S 曲线参数示意图如图 7-50 所示。

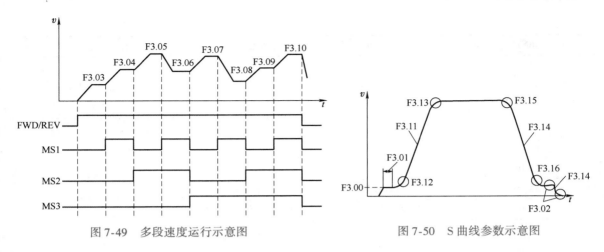

图7-49　多段速度运行示意图　　　　　　　图7-50　S曲线参数示意图

4. 功能码设定

通用功能码设定见表7-7，后续不再赘述。多段速度运行功能码设定见表7-8。

表7-7　通用功能码设定

功能码	名　称	推荐设定值	备　注
F0.05	电梯额定速度		根据实际设定
F0.06	最大输出频率	60Hz	
F1.00	PG脉冲数选择	1024（出厂设定）	根据实际调整
F1.01	控制方式	根据实际设定	根据控制电动机选择
F1.02	电动机功率	曳引电动机功率	曳引电动机铭牌参数
F1.03	电动机额定电压	380V	曳引电动机铭牌参数
F1.04	电动机额定电流	曳引电动机额定电流	曳引电动机铭牌参数
F1.05	电动机额定频率	50Hz	曳引电动机铭牌参数
F1.06	电动机额定转速	曳引电动机额定转速	曳引电动机铭牌参数
F1.07	曳引机机械参数	60（出厂设定）	根据实际计算设定
F2.00	ASR比例增益1	2	矢量控制功能（对于转速调节和转矩限定） 根据运行效果调整
F2.01	ASR积分时间1	1s	
F2.02	ASR比例增益2	3	
F2.03	ASR积分时间2	0.5s	
F2.04	ASR切换频率	5Hz	
F2.06	电动机转矩限定	180%	
F2.07	制动转矩限定	180%	

表7-8　多段速度运行功能码设定

功能码	名　称	推荐设定值	备　注
F0.02	操作方式选择	2	选择端子速度控制
F0.05	电梯额定速度		额定梯速

（续）

功能码	名　称	推荐设定值	备　注
F3.00	起动速度	0	根据实际调整
F3.01	起动速度保持时间	0	
F3.02	停车急减速	0.35m/s^3	
F3.03	多段速度0	0	根据设计确定
F3.04	多段速度1	再平层速度	
F3.05	多段速度2	爬行速度	
F3.06	多段速度3	紧急速度	
F3.07	多段速度4	保留	
F3.08	多段速度5	正常低速	
F3.09	多段速度6	正常中速	
F3.10	多段速度7	正常高速	
F3.11	加速度	0.7m/s^2	根据运行效果调整
F3.12	开始段急加速	0.35m/s^3	
F3.13	结束段加速	0.6m/s^3	
F3.14	减速度	0.7m/s^2	
F3.15	开始段急减速	0.6m/s^3	
F3.16	结束段急减速	0.35m/s^3	
F3.20	检修运行速度	0.4m/s	
F3.21	检修运行减速度	1m/s^2	
F5.00	X1端子功能选择	34	ENA（变频器使能）
F5.01	X1端子功能选择	18	RST（外部复位输入）
F5.05	X6端子功能选择	8	MS1（多段速度端子1）
F5.06	X7端子功能选择	9	MS2（多段速度端子2）
F5.07	X8端子功能选择	10	MS3（多段速度端子3）
F5.30	Y1端子功能选择	7	电梯停止
F5.31	Y2端子功能选择	1	电梯运行中
F5.35	Y1/Y2/CR/BR动作模式选择	0	选择在输出信号有效时动作
F7.00	抱闸打开时间		根据实际调整
F7.01	抱闸延迟关闭时间		
F7.02	反馈量输入选择	1	选择接触器反馈

二、电梯自学习运行

电梯选择距离控制时，一定要先进行自学习运行。首先应进行自学习参数设置：设置自学习速度→设置楼层总数→设置最大层高→自学习完成后自动存储。

电梯自学习运行时，电梯从底层运行到顶层，变频器根据曳引机参数、编码器脉冲反馈和平层信号自动记录每层层高。自学习完成后，变频器记录各楼层高度脉冲数经分频后的数值,总楼层数内的层高被记录,总楼层数外的楼层被清零。

曳引机机械参数根据曳引机的参数计算得到,它反映了电梯速度与电动机转速的对应关系,该参数决定了电梯控制的精确性。电梯速度与电动机转速的对应关系如式(7-1) 所示,曳引机机械参数的计算公式如式(7-2) 所示。

$$\text{电梯速度}(\text{m/s}) = \frac{\text{电动机转速}(\text{r/min})}{60} \times \frac{\text{曳引机机械参数}}{1000} \qquad (7\text{-}1)$$

$$\text{曳引机机械参数} = \frac{\pi \times \text{曳引机直径}\ D(\text{mm})}{\text{减速比}\ i \times \text{绕绳方式}} \qquad (7\text{-}2)$$

编码器四分频输出波形示意图如图 7-51 所示。

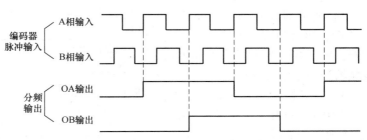

图 7-51 四分频输出波形示意图

同时还可以利用变频器 PG 卡输出与电梯位移成比例的脉冲数,将其引入电梯控制器,构成位置反馈。通过累计脉冲数反映电梯的位置。轿厢的运行距离与脉冲数之间关系为

$$s = \frac{\pi D i N}{P \rho}$$

式中,s 为轿厢运行距离;D 为曳引机直径 (mm);i 为减速比;N 为接收到的编码器脉冲数;P 为编码器每转发出的脉冲数;ρ 为 PG 卡的分频比。

1. 接线图

电梯自学习运行基本接线图如图 7-52 所示。

通用端子含义见表 7-5。自学习运行时的端子含义见表 7-9。

自学习运行前的准备:开检修运行,使电梯运行至底层平层偏下的位置;设定功能码 F9.03(当前楼层)=1;确认自学习运行方向为上行 FWD。

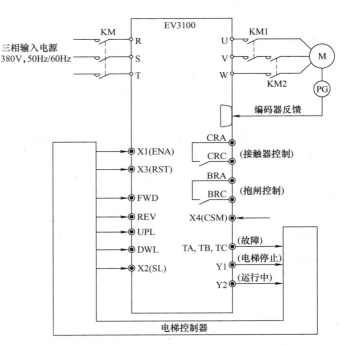

图 7-52 电梯自学习运行基本接线图

表 7-9 自学习运行端子含义

端子符号	含 义	说 明
UPL	上平层信号	具体端子功能
DWL	下平层信号	
SL	自学习指令	

2. 运行时序图

电梯自学习运行时序图如图 7-53 所示。

运行时序说明：

1）变频器在接收到控制器发来的运行命令 FWD 和自学习指令 SL 时，就进入自学习运行状态，输出接触器吸合指令 CR。

2）变频器检测到接触器吸合 CSM 后，再经过 T1 延时，打开变频器，输出释放抱闸的命令 BR 和变频器运行中信号 Y2。

3）经过抱闸打开延时时间 T2 后，抱闸完全打开，变频器开始按 S 曲线加速运行到设定的自学习速度。

4）运行过程中，每经过一层，变频器会自动记录这层的层高。当距离的层高大于最大设定层高时，如果还没有收到平层信号，变频器会报自学习故障。

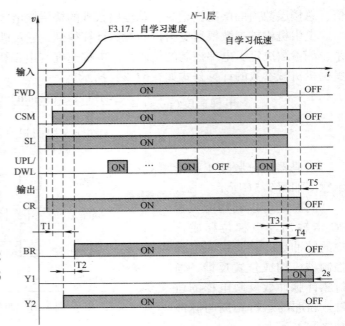

图 7-53 电梯自学习运行时序图

5）电梯运行到倒数第二层后，变频器自动切换到低速运行（自学习低速由变频器内部控制），如果选择了强迫减速开关信号输入，当上强迫减速开关动作时，变频器也会自动切换到低速运行。

6）电梯到达最高层平层后，变频器开始减速停车。当速度为 0 时，经 T3 延时，变频器输出抱闸关闭命令 BR；同时输出电梯停止信号 Y1，要求控制器切除运行命令。

7）控制器接收到电梯停止信号后，经 T4 时间切除运行命令 FWD，自学习指令 SL，变频器封锁 PWM 后输出停机状态信号 Y2。

8）停机状态 Y2 有效后，经 T5 时间，输出电流为 0，变频器输出释放接触器命令 CR，至此自学习运行过程结束，自学习得到的层高信息记录在 F4.09 ~ F4.57 功能码中。

3. 功能码设定

功能码设定见表 7-10。

表 7-10 自学习运行功能码设定

功能码	名 称	推荐设定值	备 注
F0.02	操作方式选择	$\neq 0$	可以是速度控制或距离控制
F3.11	加速度	0.7m/s^2	
F3.12	开始段急加速	0.35m/s^3	
F3.13	结束段急加速	0.6m/s^3	
F3.14	减速度	0.7m/s^2	
F3.15	开始段急减速	0.6m/s^3	根据运行效果调整
F3.16	结束段急减速	0.35m/s^3	
F3.17	自学习速度	0.4m/s	

（续）

功能码	名　　称	推荐设定值	备　　注
F4.00	总楼层数	15（出厂设定）	根据实际调整
F4.01	最大楼层高度	3.5m（出厂设定）	

三、电梯距离控制运行

电梯距离控制运行时，应进行距离控制参数设置。设定距离控制时的运行曲线，再进行平层距离调整。

距离控制运行时最多可设 6 条曲线，曲线 6 为电梯运行最高速，为电梯额定速度。距离控制时的运行曲线如图 7-54 所示。

图 7-54 中参数说明：$v_12 \sim v_{62}$：曲线 1～曲线 6 的第二拐点速度（S 曲线加速段中，结束段急加速起始时的速度）；$v_{MAX1} \sim v_{MAX6}$：曲

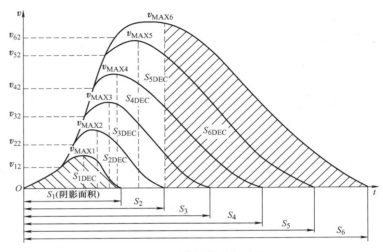

图 7-54　距离控制运行曲线

线 1～曲线 6 最大速度；$S_1 \sim S_6$：曲线 1～曲线 6 最短运行距离；$S_{1DEC} \sim S_{6DEC}$：曲线 1～曲线 6 达到最大速度后的减速距离。

距离控制运行时，变频器根据实际运行距离选择 6 条曲线中最优的曲线运行，实时检测到目的楼层平层位置的距离，根据距离控制原则输出对应速度，即运行速度是距离的函数。

在设置曲线速度时，一般先设定好最低速度 F4.02 和额定速度 F0.05，然后在 F4.02 和 F0.05 间等额递增的设定其他 4 条曲线速度 F4.03～F4.06。最低速度的设置需保证最低速度对应的最短运行距离 S_1 小于或等于最小层高。变频器选择最优曲线的原则：电梯达到最大速度后恒速运行的时间最短。

平层距离调整指的是平层信号有效时，电梯继续向前运行的距离。电梯距离控制时，通过参数 F4.07 调整爬行距离的长短。

强调：在选择端子距离控制时，端子速度控制仍然有效，但在运行过程中操作方式不能切换。

下面介绍两种距离控制运行模式：给定目的楼层的距离控制运行和给定停车请求的距离控制运行。

（一）给定目的楼层的距离控制运行

给定目的楼层的距离控制运行是根据设定的目的楼层，实现以距离为原则的直接停靠。

1. 接线图

某电梯额定速度为 2m/s，共 15 层，最大层高为 3.5m，抱闸和接触器由变频器控制，

采用给定目的楼层的距离控制运行的典型接线图如图 7-55 所示。

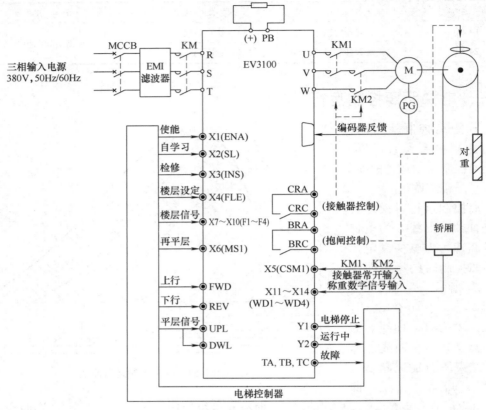

图 7-55 给定目的楼层的距离控制运行典型接线图

2. 运行时序图

电梯给定目的楼层的距离控制运行时序图如图 7-56 所示。

运行时序说明：

1）变频器在接收到控制器发来的运行命令 FWD 和设置楼层指令（FLE，F1 ~ F6）时，输出接触器吸合指令 CR。变频器最多可设定 6 个楼层指令输入端子 F1 ~ F6，以二进制的组合来表示楼层，F1 为低位，F6 为高位，实际楼层为该二进制转换为十进制后对应的数字。

2）变频器检测到接触器吸合 CSM 后，再经过 T1 延时，打开变频器，输出释放抱闸的

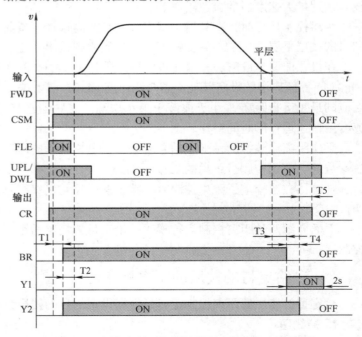

图 7-56 电梯给定目的楼层的距离控制运行时序图

命令 BR 和变频器运行中信号 Y2。

3）经过抱闸打开延时时间 T2 后，抱闸完全打开，变频器开始按 S 曲线加速运行。

4）电梯运行过程中可以不断响应其他设定楼层指令（FLE，F1～F6），变频器会根据能否正常减速停车来选择最优楼层停靠。

5）到达曲线减速点后，变频器开始减速停车。进入平层一定距离后，速度减为 0，经 T3 延时后，变频器输出抱闸关闭命令 BR，同时输出电梯停车信号 Y1，要求控制器切除运行命令 FWD。

6）控制器接收到电梯停止信号后，经 T4 时间切除运行命令 FWD，变频器封锁 PWM 后输出停机状态信号 Y2。

7）停机状态 Y2 有效后，经 T5 时间，输出电流为 0，变频器输出释放接触器命令 CR，至此一次运行过程结束。

3. 功能码设定

功能码设定见表 7-11。

表 7-11　电梯给定目的楼层的距离控制运行功能码设定

功能码	名　称	推荐设定值	备　注
F0.02	操作方式选择	3	选择端子距离控制
F0.05	电梯额定速度	2m/s	根据实际设定
F3.00	起动速度	0	根据实际调整
F3.01	起动速度保持时间	0	
F3.04	多段速度 1	0.05m/s	再平层速度
F3.11	加速度	0.7m/s^2	根据运行效果调整
F3.12	开始段急加速	0.35m/s^3	
F3.13	结束段急加速	0.6m/s^3	
F3.14	减速度	0.7m/s^2	
F3.15	开始段急减速	0.6m/s^3	
F3.16	结束段急减速	0.35m/s^3	
F3.17	自学习运行速度	0.4m/s	
F3.20	检修运行速度	0.4m/s	
F3.21	检修运行减速度	1m/s^2	
F3.22	爬行速度	0.05m/s	根据平层精度调整
F4.00	总楼层数	15	根据实际设定
F4.01	最大层高	3.5m	
F4.02	曲线 1 最大速度	0.8m/s	如果运行时出现最短距离超高故障（即曲线最短减速距离大于最小层高），可减小曲线 1 最大速度 F4.02 的设定值
F4.03	曲线 2 最大速度	1m/s	
F4.04	曲线 3 最大速度	1.2m/s	
F4.05	曲线 4 最大速度	1.5m/s	
F4.06	曲线 5 最大速度	1.75m/s	
F4.07	平层距离调整		根据实际调整

（续）

功能码	名　称	推荐设定值	备　注
F5.00	X1 端子功能选择	34	ENA（变频器使能）
F5.01	X2 端子功能选择	35	SL（楼层自学习）
F5.02	X3 端子功能选择	38	INS（检修运行）
F5.03	X4 端子功能选择	40	FLE（楼层设定）
F5.04	X5 端子功能选择	36	CSM1（接触器反馈常开输入）
F5.05	X6 端子功能选择	8	MS1（多段速度端子1）
F5.06	X7 端子功能选择	1	F1（楼层指令1）
F5.07	X8 端子功能选择	2	F2（楼层指令2）
F5.08	X9 端子功能选择	3	F3（楼层指令3）
F5.09	X10 端子功能选择	4	F4（楼层指令4）
F5.10	X11 端子功能选择	22	
F5.11	X12 端子功能选择	23	开关量称重数字信号
F5.12	X13 端子功能选择	24	WD1～WD4
F5.13	X14 端子功能选择	25	
F5.30	Y1 端子功能选择	7	电梯停止
F5.31	Y2 端子功能选择	1	运行中
F5.35	Y1/Y2/CR/BR 动作模式选择	0	选择在输出信号有效时动作
F7.00	抱闸打开时间		根据实际调整
F7.01	抱闸延迟关闭时间		
F7.02	反馈量输入选择	1	选择接触器反馈、平层信号常开输入

（二）给定停车请求的距离控制运行

给定停车请求的距离控制运行是指电梯变频器先接收控制器的快车运行命令起动运行，在运行中根据控制器的停车请求信号实现以距离为原则的直接停靠。这种方式是选择端子速度控制时派生出的一种距离控制。

1. 接线图

某电梯额定速度为 1.75m/s，共 16 层，最大层高为 3.5m，抱闸和接触器由变频器控制，采用给定停车请求的距离控制运行的典型接线图如图 7-57 所示。

2. 运行时序图

电梯给定停车请求的距离控制运行时序图如图 7-58 所示。

运行时序说明：

1）变频器在接收到控制器发来的运行命令 FWD 和停车请求距离控制使能时，输出接触器吸合指令 CR。

2）变频器检测到接触器吸合 CSM 后，再经过 T1 延时，打开变频器，输出释放抱闸的命令 BR 和变频器运行中信号 Y2。

3）经过抱闸打开延时时间 T2 后，抱闸完全打开，变频器开始按 S 曲线加速运行。

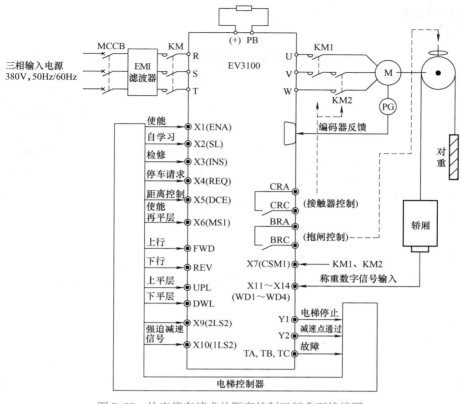

图 7-57　给定停车请求的距离控制运行典型接线图

4）变频器运行中，如果在减速点通过信号 Y2 有效时，控制器回应停车请求 REQ 指令，则表示需在前方楼层停车，此时到达曲线减速点后，变频器开始减速停车。

5）进入平层一定距离后，速度减为 0。经 T3 延时后，变频器输出抱闸关闭命令 BR，同时输出电梯停止信号 Y1，要求控制器切除运行命令。

6）控制器接收到电梯停止信号后，经 T4 时间切除运行命令 FWD，停车请求距离控制使能 DCE，停车请求 REQ，变频器封锁 PWM 后输出停机状态信号 Y2。

7）停机状态 Y2 有效后，经 T5 时间，输出电流为 0，变频器输出释放接触器命令 CR，至此一次运行过程结束。

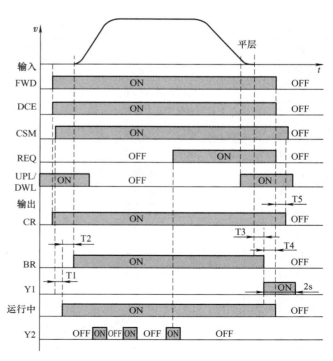

图 7-58　电梯给定停车请求的距离控制运行时序图

3. 功能码设定

功能码设定见表7-12。

表 7-12 电梯给定停车请求的距离控制运行功能码设定

功能码	名　称	推荐设定值	备　注
F0.02	操作方式选择	2	选择端子速度控制
F0.05	电梯额定速度	1.75m/s	根据实际设定
F3.00	起动速度	0	根据实际调整
F3.01	起动速度保持时间	0	
F3.04	多段速度1	0.05m/s	再平层速度
F3.11	加速度	0.7m/s²	
F3.12	开始段急加速	0.35m/s³	
F3.13	结束段急加速	0.6m/s³	
F3.14	减速度	0.7m/s²	
F3.15	开始段急减速	0.6m/s³	根据运行效果调整
F3.16	结束段急减速	0.35m/s³	
F3.17	自学习运行速度	0.4m/s	
F3.20	检修运行速度	0.4m/s	
F3.21	检修运行减速度	1m/s²	
F3.22	爬行速度	0.05m/s	根据平层精度调整
F3.23	强迫减速度1	1m/s²	根据实际设定
F3.24	强迫减速度1速度检测	97%	
F4.00	总楼层数	16	根据实际调整
F4.01	最大层高	3.5m	
F4.02	曲线1最大速度	0.8m/s	如果运行时出现最短距离超高故障（即曲线最短减速距离大于最小层高），可减小曲线1最高速F4.02的设定值
F4.03	曲线2最大速度	1m/s	
F4.04	曲线3最大速度	1.2m/s	
F4.05	曲线4最大速度	1.4m/s	
F4.06	曲线5最大速度	1.6m/s	
F4.07	平层距离调整		根据实际调整
F5.00	X1端子功能选择	34	ENA（变频器使能）
F5.01	X2端子功能选择	35	SL（楼层自学习）
F5.02	X3端子功能选择	38	INS（检修运行）
F5.03	X4端子功能选择	39	REQ（停车请求指令）
F5.04	X5端子功能选择	15	DCE（停车请求距离控制使能指令）
F5.05	X6端子功能选择	8	MS1（多段速度端子1）
F5.06	X7端子功能选择	36	CSM1（接触器反馈常开输入）
F5.08	X9端子功能选择	12	2LS2（上强迫减速常闭触点）

（续）

功能码	名　称	推荐设定值	备　注
F5.09	X10 端子功能选择	14	1LS2（下强迫减速常闭触点）
F5.10	X11 端子功能选择	22	开关量称重数字信号 WD1～WD4
F5.11	X12 端子功能选择	23	
F5.12	X13 端子功能选择	24	
F5.13	X14 端子功能选择	25	
F5.30	Y1 端子功能选择	7	电梯停止
F5.31	Y2 端子功能选择	6	减速点通过
F5.35	Y1/Y2/CR/BR 动作模式选择	0	选择在输出信号有效时动作
F5.36	减速点通过输出调整	0.25s（出厂设置）	根据实际运行效果调整
F7.00	抱闸打开时间		根据实际调整
F7.01	抱闸延迟关闭时间		
F7.02	反馈量输入选择	25	选择接触器反馈、上下强迫减速1反馈，平层信号常开输入

1. 画出电梯 PLC 或基板控制器信号控制系统框图，简述你对它的理解。

2. 通过电梯电源电路原理图，阐述电梯供电电源的种类、作用及对应的各电源开关。

3. 画出锁梯极限开关控制原理电路图，并阐述锁梯钥匙开关、井道上下极限开关的工作原理。

4. 简述 PLC 和变频器综合控制电梯的运行过程。

5. 简述电梯 PLC 控制系统的输入信号有哪些，输出信号有哪些。

6. 对于检修控制，要求设置为轿顶检修优于轿厢检修，轿厢检修又优于机房检修，同时检修操作时都是点动操作。说明这个功能是如何实现的。

7. 画出 PLC 强电输出电路接线图，简述你对它的理解。

8. 画出电梯电路的安全回路和门锁回路，简述你对它的理解。

9. 画出电梯抱闸制动电路，简述你对它的理解。

10. 简述电梯位置确定的软件设计方法。

11. 简述电梯运行命令回路的软件设计方法。

12. 简述电梯定向回路的软件设计方法。

13. 简述电梯运行回路的软件设计方法。

14. 简述电梯控制回路的软件设计方法。

15. 简述电梯停车消号回路的软件设计方法。

模块8

电梯电路的故障和检修

知识目标

1. 了解电梯故障的查找方法。
2. 掌握电梯故障各种查找方法的使用方法及注意事项。
3. 掌握电梯的结构及工作原理。

能力目标

1. 了解电梯故障的诊断和检修步骤。
2. 能对电梯的各种故障正确分析原因。
3. 能正确查找和检修电梯故障。

素质目标

1. 培养学生安全第一的意识。
2. 培养学生团队合作和沟通交流的能力。
3. 培养学生自我学习和信息化学习的意识。
4. 培养学生发现问题、解决问题的能力。
5. 培养学生创新精神。

单元1　电梯故障查找方法

电梯是一种自动化程度比较高的机电合一的垂直运输设备，电梯的电气控制环节比较多，元器件的安装又比较分散，而电梯的故障绝大多数又是电气控制系统的故障，故障的现象及其引起故障的原因也是多种多样的，并且故障点较为广泛，难以预测。只有掌握电梯电气控制原理，熟悉各元器件的作用和性能以及其安装的位置，线路敷设的情况，掌握排除故障的正确方法，才能提高排除故障的效率，提高维修电梯的质量，确保电梯的正常运行。

在进行电梯故障诊断和检修时，需要仔细观察故障现象，充分利用电梯运行提供的信息（如指示灯的亮暗，层楼的显示等），通过对 PLC 程序的分析确定故障部位，然后经过测量找出故障点。

下面介绍一般查找故障的方法。

1. 观察法

当电梯发生故障时，首先要采用看、听、闻的观察法，查找故障所在。其中，输入设备的情况可以通过检查 PLC 的输入继电器的指示灯来观察，输出回路先检查 PLC 输出继电器的指示灯情况，然后检查继电器输出回路的情况。

2. 测量电阻法

测量电阻法就是用万用表的欧姆挡测量电路的阻值是否异常，但必须注意用电阻法测量故障时，一定要断开电源，万不可带电测量。

3. 测量电压法

测量电压法就是利用万用表的电压挡检测电路。检测时，一般首先检查电源电压、线路电压，看其是否正常。然后检查开关、继电器、接触器应该接通的两端，若出现电压，则说明该元器件断路；若线圈两端电压正常而不吸合，说明线圈断路或损坏。采用电压法测量，电路必须通电，因而检测时，万不可使身体部位直接触及带电部位，并注意检测部件的电压类型（AC 或 DC）和大小，以便选择合适的电表挡位，以免发生事故或损坏仪表。

4. 短路法

短路法主要是用来检测某开关是否正常的一种临时措施。若怀疑某个或某些开关有故障，可将该开关短路；若故障消失，则证明判断正确。当发现问题后，应立即更换已损坏开关，不允许用短路线替代开关。

5. 程序检查法

程序检查法就是模拟操作程序，给电梯控制系统输入相应的信号，观察其动作状态。程序检查法适用于故障现象不明显，或故障现象虽明显，但牵扯范围比较大的情况。

单元2 常见故障检修

电梯在进行检修之前，首先需要确定合上电源开关，用万用表检查控制柜中各电源电压是否正常。R、S、T 之间为 AC 380V 电源；T22、N 为 AC 220V 电源；T23、N 为 AC 220V 电源；1201、1202 为 AC 110V 电源；1101 +、1102 – 为 DC 110V 电源；2401 +、2402 – 为 DC 24V 电源。

一、安全回路故障

故障现象：电梯不能上下行，轿内指令、厅外召唤按钮失灵。

故障分析：电梯正常运行的前提是安全回路正常，因此应检查安全回路。

检修过程：打开控制柜门，观察急停接触器（或安全继电器）是否吸合。如果没有吸合则断电，用万用表检查急停接触器线圈回路，逐一检查安全回路中各安全开关是否接通，如果哪个安全开关没有接通，则检修该故障部位；如果吸合，则说明安全回路正常。

根据 PLC 接线图知道，急停接触器常开触点接入 PLC 的 X55 输入端。在急停接触器线圈回路正常的情况下，应检查 X55 输入回路。观察 PLC 的 X55 输入指示灯是否亮，如果该灯亮则说明输入正常；如果该灯不亮则断电，用万用表检查 X55 输入回路。

二、门锁回路故障

故障现象：电梯轿内指令、厅外召唤能记忆，轿门时开时关，但电梯选层定向后不能运行。

故障分析：轿内指令、厅外召唤能记忆，说明安全回路正常。轿门时开时关，说明开门接触器、关门接触器电路及门电动机工作正常。但电梯不能运行的可能原因有两种：

1）门锁回路不通：门锁开关没有接通，门锁接触器不能吸合；或门锁接触器触点接触不良或线圈损坏。

2）关门到位信号没有收到。一般电梯都是在轿门关好时触动关门限位开关，轿厢才能起动。如果关门限位开关没有接通或已经损坏，起动控制电路就会被切断。

所以故障部位是可能是门锁回路和 PLC 的门锁输入回路 X51；大或小关门限位开关和 PLC 的关门限位开关输入回路 X1E 或 X20。

检修过程：打开控制柜门，观察大或小关门限位开关和 PLC 的 X1E 或 X20 输入指示灯是否亮。如果该灯不亮，检查大或小关门限位开关和输入回路；如果该灯亮，则继续观察门锁接触器是否吸合。如果门锁接触器不吸合则断电，用万用表检查门锁回路，逐一检查各层门门锁开关和轿门门锁开关，不通的地点即为故障点；如果吸合说明门锁回路正常，接着查找门锁接触器触点是否有接触不良的现象。如果接触良好，继续检查 PLC 的 X51 输入指示灯，该灯不亮则断电，用万用表检查 X51 输入回路；该灯亮说明门锁回路正常。

三、内选及外呼回路故障

故障现象1：电梯能上下行，能自动平层停车，自动开关门，只是某一层指令或某一个召唤按钮失灵。

故障分析：召唤呼梯全部正常并且部分轿内指令功能正常，说明安全回路和门锁电路正常。在电梯中，每一层内选按钮对应了 PLC 的一个输入点 X，由于只是某层内选失灵，因此故障部位应为某层内选按钮输入点的输入回路。

检修过程：打开控制柜门，按下某层内选按钮，观察 PLC 相对应输入点的指示灯，若发现该灯不亮则断电，用万用表检查该点输入回路。

检修提示：若内选和外呼指令只是某层失效，应检查对应 PLC 输入端；若内选和外呼指令几层甚至全部失效，应检查 COM 端。

故障现象2：内选和外呼按钮都选不上。

故障可能原因：电梯处于急停或检修状态；或急停接触器常开触点接入 PLC 的 X55 输入端的回路有接触不良现象；或检修开关触头接入 PLC 的 X52 输入端的回路有接触不良现象；或 PLC 的输入 COM 端断线。

检修方法：检查电梯的运行状态；如果状态为正常运行，接着检查 PLC 的输入 COM 端接线是否断开；如果接线正常，继续检查 PLC 的 X55 和 X52 指示灯是否亮，如果灯不亮，检查相应的输入回路。

四、开关门电路故障

故障现象1：电梯能上下行，能自动开关门，轿内开关门按钮正常，但光幕开关失灵。

故障分析：光幕开关的作用是在电梯关门过程中有物体挡在门口时，通过光幕检测到物体，使关门动作停止并实行开门动作，或电梯一直不关门。根据 PLC 原理图可知，光幕开关和开门按钮并联共用 PLC 的 X56 输入端，因轿内开门按钮正常，所以故障应为光幕开关损坏或引线开路。

检修过程：因故障部位相当明确，所以断电后直接用万用表检查光幕开关及引线。

检修提示：若轿内开门按钮正常，光幕开关失灵，只需检查光幕开关回路；反之，若光幕开关正常，轿内开门按钮失灵，则检查轿内按钮回路。

故障现象2：电梯能上下行，能自动开关门，但轿内关门按钮失灵。

故障分析：电梯能自动关门，说明大小轿门关门输出继电器 Y34 和 Y35 及输出回路正常，即关门接触器线圈回路及门电动机回路正常。根据 PLC 原理图可知，关门按钮接入 PLC 的 X57 输入端，因为电梯能自动关门，所以只需检查 PLC 的 X57 输入回路（含关门按钮）。

检修过程：打开控制柜门，按下关门按钮，观察 X57 指示灯，如果发现该灯不亮则断电，用万用表检查 PLC 的 X57 输入回路。

检修提示：若自动关门正常，轿内关门按钮失灵，应检查 PLC 的 X57 关门输入回路。

故障现象 3：电梯能上下行，但电梯平层停车后不能自动开门，按下开门按钮同样无效。

故障分析：电梯能上下行，说明电梯运行回路正常。电梯平层停车后不能自动开门且按下开门按钮同样无效。这种情况说明开门回路存在故障，可能是门电动机开门回路，开门接触器线圈回路，或开门限位开关回路存在故障。

根据电路原理图可知，大小轿门开门接触器线圈接入 PLC 的 Y34、Y35 输出端，大小轿门开门限位开关常闭触点接入 PLC 的 X1D、X1F 输入端。

检修过程：电梯处于关门状态时，打开控制柜门，首先观察 PLC 的 X1D、X1F 指示灯，如果该灯不亮，说明开门限位开关及其输入回路故障，查找故障点；如果该灯亮，说明开门限位开关及其输入回路正常。

再将电梯运行到某层停车后或本层呼梯，让电梯开门，观察 PLC 的 Y34 和 Y35 指示灯，如果该灯不亮，可能电梯开门程序存在缺陷；如果该灯亮，检查开门接触器是否吸合。如果开门接触器没有吸合，检查开门接触器线圈回路，查找故障点；如果吸合，说明开门接触器线圈回路正常。继续检查门电动机开门回路，查找故障点。

故障现象 4：电梯能响应每一次轿内指令或厅外召唤，平层停车后能自动开门，但不能自动关门，按下轿内关门按钮同样无效。

故障分析：电梯能上下行，说明电梯运行回路正常。电梯平层停车后能自动开门，说明门电动机开门回路正常。但电梯不能自动关门且不能手动关门，故应能判定故障部位在关门接触器线圈回路，门电动机关门回路，或者是关门限位开关回路。

根据电路原理图可知，大小轿门关门接触器线圈接入 PLC 的 Y31、Y32 输出端，大小轿门关门限位开关常闭触点接入 PLC 的 X1E、X20 输入端。

检修过程：电梯处于开门状态时，打开控制柜门，首先观察 PLC 的 X1E、X20 指示灯，如果该灯不亮，说明关门限位开关及其输入回路故障，查找故障点；如果该灯亮，说明关门限位开关及其输入回路正常。

按下关门按钮，如果 X56 指示灯不亮，说明关门按钮发生故障；如果 X56 指示灯亮，说明关门按钮正常。继续观察 PLC 的 Y31 和 Y32 指示灯，如果该灯不亮，可能是电梯关门程序存在缺陷；如果该灯亮，继续检查关门接触器是否吸合。如果关门接触器没有吸合，检查关门接触器线圈回路，查找故障点；如果吸合，说明关门接触器线圈回路正常。继续检查门电动机关门回路，查找故障点。

故障现象 5：电梯层轿门既不能打开又不能关闭。

故障分析：电梯层轿门既不能打开又不能关闭，这种现象可能有机械与电气两方面的原因：

1）机械方面：门电动机传动带松动，门机连杆拱弯，门上坎导轨下垂，机械电气联锁故障等。

2）电气方面：门电动机工作电源被切断，机械电气联锁触点已损坏，门电动机已坏。

检修过程：

1）机械方面：调整门电动机带的张紧力或更换电动机带（三角带或同步带），调整和修复门机的连杆，调整门上坎导轨以及机械电气联锁的位置。

2）电气方面：检查和调整、修复或更换门锁的触点，更换电动机等。

故障现象 6：当电梯运行时，到了指定层楼，但是不停车，一直从 1 层运行到 6 层，或从 6 层运行到 1 层。

故障分析：电梯能正常运行，但不能在指定层楼停车，说明是门区开关故障。

检修方法：首先检查井道中的小磁豆，再检查轿顶的磁感应开关。如果两者位置正确，再检查门区开关 PLC 输入点 X22 的指示灯。如果该灯不亮，则检查门区开关输入回路。

五、电梯运行线路故障

电梯运行异常，包括电梯的单向运行、平层不准确、运行速度异常及电梯不能运行等。

故障现象 1：电梯只能上行，不能下行，能自动平层，自动开关门，层楼显示正常。在检修状态下，电梯也只能上行而不能下行。

故障分析：在电梯的控制线路中设置了位置控制，上限位开关的常闭触点接入 PLC 的 X1B 输入端，下限位开关的常闭触点接入 PLC 的 X1C 输入端，同时电梯的运行通过 PLC 的 Y47 控制变频器 FWD 端，PLC 的 Y46 控制变频器 REV 端，分别控制电梯上行或下行。

在故障现象中，无论是正常运行还是检修运行，电梯都不能下行。所以先检查下限位开关，然后检查 PLC 的 Y46 和变频器 REV 端的连接。

检修过程：打开控制柜门，观察 PLC 的 X1C 指示灯，如果该灯不亮，则说明下限位开关输入回路故障，逐一检查下限位开关和连接导线，寻找故障点；如果该灯亮，则说明下限位开关输入回路正常。继续检查 PLC 的 Y46 指示灯，如果该灯不亮，则可能是电梯向下运行程序存在缺陷；如果该灯亮，则继续检查 Y46 和变频器 REV 端的连接。

检修提示：如果电梯正常运行、检修运行都只能单向运行，则故障部位可能在 PLC 相应输出回路或电梯限位保护电路。

故障现象 2：电梯能上下行，层楼显示正常，但平层不准。

故障分析：电梯运行速度曲线由变频器的 X1/X2/FWD/REV 决定，FWD/REV 端子决定电梯的上行和下行，X1/X2 端子决定电梯以何种速度运行。

如果电梯从一层驶向二层，在正常情况下，PLC 的输出继电器 Y44/Y45/Y47 有输出，即变频器上的 X1/X2/FWD 端能接收到信号，变频器输出正序电源，电源频率从零迅速上升至额定值，同时 PLC 的 Y36 和 Y37 输出，使曳引电动机和抱闸线圈都得电，制动器松闸，曳引电动机迅速加速至额定值，拖动轿厢上行。电梯一离开一层，就开始计时，到了设定时间后，发出预换速指令，判断前方是否为停靠站，如是发出换速指令，PLC 的 Y44 输出断开，曳引电动机转速迅速下降至爬行速度，拖动轿厢慢速向上，轿厢继续上行至平层区域，检测到二层门区开关后，发出停车指令，PLC 的 Y47、Y36、Y37 的输出都断开，使变频器失去正转信号，曳引电动机和抱闸线圈都断电，曳引电动机转速迅速下降至零，并抱闸制动。

通过以上分析可知，电梯的平层是通过所设的预换速时间和门区开关来实现的。所以，平层不准的原因是门区开关移位或预换速时间过长或过短。

检修过程：观察轿厢的平层位置，发现轿厢平层不准，确定是平层过了还是不够。接着观察门区开关的位置，如果门区开关位置很好，则需要调整预换速时间。

故障现象 3：电梯能上下行，平层准确，但速度极慢。

故障分析：电梯以爬行速度运行，通过对 PLC 程序的分析可知，故障部位只可能在 Y44 的输出回路。

检修过程：打开控制柜门，使电梯运行，观察 PLC 的 Y44 指示灯，如果该灯亮，则进一步检查 Y44 的输出回路。

检修提示：在电梯运行中，这种故障现象是比较特殊的，同时也是容易判断的，即变频器上丢失了一路信号,关键是搞清楚丢失的是哪路信号。

故障现象4:电梯不能上下行,轿内指令、厅外召唤可记忆,手动开关门正常,在检修状态电梯也不能上下行。

故障分析:轿内指令、厅外召唤可记忆说明安全回路正常;手动开关门正常,说明开关门电路和门电动机电路正常。正常状态、检修状态都不能上下行,则故障部位应在曳引电动机主电路或主电路接触器的线圈回路。主电路输入、输出接触器的线圈接到 PLC 的 Y33、Y36 的输出端。

检修过程:给电梯召唤信号使电梯运行(但这时电梯不能运行),打开控制柜门,观察主电路输入、输出接触器,观察接触器是否吸合;如果吸合,则说明主电路接触器的线圈回路正常,继续检查曳引电动机主电路;如果没有吸合,再观察 PLC 的 Y33、Y36 指示灯是否亮,如果该灯不亮,则可能是电梯控制回路程序设计有缺陷;如果该灯亮,则说明故障在主电路接触器的线圈回路,逐一检查寻找故障点。

六、电梯运行中突然停驶

故障现象:电梯运行过程中突然停驶。

故障分析:控制电源可能存在故障;电源电压可能缺相;电梯轿门的门刀擦碰层门门锁的滑轮。

检修过程:检查外接总电源是否有电,检查控制柜的输入电源是否有进线电压。检查相序继电器是否有损坏或接线松动。检查和调整电梯门刀与门锁的位置。

七、触点粘连故障

故障现象:电梯到站开门放人后,方向灯箭头双闪烁;电梯不能进入下一次运行。

故障分析:电梯停止一次运行后,PLC 控制系统没有收到输出接触器、抱闸接触器和门锁接触器的动作信息,认为触点粘连,则不能进入下一次运行。输出接触器和抱闸接触器的常开触点并联接入 PLC 的 X50 输入端,门锁接触器的输入端接入 PLC 的 X51 输入端。

检修过程:检查输出接触器、抱闸接触器和门锁接触器是否释放;如果释放,则检查 X50、X51 指示灯是否亮。如果有指示灯亮,则检查相应回路触点是否有粘连现象。

实训 电梯故障分析演示和排除

一、实训目的

1. 了解电梯故障的诊断和检修步骤。
2. 能对电梯的各种故障正确分析原因。
3. 能正确查找和检修电梯故障。

二、实训器材

仿真教学电梯。

三、实训内容

教师在故障设置台设置故障,学生通过观察故障现象,分析故障原因,然后应用故障排除方法,找到故障点,最后在井道故障板或轿厢故障板上模拟排除故障。

故障现象如下：

1）电梯只能向下运行，不能向上运行。

2）电梯只能向上运行，不能向下运行。

3）仿真轿厢不能开门。

4）真实轿厢不能开门。

5）仿真轿厢不能关门。

6）真实轿厢不能关门。

7）电梯不能停止运行直至顶层或者低层。

8）轿厢停于某层时，方向灯箭头双闪烁；电梯不能进入下一次运行。

9）电梯轿厢所在楼层与层楼显示器显示的楼层数不相符，即乱层。

10）电梯乱层后，电梯冲出顶层。

11）电梯乱层后，电梯冲出底层。

12）电梯动力电源被切断。

四、实训报告

根据故障现象，找出故障原因，并详细介绍故障排除措施。

1. 检查电梯电气故障的方法有哪些？说明检查的步骤。

2. 若电梯产生如下故障现象，试确定故障部位。

（1）电梯只能向下运行，不能向上运行。

（2）电梯只能向上运行，不能向下运行。

（3）仿真轿厢不能开门。

（4）真实轿厢不能开门。

（5）仿真轿厢不能关门。

（6）真实轿厢不能关门。

（7）电梯动力电源被切断。

3. 若电梯的下列开关故障，试分析由此可能产生的故障现象。

（1）上（下）极限开关。

（2）上（下）限位开关。

（3）上（下）强换开关。

（4）仿真（真实）轿厢开门限位开关。

（5）仿真（真实）轿厢关门限位开关。

（6）门区开关。

（7）真实轿厢门锁开关。

模块9

自动扶梯

知识目标

1. 掌握自动扶梯定义、分类及特点。
2. 掌握自动扶梯梯级系统和扶手系统的结构和工作原理。
3. 掌握自动扶梯安全开关的作用及动作过程。
4. 掌握自动扶梯在正常和检修状态下的正确操作程序。
5. 掌握自动扶梯各项功能的检验方法。
6. 掌握自动扶梯控制系统的硬件和软件设计的特点。

能力目标

1. 能正确分析自动扶梯梯级系统的工作原理。
2. 能正确分析自动扶梯扶手系统的工作原理。
3. 能正确分析自动扶梯各安全开关的作用及动作过程。
4. 不同运行状态下，能正确操作自动扶梯。
5. 能正确对自动扶梯的各项功能进行检验。
6. 能正确设计自动扶梯的控制系统。

素质目标

1. 培养学生遵时守纪、踏实肯干的态度。
2. 培养学生团队合作和沟通交流的能力。
3. 培养学生自我学习和信息化学习的意识。
4. 培养学生安全第一的意识。

单元1　自动扶梯概述

自动扶梯是带有循环运行梯级，用于向上或向下倾斜输送乘客的固定电力驱动设备。自动人行道是带有循环运行（板式或带式）走道，用于水平或倾斜角不大于12°输送乘客的固定电力驱动设备。自动人行道与自动扶梯的不同之处在于：运动路面不是形成阶梯形式的梯路，而是平板的路面。

用自动扶梯和自动人行道输送乘客有如下优点：输送能力大，且与提升高度无关；运送客流量均匀，能连续输送乘客；可逆转，向上或向下运转；当停电或因故障不能运行时，可作为普通扶梯使用。缺点：结构上有水平段，因此有附加能量损失；当提升高度较大时，乘客的运送时间较长；水平面积大，在建筑上要占用较大面积，造价高。

自动扶梯和自动人行道在商场、地铁、火车站、机场等客流量较大的公共场合广泛使用。自动扶梯如图 9-1 所示。自动人行道如图 9-2 所示。

图 9-1　自动扶梯

图 9-2　自动人行道

自动扶梯基本参数如下：

1. 倾斜角

梯级运行方向与水平面的夹角称为倾斜角。自动扶梯倾斜角一般有 27.3°、30°、35°系列，自动人行道为 0°、10°~12°。自动扶梯的倾斜角不应超过 30°，当提升高度不超过 6m，额定速度不超过 0.5m/s 时，倾斜角允许增至 35°。

2. 额定速度

额定速度是指在空载时，梯级在运行方向上的速度。额定速度决定着自动扶梯的输送能力。从输送能力考虑，速度越高越好，但安全性较差；若从安全性考虑，速度越慢越好。

当倾斜角为 35°时，速度为 0.45~0.5m/s；当倾斜角为 30°时，速度为 0.5~0.55m/s。当倾斜角为 27.3°时，速度小于或等于 0.75m/s。

3. 提升高度

自动扶梯的起点和终点间的垂直距离或输送的两个楼面间的层高称为提升高度。提升高度为 3~6m 为小高度，提升高度为 6~20m 为中高度，提升高度在 20m 以上为大高度。

4. 梯级宽度

梯级左右两面围裙板之间的距离称为梯级宽度。梯级宽度也与输送效率有关，即在梯级宽度上能站立几个人。梯级宽度有 0.6m、0.8m、1m 三档。

5. 输送能力

输送能力为在单位时间内运送乘客的人次。

单元 2　自动扶梯主要结构及工作原理

一、自动扶梯分类

自动扶梯从传动方式上分为两类：

1）链条式传动：用一定节距的链条将梯级连成一个循环，由驱动装置带动链轮，再由链轮带动链条，从而驱动梯级，使梯级作循环运动。驱动装置设置在上机房（端部驱动），在下端设置一组链轮张紧装置。随着高度的提高，驱动装置和链条的负载随之增加，扶梯结构随之复杂，重量增加。

2）齿条式传动：用若干根齿条将梯级连成一个循环，即驱动装置的齿轮与齿条啮合，从而直接驱动齿条使梯级运行。驱动装置设置在上下分支间（中间驱动），根据这一特点，可以设置多个驱动装置进行驱动，克服链条式驱动装置的缺陷。

二、自动扶梯主要结构

自动扶梯由桁架、驱动装置、梯路系统、扶手系统、电气控制系统、自动润滑系统等部分组成。自动扶梯结构示意图如图9-3所示。

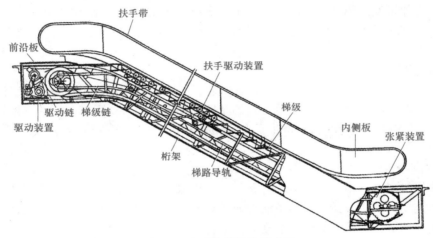

图9-3　自动扶梯结构示意图

1. 桁架（金属骨架）

桁架采用角钢和槽钢等钢梁电焊成全封闭形，具有足够的刚度和强度。

2. 驱动装置

驱动装置常采用立式曳引机，具有结构紧凑、运行平稳和可靠的优点，驱动装置上还装有失电制动器，在扶梯发生故障或者正常停机时制动扶梯并保持稳定状态。

3. 梯路系统

梯路系统由驱动链轮、驱动链、主驱动链轮、梯级传动链梯级和梯路导轨等组成。它是自动扶梯传递动力的主要部件。

4. 扶手系统

由扶手驱动装置、扶手装置、扶手导轨和护壁板等组成，扶手带与梯级同步运行，对乘客起到安全防护作用。

5. 电气控制系统

由控制箱、分线箱、控制按钮、安全开关、梯级间隙照明及连接电缆等组成。控制箱安装在桁架上水平段端部，分线箱安装在下水平端部。

6. 自动润滑系统

由润滑泵、滤油器、分油块、毛刷及油管等组成，它设置于桁架上水平段。

三、自动扶梯工作原理

链条式自动扶梯的工作原理：一系列的梯级与两根链条、梯级轴连接在一起，在按照一定线路布置的导轨上运行即形成自动扶梯的梯路。牵引链条绕过上牵引链轮、下张紧装置并通过上下分支的若干直线、曲线区段构成闭合环路。这一环路上分支中的各个梯级应严格保持水平，以供乘客站立。扶梯两旁装有与梯路同步运行的扶手装置，以供乘客扶手之用。扶梯必须设置安全保护装置，以保证自动扶梯上的乘客绝对安全。自动扶梯传动分为梯级的载客升降运动和扶手带的同步运动。

1. 梯级运动

主机小链轮通过双排套筒滚子链驱动主轴旋转，装在驱动主轴上的梯级链轮带动梯级链条运动。可以通过装有滚轮的张紧小车在框架导轨上的水平调整来调整梯级数量，张紧装置通过调整压力弹簧使封闭循环运动梯级链条具有一定的张紧力，使挂在链条上的梯级实现匀速运动。为了减小梯级运动的振动和噪声，梯级主副轮均采用滚动轴承外挂聚氨酯的滚轮。

2. 扶手带运动

驱动主轴转动时，固定在其轴上的双排链轮，经双排链带动扶手链轮运转，同时通过调整扶手带和张紧带的张紧力，可获得足够的摩擦驱动力，而且扶手带与驱动摩擦轮之间的滑动很小，因此使扶手带和梯级同步运行容易得到保证。扶手带与梯级的同步误差为0%～2%。

3. 自动润滑系统

自动扶梯机械结构中要使用多种链条，为了确保这些链条在运行时的低振动，低噪声及延长链条和链轮的使用寿命，对链条润滑非常重要。自动润滑系统由电气控制部分定时定量对梯级、主驱动链、扶手驱动链等运动部位进行润滑。

4. 电气控制系统

电气控制系统一般分为主回路、控制回路、故障显示回路和安全回路。安全回路中各开关主要起到保护乘客绝对安全的作用，一旦扶梯某部位发生故障，扶梯会立即停止运行。并且故障显示装置将显示出发生故障部位的代码，维修人员依据故障显示部位排除故障后，扶梯才能重新启动，投入正常运行。

单元3　自动扶梯机械结构详介

一、桁架

桁架就是扶梯的骨架结构和承载部件，作用在于安装和支承自动扶梯的各个部件并承受各种载重量，同时将建筑物两个不同层高的平面连接起来。桁架采用角钢、型钢或矩形钢管焊接而成，既要满足一定的强度，又要满足一定的刚度。

为了避免桁架的摆动或振动传到建筑物上，在桁架的支点与建筑物之间填有减振橡胶及减振金属。在提升高度小于6m时，采用两端支承方式，即将桁架两端高强度的支承梁搁在两层楼搁机土建层面上。在提升高度大于6m时，为了增加桁架的刚度和强度，应在两支承之间设置一个立柱，同时为了增加其稳定性，应在连接的两立柱之间增加一个横梁。

桁架一般由上下水平段和中间直线段组成。自动扶梯桁架如图9-4所示。

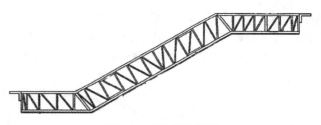

图9-4 自动扶梯桁架

二、梯级

梯级是直接承载乘客的运动部件，数量最多。梯级是特殊结构的四轮小车。梯级有分体式和整体式两种梯级，分体式梯级由踏板、踢板、支架、车轮等部分拼装组合而成，而整体式梯级集三者于一体。梯级结构示意图如图9-5所示。

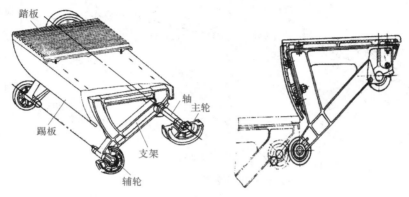

图9-5 梯级结构示意图

1）踏板：表面应具有凹槽，它的作用是使梯级通过扶梯上下出入口时，能嵌在疏齿板中，以保证乘客安全上下，还可防止乘客在梯级上滑动。一只梯级的踏板由2~5块踏板拼成，并固定于梯级骨架的纵向构件上。

2）踢板：踢板面为圆弧面。小提升高度自动扶梯梯级的踢板做成齿状，这样可以使后一个梯级踏板后端的齿嵌入前一个梯级踢板的齿槽内，使各梯级间相互进行导向。

3）骨架：梯级的主要支承结构，由两侧支架和以板材或角钢构成的横向联系件所组成。支架一般为压铸件，骨架上面接踏板，下面装主轮、辅轮的轴套。

4）车轮：由两只主轮和两只辅轮组成。梯级的主轮轮轴与牵引链条铰接在一起，而辅轮轮轴不与牵引链条连接，直接安装在梯级支架短轴上。这样，梯级才能在一定的运行梯路上运行，保持梯级踏板平面始终在自动扶梯上分支保持水平，而在下分支的梯级可以倒挂翻转。倒挂翻转的梯级如图9-6所示。

三、驱动装置

驱动装置将动力传递给梯路系统和

图9-6 倒挂翻转的梯级

扶手系统。驱动装置由电动机、减速器、制动器、传动链条、驱动主轴组成。按在自动扶梯上的位置，驱动装置分为端部驱动装置和中间驱动装置。端部驱动装置以牵引链条为牵引件，又称为链条式自动扶梯。自动扶梯端部驱动的一般结构形式示意图如图9-7所示。

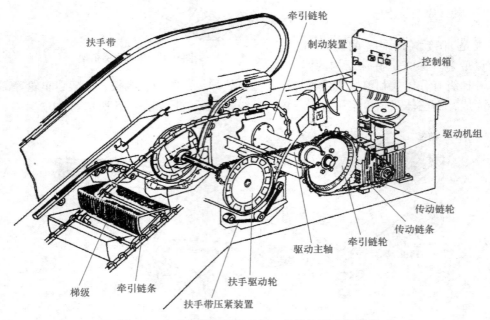

图9-7 自动扶梯端部驱动的一般结构形式示意图

安装驱动装置的地方称为机房，小提升高度自动扶梯使用内机房，在提升高度相当大或有特殊要求时，端部驱动自动扶梯需要采用外机房。端部机房布置的两种形式如图9-8所示。对机房的要求：机房和转向站内至少有一块为$0.3m^2$，其较小一边的长度不小于$0.5m$的没有任何固定设备的站立面积。

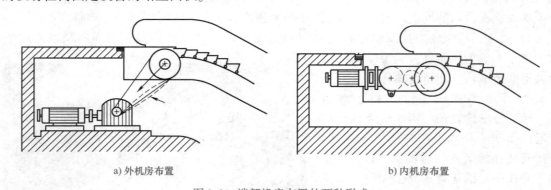

a) 外机房布置   b) 内机房布置

图9-8 端部机房布置的两种形式

1. 工作原理

立式驱动装置的工作原理：当驱动装置上的制动器得电后，制动带或制动瓦块松开，电动机转动，随之飞轮转动，电动机转轴一端通过联轴器与减速器蜗杆轴一端连接转动，再带动蜗轮转动，传动链轮与蜗轮同轴，随蜗轮同步转动，并通过驱动链将动力传递给梯级链轮，进而带动梯级运动。梯级链轮转动时，扶手驱动轮随驱动主轴同步转动，通过扶手带驱动轮以及扶手带张紧系统驱动扶手带,从而使扶手带运动。

在自动扶梯上普遍采用立式驱动装置。其特点为结构紧凑、速度比较快;传动平稳、噪声较小;传动效率较低。立式驱动装置结构示意图如图9-9所示,外观如图9-10所示。

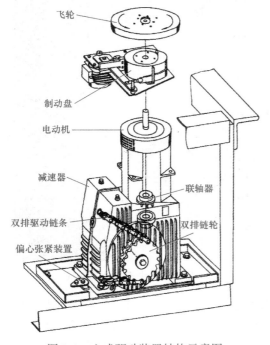

图9-9 立式驱动装置结构示意图

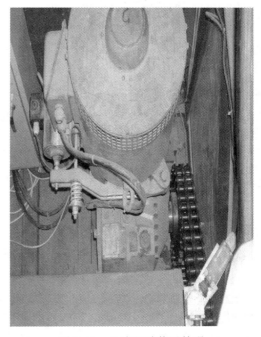

图9-10 立式驱动装置外观

2. 制动器

制动器是依靠构成摩擦副的两者间的摩擦来使机构进行制动的重要部件。摩擦副的一方与机构的固定机架相连,另一方与机构的转动件相连。当机构起动时,使摩擦副的两方脱开;当机构停止时,摩擦副的两方摩擦,使动能消耗,机构减速,直到停止运动。自动扶梯和自动人行道所配用的制动器包括:工作制动器、紧急制动器和附加制动器。

(1)工作制动器 工作制动器是正常停车时使用的制动器,工作制动器应采用常闭式的机电一体式制动器,其控制至少应由两套独立的电气装置来实现,制动力必须由有导向的压缩弹簧等装置来产生。工作制动器分为带式、盘式、块式制动器,这些制动器均为常闭式制动器,即在无电的情况下处于制动状态。块式制动器结构示意图如图9-11所示,外观如图9-12所示。

块式制动器是一种抱闸式制动器,由制动电磁铁、制动臂、制动瓦块、制动弹簧、制动轮等组成。带式制动器是依靠制动杆及制动带作用在制动轮上的压力而产生。其制动力矩的调节可通过制动弹簧的张力而实现。带式制动器可使自动扶梯在上下方向运行时均能得到适当的制动力矩,一般上行制动力矩为下行制动力矩的1/3。这两种方式的制动力均为径向制动力。盘式制动器的制动力方向是轴向的,分为固定盘和旋转盘,有制动平稳灵敏的优点。

自动扶梯空载向下运行制动距离:额定速度为0.5m/s时,制动距离范围为0.2~1.0m;额定速度为0.65m/s时,制动距离范围为0.3~1.3m;额定速度为0.75m/s时,制动距离范围为0.35~1.5m。

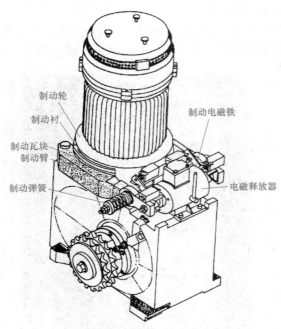

图9-11 块式制动器结构示意图　　　　　　　　图9-12 块式制动器外观

制动轮
制动衬
制动瓦块
制动臂
制动弹簧
制动电磁铁
电磁释放器

（2）紧急制动器　在驱动机组与驱动主轴间用传动链条进行连接时，一旦传动链条突然断裂，两者之间就会失去联系。此时，即使设备断电，电动机停转，也无法使梯路停止运行，这样会产生危险。在此情况下，应该为自动扶梯或自动人行道设置一个紧急制动器。

紧急制动器应为机械式的，应能使具有制动载重量的自动扶梯或自动人行道有效地减速停止，并使其保持静止状态，可采用棘轮棘爪方式或摩擦盘与压盘方式，直接作用于牵引链轮或驱动主轴。

在以下任何一种情况下，都需要配备紧急制动器：工作制动器和梯级、踏板或扶手带驱动轮之间不是用轴、齿轮、多排链条连接的；工作制动器不是机电式制动器；提升高度超过6m。

在下列任何一种情况下都应起作用的：速度为额定速度的1.4倍时；在梯级、踏板或扶手带改变其规定运行方向时。

（3）附加制动器（速度监控装置）　自动扶梯和自动人行道应配备速度限制装置，使其在速度为额定速度1.2倍之前自动停车，为此，当速度为额定速度的1.2倍时，能自动切断自动扶梯或自动人行道的电源。

在自动扶梯上部主机链轮上有两个测速螺钉，链轮旁装有一只接近开关，以监控主机链轮的运行状况。附加制动器如图9-13所示。

3. 牵引构件

牵引构件是自动扶梯传递动力的主要部件，其质量的优劣对运行的平稳和噪声有很大的影响。

一台自动扶梯或自动人行道一般有两根

图9-13 附加制动器

构成闭合环路的传动链条，它装在传动链轮（主链轮）和牵引链轮（从动链轮）间，靠偏心张紧装置张紧主驱动装置，其功能是将驱动装置的运动传递给牵引链轮和双排链轮。自动扶梯主驱动装置如图9-14所示。

传动链条 传动链轮　　牵引链轮 传动链条 传动链轮　　牵引链轮 双排链条 驱动主轴

图9-14 自动扶梯主驱动装置

自动扶梯的牵引链条一般为套筒滚子链，它由链片、小轴和套筒等组成。牵引链条结构示意图如图9-15所示，外观如图9-16所示。节距是牵引链条的主要参数，节距越小，工作越平稳，但会增加链条的总节数而导致自重增大，关节摩擦增大。反之，节距越大，自重越轻。为了使工作平稳，要选择较大的主轮直径。

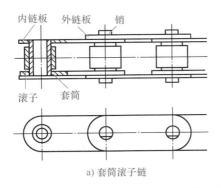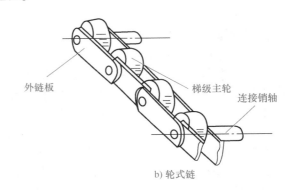

a) 套筒滚子链　　　　　　　　　　　　　　　　b) 轮式链

图9-15 牵引链条结构示意图

为了安全有效地运行，对牵引链条设置了张紧装置，以便使牵引链条获得必要的初张力予以运转，同时补偿牵引链在运转过程中，由于材料和承载力的原因而产生的链条伸长。

图9-16 牵引链条外观

还设置了牵引链的断裂保护装置，即牵引链断裂瞬间，由于压簧的弹簧力的作用，拉杆向后速退，挡板触动微动开关，切断电源，扶梯停止运行。

四、梯路导轨

自动扶梯的梯级沿着金属结构内按照一定要求设置的多根导轨运行，梯路导轨直接支承和引导梯级的运动。梯路是一个封闭的循环系统。自动扶梯梯路各区段划分图如图9-17所示。主轮轮压图如图9-18所示。

1. 梯路导轨结构

梯路导轨包括主轮、辅轮的全部导轨、反轨、反板、导轨支架及转向壁等。导轨系统的作用在于支撑由梯级主轮和辅轮传递来的梯路载重量，保证梯级按照一定的规律运动以及防止梯级跑偏等。导轨必须具有表面光滑、平整而耐磨的工作表面。

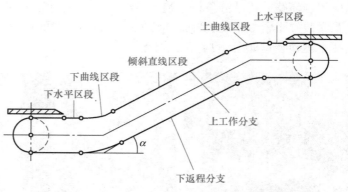

图9-17 自动扶梯梯路各区段划分图

2. 梯路区段划分

梯路分为上工作分支和下返程分支。上工作分支分为下水平区段、下曲线区段、倾斜直线区段、上曲线区段、上水平区段。倾斜直线区段是自动扶梯的主要工作区段，也是梯路中最长的部分。当梯级从下水平段过渡到下曲线段时，各梯级逐步形成阶梯形状；相反，梯级从倾斜直线区段过渡到上水平区段时，各梯级逐步阶梯形状变为平面梯路。

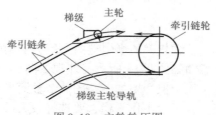

图9-18 主轮轮压图

3. 转向壁

当牵引链条通过驱动端牵引链轮和张紧端张紧链轮转向时，梯级主轮已不需要导轨及反轨，该处将是导轨和反轨的终端，但是辅轮通过驱动端与张紧端时仍然需要转向导轨。这种辅轮终端转向导轨做成整体式，即为转向壁。转向壁将与上分支辅轮导轨和下分支辅轮导轨相连接。转向壁结构示意图如图9-19所示。

4. 张紧装置

张紧装置可以确保扶梯正常运行，牵引链条获得初始张力，牵引链条的伸长得到补偿，牵引链条及梯级由一个分支过渡到另一个分支的转向功能，避免转换运行时的冲击。梯路导向所必需的部件（如转向壁）均装在张紧装置旁，张紧装置由张紧轴、碰块、张紧弹簧及安全开关组成，结构示意图如图9-20所示。

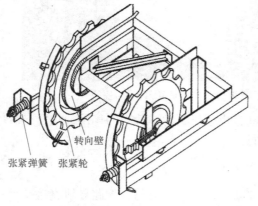

图9-19 转向壁结构示意图

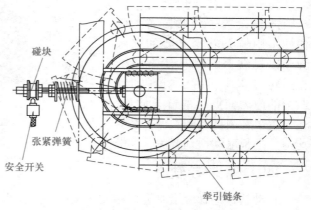

图9-20 张紧装置结构示意图

五、扶手装置

自动扶梯或自动人行道的扶手装置都是由固定和活动两部分组成，供站立在自动扶梯或自动人行道梯级（或踏板）上的乘客扶手之用。扶手装置有护壁板、围裙板、内外盖板、扶手带、传动系统等组成。垂直扶手装置如图 9-21 所示。

1. 扶手驱动系统

扶手驱动系统是自动扶梯的驱动装置，其工作原理是通过链传动使牵引链轮旋转，同轴链轮带动上扶手出入圆弧处扶手驱动轮旋转，并通过张紧滑轮增大带轮的摩擦包角，增大张力，使摩擦力增大而带动扶手带。

摩擦轮驱动扶手系统是由摩擦轮带动扶手带，扶手带围绕若干导向滑轮群，上下出入口端的换向链以及扶手导轨构成闭合环路的扶手系统路线。摩擦轮驱动扶手系统结构示意图如图 9-22 所示。其摩擦轮驱动与梯级驱动是同一驱动装置，而且是同速同向

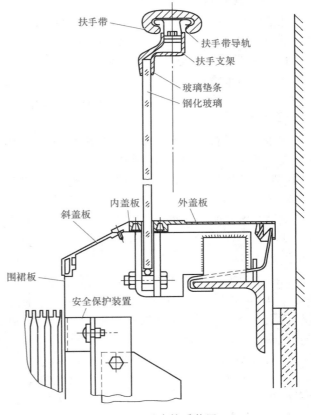

图 9-21　垂直扶手装置

旋转，二者速度差不大于 2%，即扶手带的运行应与梯级同步或略微超前于梯级。如果二者速度差过大，易出事故，为了安全，可选用扶手带附加制动器。扶手带张紧由压带张紧装置调节，以使扶手带与多楔带增加摩擦力，从而保证扶手带正常运行。

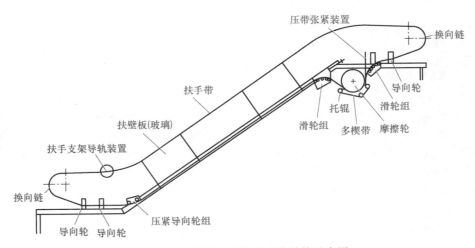

图 9-22　摩擦轮驱动扶手系统结构示意图

2. 扶手张紧系统

扶手张紧系统可以保证扶手带正常运行。扶手带的张紧度要适度。扶手带在系统中张紧度不够时，可用托轮、压轮作辅助性的张紧，以避免扶手带过松，产生脱出导轨的现象。

3. 扶手带及扶手带去静电装置

从安全方面考虑，当梯级运行时，扶手带必须沿着其自身的导轨与梯级同步运行。扶手带是一种边缘向内弯曲的胶带，由外层的橡胶层、中间的纤维衬和钢丝薄片或玻璃纤维以及滑动层组成。

扶手带属于橡胶制品，在运动时扶手带与导轨之间不停摩擦，会产生静电。静电荷在扶手带表面达到一定量时，人接触就会有触电的感觉，所以就要装设扶手带去静电装置。一般使用纯铜刷或铜质导向件与扶手带表面接触，经桁架接地去除静电。

4. 围裙板与扶壁板

围裙板既是装饰部件又是安全部件，是面向梯级的不锈钢板。设置围裙板的作用：梯级在直线导轨上运行时，为了避免梯级链在运行中左右晃动及因梯级运行中的晃动而造成事故，在梯级两侧设置梯级导向块，以贴合围裙板作导向运行。同时为了不使物体落入机体内而产生事故，围裙板平面与梯级侧平面要求留有适当的间隙，单边不大于4mm，两边之和不超过8mm。为了防止梯级与围裙板之间夹住异物，在围裙板上靠近梯级的区域安装安全刷。

扶壁板通常采用一定厚度的钢化玻璃，也可选用金属板材。它支承于夹紧型件内，在均匀分布的扶手撑架上使用螺栓固定。

5. 梳齿板

自动扶梯和自动人行道供乘客安全通过进入梯级的过渡区域的踏板，称为盖板。这一部分由后板、中板、前板（前沿板）组成。盖板上平面与楼板平板校平。

梳齿板设置在自动扶梯与其他设施的过渡区域，为了防止梯级与梯路出入口的固定端之间嵌入异物而造成事故，乘客经过梳齿板前沿板进入梯级。梳齿板设置位置如图9-23所示。

当乘客的脚或物品接触阶梯时，会平滑地过渡到梳齿板上表面，以防梯级（或踏板）进入梳齿时被异物卡住或伤人。当异物嵌入梯级与梳齿的啮合处时，梳齿前沿板会被推动，连接在前沿板上的楔块也随之移动，移到一定距离时，撞击安全开关，设备立即停止运行。楔块与安全开关之间的距离可用梳齿板下方的螺杆来调节。梳齿板功能示意图如图9-24所示。

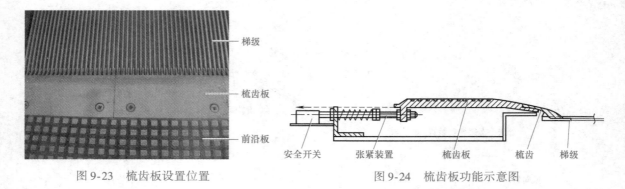

图9-23 梳齿板设置位置   图9-24 梳齿板功能示意图

六、润滑装置

机械零件经过相对运动摩擦后会产生大量热量，如不采取措施，长久下去会造成机械零件严重磨损，所以需要配有自动加油润滑装置。自动扶梯需要润滑的部件有：传动链条、牵引链条、扶手驱动链条、导轨转向壁。自动润滑装置由油箱、油泵、电动机、油位开关、压力开关、油管、计量器、油路分配器、油刷、控制电路等组成。自动扶梯集中润滑系统简图如图9-25所示。润滑装置的外观如图9-26所示。

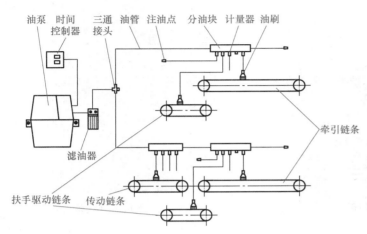

图9-25 自动扶梯集中润滑系统简图   图9-26 润滑装置的外观

实训9.1 认识自动扶梯结构

一、实训目的

熟悉自动扶梯结构、了解各个部件的作用。

二、实训器材

用于教学的检验合格的自动扶梯。

三、实训内容

由于自动扶梯是特种设备，操作自动扶梯必须要取得相应职业资格，所以本实训主要由专职教师或电梯维保人员一边操作一边讲解，指导学生找出自动扶梯各设备的安装位置，讲解其作用、结构和工作原理，使学生对自动扶梯各设备增加感性认识。

四、实训报告

1. 自动扶梯的整体结构。
2. 自动扶梯各部件的作用及特点。

单元4 自动扶梯的电气设备

一、控制箱和分线箱

在自动扶梯的上下机房中装有控制箱、分线箱。上机房控制箱装有电源开关、熔断器、相序继电器、控制器、接触器、故障显示板等，如图9-27所示。下机房分线箱如图9-28所示。控制箱和分线箱上面都设有检修操作装置：急停开关、检修转换开关和检修插座，便携式检修盒有急停开关、慢上按钮和慢下按钮。检修操作装置和便携式检修盒如图9-29所示。

图 9-27 上机房控制箱

图 9-28 下机房分线箱

二、自动扶梯出入口开关及显示

在自动扶梯上下段端头围裙板上装有钥匙开关和停止按钮，用于起动和停止操作，还装有故障显示器，扶梯故障时，显示故障代码，便于维修人员了解故障部位，如图9-30所示。

a) 检修操作装置

b) 便携式检修盒

图 9-29 检修操作装置和便携式检修盒

三、自动扶梯照明

1. 上水平段、下水平段梯级照明

在梯路上下水平段与曲线段的过渡处，梯级在形成阶梯或阶梯的消失中，乘客的脚往往会踏在两个梯级之间发生危险。为了避免上述情况的发生，在上下水平段梯级下面各装一个荧光灯，使乘客经过该处看见灯光时，及时调整在梯级上站立的位置，以确保乘客安全。梯级照明如图9-31所示。

图 9-30 自动扶梯入口开关及显示

绿色荧光灯

图 9-31 梯级照明

2. 安全照明

在自动扶梯的上下机房都装有 AC 36V 的安全照明灯，上机房的控制箱和下机房的分线箱中都装有 AC 36V、AC 220V 的插座，用来提供安全照明灯电源和检修电源。

四、安全保护开关

为了保障乘客安全，防止发生意外事故，自动扶梯设置安全保护开关，如遇到非正常状况，自动切断自动扶梯的控制电源，使自动扶梯迅速地停止运行。

自动扶梯安全保护开关位置布置示意图如图 9-32 所示。

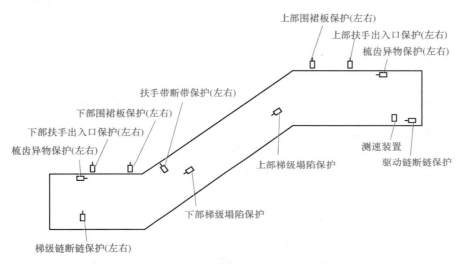

图 9-32　自动扶梯安全保护开关位置布置示意图

1. 扶手带出入口保护开关

在扶手带上下部出入口都装有扶手带出入口保护开关，在扶手带出入口处设有一橡胶圈，扶手带穿过橡胶圈运行，当有异物夹住时，橡胶圈向内移动，与之相连的触发杆将向内移动，切断安全开关使自动扶梯停止运行。扶手带出入口保护开关如图 9-33 所示。

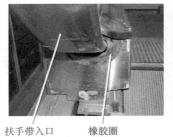

扶手带入口　　橡胶圈　　　　安全开关

图 9-33　扶手带出入口保护开关

2. 围裙板保护开关

自动扶梯在正常工作时，围裙板与梯级间应保持一定的距离，单边不大于 4mm，两边之和不超过 8mm。

为了防止异物夹入梯级和围裙板之间的间隙中，在自动扶梯上部或下部的围裙板的反面机架上装有微动的安全开关。一旦围裙板被夹而变形，致使 C 形件触动微动安全开关，自动扶梯即可断电停运。围裙板保护开关如图 9-34 所示。

3. 驱动链断链保护开关

自动扶梯上段装有驱动链断链保护开关，如图 9-35 所示。当自动扶梯的驱动链断链或过长，即碰到安全开关，安全开关动作，切断安全回路；同时电磁铁吸合，带动棘轮爪装置，使棘轮爪抓住链条，即紧急制动器动作，自动扶梯停止运行。（此保护装置仅仅使用于提升高度大于6m以及公共交通型自动扶梯。）

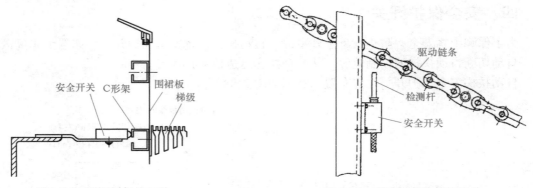

图 9-34　围裙板保护开关　　　　　　　　图 9-35　驱动链断链保护开关

4. 梯级链过长或断链保护开关

在自动扶梯下段机房内两边装有梯级链断链保护开关，如图 9-36 所示。当梯级链条由于磨损或其他原因过长时，即碰到安全开关，安全开关动作，使自动扶梯停止运行。

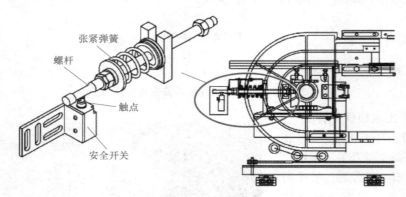

图 9-36　梯级链过长或断链保护开关

自动扶梯或自动人行道的下端部设有一牵引链张紧和断裂保护装置，它由张紧架、张紧弹簧及触点组成。当牵引链条由于磨损或其他原因而出现下列情况之一时：①梯级或踏板卡住；②牵引链条阻塞；③牵引链条的伸长超过了允许值；④牵引链条断裂；则触点触碰安全开关，切断电源，迫使自动扶梯或自动人行道停止运行。

5. 梳齿异常保护开关

在自动扶梯上下段的两边均装有梳齿异物保护开关，此开关安装在梳齿板下方斜块之前，如图 9-37 所示。当乘客的伞尖、高跟鞋或其他异物进入梳齿后，梳齿板向前移动，当移动到一定距离时，梳齿下方的斜块撞击安全开关，安全开关动作，使自动扶梯停止运行。

6. 梯级塌陷保护开关

在自动扶梯梯路上下曲线段各装有一个梯级塌陷保护开关，如图 9-38 所示。在梯级副轮上装有一角形件，另外在金属结构上装一个立杆，与一六方轴相连，开关安装在六方轴下面。当梯级损坏而塌陷时，角形件碰到立杆，六方轴随之转动碰击安全开关，安全开关动

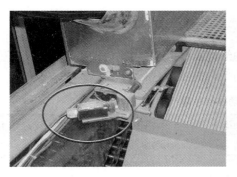

图 9-37　梳齿异物保护开关

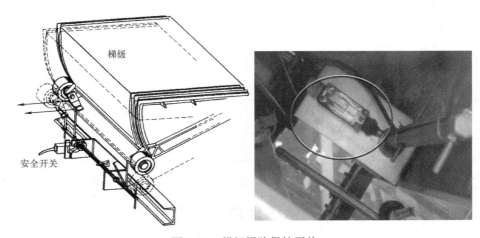

图 9-38　梯级塌陷保护开关

作，切断安全回路，自动扶梯停止运行。

7. 扶手带断带保护开关

在自动扶梯下段，装有扶手带断带保护开关，如图 9-39 所示。当自动扶梯在运行过程中扶手带断掉时，扶手带断带保护开关动作，切断安全回路，自动扶梯停止运行。

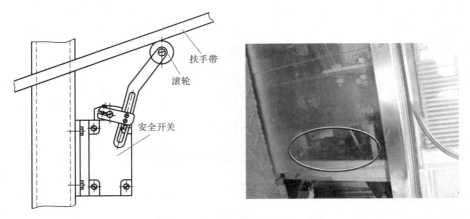

图 9-39　扶手带断带保护开关

五、故障代码显示

各安全开关与故障显示器印制电路板内的继电器线圈串接。在出现故障时，通过七段数码管显示故障代码，以便检查维修。某台自动扶梯的故障代码表见表9-1。

表9-1　某台自动扶梯故障代码表

故障显示号	故障点	代号	故障显示号	故障点	代号
1	上左梳齿异常保护开关	SS1	10	左扶手带断带保护开关	SF1
2	上左出入口保护开关	SC1	11	下梯级塌陷保护开关	STX
3	上梯级塌陷保护开关	STS	12	右梯级链保护开关	SYL
4	驱动链断链保护开关	SCL	13	下右梳齿异常保护开关	SS4
5	上右梳齿异常保护开关	SS2	14	下右出入口保护开关	SC4
6	上右出入口保护开关	SC2	15	右扶手带断带保护开关	SF2
7	上部围裙板保护开关	SW1 SW2	16	下部围裙板保护开关	SW3 SW4
8	左梯级链保护开关	SZL	17	接地故障保护、 急停热过载保护、相序保护	FU6、SJTI－4、 KR/KPH
9	下左梳齿异常保护开关	SS3	18	正常	

实训9.2　认识自动扶梯的电气设备

一、实训目的

掌握自动扶梯电气设备的结构和作用。

二、实训器材

用于教学且检验合格的自动扶梯。

三、实训内容

本实训主要由专职教师或电梯维保人员一边操作一边讲解。首先指导学生找出自动扶梯的控制箱、分线箱、安全照明、出入口开关及安全保护开关的安装位置，讲解其作用、结构和工作原理，使学生对自动扶梯的电气设备增加感性认识。

四、实训报告

自动扶梯电气设备的结构和作用。

实训9.3　自动扶梯的使用

一、实训目的

掌握自动扶梯的正常使用和检修使用的方法。

二、实训器材

用于教学且检验合格的自动扶梯。

三、实训内容

1. 自动扶梯的起动与停止

将钥匙插入上下出入口处围裙板上的锁孔，旋向梯级所需运动的方向。梯级开始运动，然后让钥匙复位到中间位置并拔出，起动操作即完毕。

自动扶梯在运动过程中，如需要停止运行，只要按下停止按钮即可。

实训中，观察自动扶梯能否按钥匙开关选定的方向起动；按下停止按钮时，自动扶梯能否停止运行。

2. 自动扶梯的正常与检修运行

正常运行时，必须将转换开关转到正常的运行位置，合上各电源开关。插入钥匙开关，即可使自动扶梯做上下正常运行。正常运行状态时，检修盒失效。检修运行状态时，钥匙开关失效。

在上机房或下机房将转换开关置于"检修"位置，将检修盒的插头插入，合上电源开关，则可点动控制上下行。

应当注意的是：需要改变运行方向，须自动扶梯可靠停止后，方能操作转换方向。当上下机房的转换开关同时置为"检修"时，自动扶梯既不能检修运行，也不能正常运行。

实训中，观察检修运行时，自动扶梯能否用钥匙开关起动；上下机房同时转到检修状态时，观察自动扶梯能否检修运行；用检修上行或下行按钮点动运行时，自动扶梯运行方向是否正确；检修运行过程中，能否用急停开关使自动扶梯停止运行。

注意：由于自动扶梯是特种设备，操作自动扶梯必须要取得相应职业资格，所以本实训学生要听从专业人员安排，不能私自动手操作自动扶梯。

四、实训报告

自动扶梯的使用方法。

实训9.4 自动扶梯的功能检验

一、实训目的

掌握自动扶梯各项功能的检验方法。

二、实训器材

用于教学且检验合格的自动扶梯。

三、实训内容

在自动扶梯三相五线制供电且供电电压正常情况下，接通主电源开关及控制电源主开关。对自动扶梯进行以下项目的功能检验。

1. 断相、错相保护装置

检验方法：在供电电源处分别断开各相电源或将相序调换，检查自动扶梯能否起动运行。

2. 主电动机保护：短路和过载保护

检验方法：检查短路保护的型式试验，人为短接，检查短路保护是否起作用；检查断路器设定容量是否合适，人为动作断路器，检查过载保护是否有效；在主电动机运行时，人为动作过载检测装置，检查保护装置是否起作用。动作完成后，检查主电动机再起动条件。

3. 附加制动器

除了提升高度为6m以下的普通型自动扶梯，都应设有附加制动器，且能强制断开控制电路，有效制动。

检验方法：外观目测检查，观察附加制动器是否工作。

4. 停止开关

自动扶梯出入口设有红色开关，并标有停止字样，该开关能自锁。

检验方法：按下停止按钮，自动扶梯应能停止运行。

5. 扶手带出入口保护开关

扶手带出入口保护开关在上下、左右两端设置且应有效（共4只）。

检验方法：用手指大小的橡胶棒插入扶手带入口，使该开关动作，自动扶梯应立即停止运行或不能起动。

6. 梯级链过长或断链保护开关

梯级链过长或断链保护开关在下端左右两侧设置且有效（共2只）。

检验方法：模拟梯级过分伸长或链断链，检查梯级链过长或断链保护开关能否动作，并且使自动扶梯停止运行；检查故障锁定功能是否有效，即只有手动复位该开关，自动扶梯才能重新起动。

7. 梯级塌陷保护开关

梯级塌陷保护开关在上下两端转向曲线段之前设置且应有效（共2只）。

检验方法：拆下1~2个梯级，将缺口检修运行至安全装置处。检查安全装置离梳齿相交线的距离是否大于工作制动器的最大制动距离（保证下陷的梯级或踏板不能到达梳齿相交线）；检查动作装置能否使安全装置动作，并且使自动扶梯停止运行；检查故障锁定功能是否有效。

8. 梳齿异常保护开关

梳齿异常保护开关在上下、左右两端设置且应有效（共4只）。

检验方法：拆去中间部位的梳齿板，用工具使梳齿板向后或向上移动，检查梳齿异常保护开关是否动作，自动扶梯能否起动。

9. 围裙板保护开关

围裙板保护开关在上下两端设置且应有效（共2只）。

检验方法：人为断开围裙板保护开关，自动扶梯应立即停止运行或不能起动。

10. 扶手带断带保护开关

扶手带断带保护开关在下端左右两侧设置且应有效（共2只）。

检验方法：人为断开扶手带断带保护开关，自动扶梯应立即停止运行或不能起动。

11. 非操纵逆转保护

自动扶梯或倾斜角不小于6°的自动人行道应设置非操纵逆转保护，使梯级、踏板或扶手带在改变规定运行方向时，自动停止运行。

检验方法：自动扶梯的非操纵逆转保护的检验是一个难题，因为不能完全模拟出自动扶梯在正常运行时突然发生意外逆转的危险工况，即逆转时的降速-停止-反向加速运行的这一过程。应根据自动扶梯制造厂提供的方法进行检验。

12. 检修控制功能

检修运行应是点动运行，各按钮应表明运行方向；检修运行时，钥匙开关功能必须无效，但安全开关应起作用；在上机房或下机房只能有一处转到检修运行。

检验方法：在上机房、下机房分别连接检修操纵盒，分别检查慢上、慢下按钮及急停开关，观察其动作是否正常；在上机房和下机房同时转到检修状态时，按下慢上、慢下按钮，观察能否运行。

13. 电源供应

动力、照明电源应互相独立分开；供电电源自进入机房或驱动站起，中性线和保护线应当始终分开。

检验方法：人为断开动力电源，照明电源仍工作；人为断开照明电源，动力电源仍工作。中性线和保护线是否分开，通过目测观察确认，必要时通过测量验证。

14. 主回路控制

主回路控制应有两个独立的切断电流的装置，如任何一个装置故障，应防止再运行。

检验方法：检查曳引电动机的供电回路是否要通过至少两个串接的接触器才能接通，人为按住其中一个主接触器触点不释放，停车，检查自动扶梯是否重新起动。

15. 制动回路控制

制动回路控制应有两个独立的切断电流的装置，如任何一个装置故障，应防止再运行。

检验方法：检查抱闸线圈的供电回路是否要通过至少两个串接的接触器才能接通，人为按住其中一个主接触器触点不释放，停车，检查自动扶梯是否重新起动。

16. 安全回路控制

安全回路控制应能直接切断主回路和制动器控制装置的电源。

检验方法：任一安全开关动作，断开曳引电动机和抱闸线圈的供电电源，防止驱动主机起动或立即停止运行，工作制动器起作用。

17. 扶手带的运行速度偏差

扶手带与梯级运行速度的允许偏差为0%~2%。

检验方法：用同步率测试仪等仪器分别测量左右扶手带和梯级速度，检查是否符合要求。

18. 自动扶梯制动距离

空载向下运行制动距离：额定速度为 0.5m/s 时，制动距离范围为 0.2~1.0m；额定速度为 0.65m/s 时，制动距离范围为 0.3~1.3m；额定速度为 0.75m/s 时，制动距离范围为 0.35~1.5m。

检验方法：制动距离从电气制动装置动作时开始测量，用仪器测量或标记测量。

19. 用钢板尺测量

1）水平段梯级高度差：不超过4mm。

2）围裙板与梯级间隙：单侧不超过4mm；两侧之和不超过8mm。

3）相邻梯级间的间隙：不超过6mm。

4）护壁板之间的间隙：不超过4mm，且边缘光滑。

5）梳齿与踏板面齿槽的啮合深度：不小于6mm（用塞尺）。

6）踏板面与梳齿根部间隙：不小于4mm（用塞尺）。

注意：由于自动扶梯是特种设备，操作自动扶梯必须要取得相应职业资格，所以本实训中学生们要听从专业人员安排，不能私自动手操作自动扶梯。

四、实训报告

自动扶梯的功能检验报告。

单元5　自动扶梯控制系统

下面介绍基于 PLC 和变频器的自动扶梯控制系统。

PLC 和变频器综合控制的自动扶梯优点：便于调整自动扶梯转速，起动和运行平稳；节能效果好，并且由于节能运行时速度很低，机械部分的磨损大大降低，相对延长了自动扶梯的使用寿命；大大降低了自动扶梯起动时对电网的冲击；变频器有完善的保护功能，在运行过程中能随时检测到各种故障，并显示故障类别（如电网瞬时电压降低、电网缺相、直流过电压、功率模块过热、电动机短路等），并立即封锁输出电压。

PLC 和变频器综合控制的自动扶梯功能：通过光电测量装置检测乘客信号，实现无人乘梯时，扶梯低速运行，处于低能耗状态；有人乘梯时，当有乘客到达入口时，扶梯立即自动平稳过渡到额定速度运行；乘客离开扶梯后若再无乘客，扶梯自动转入低速运行。同时为了保证检修人员作业安全及便于检修，检修速度以 1/2 额定速度运行。

PLC 和变频器综合控制自动扶梯功能设计：

1）在自动扶梯上下入口处各安装一个光电开关，用于检测乘客的上行及下行情况，如图 9-40 所示。自动扶梯既可选择为上行，也可选择为下行。

2）乘客通过扶梯时，光电开关发出信号给变频器，变频器立即加速到多段速频率 1，使扶梯高速运行。设为额定运行速度，假设为 0.5m/s，加速时间

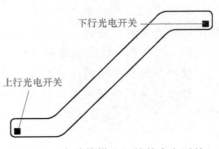

图 9-40　自动扶梯入口处的光电开关

可根据实际情况进行调整，以达到舒适感。

3）扶梯高速运行时，若在30s内光电开关没有检测到乘客上扶梯，变频器自动切换到多段速频率2，扶梯自动转入爬行状态。两个光电开关在任一运行方向上只有一个有效，即扶梯上行时上行方向传感器有效，反之亦然。设爬行速度为0.1m/s，减速时间可根据实际情况进行调整。

4）检修运行时，变频器切换到多段速频率3，检修速度设为0.25m/s。

5）当扶梯处于下行状态时，在变频器上加装制动电阻，用来吸收制动过程产生的能量。

一、自动扶梯控制系统硬件接线

自动扶梯控制系统一般由主电路、控制电路、安全电路、抱闸制动电路、油泵电动机电路等几部分组成。基于PLC和变频器的自动扶梯控制系统电气设备见表9-2。

表9-2 基于PLC和变频器的自动扶梯控制系统电气设备表

序号	电气设备名称	序号	电气设备名称
1	曳引电动机	21	上部出入口保护开关（左右）
2	抱闸线圈	22	下部出入口保护开关（左右）
3	PLC	23	上部梳齿异常保护开关（左右）
4	变频器	24	下部梳齿异常保护开关（左右）
5	直流电抗器	25	上部围裙板保护开关（左右）
6	制动电阻	26	下部围裙板保护开关（左右）
7	输入接触器	27	驱动链断链保护开关
8	输出接触器	28	上部梯级塌陷保护开关
9	抱闸接触器	29	下部梯级塌陷保护开关
10	油泵接触器	30	梯级链断链保护开关（左右）
11	油泵电动机	31	扶手带断带保护开关（左右）
12	上钥匙开关	32	上行光电开关
13	下钥匙开关	33	下行光电开关
14	上停止按钮	34	上机房正常-检修运行转换开关
15	下停止按钮	35	下机房正常-检修运行转换开关
16	上部控制箱急停开关	36	安全继电器
17	下部分线箱急停开关	37	检修慢上按钮
18	三相断路器	38	检修慢下按钮
19	熔断器	39	检修停止按钮
20	相序继电器	40	蜂鸣器

1. 主电路

通过变频器控制电动机的正反转，使电动机按照变频器设定的3个速度运行。主电路电路图如图9-41所示。

主电路配备的硬件设备：

1）富士 G11UD 变频器：主要用于控制电动机的运行。

2）三相断路器 QF：主要用作线路的过载和短路保护。

3）输入接触器 KM1：用作变频器的保护功能动作或外部信号动作，使变频器电源被切断。

4）输出接触器 KM2：用于避免外部电源直接加至变频器输出端子（U、V、W）上。

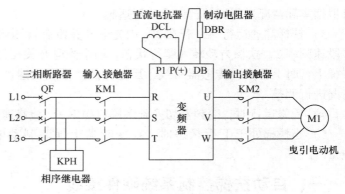

图 9-41　主电路电路图

5）制动电阻器 DBR：将电动机减速时产生的再生能源作为热消耗，并提高变频器的制动能力。

6）直流电抗器 DCL：主要用于协调电源，改善输入功率因数，降低谐波。

2. 控制电路

变频器和 PLC 综合控制电路图如图 9-42 所示。

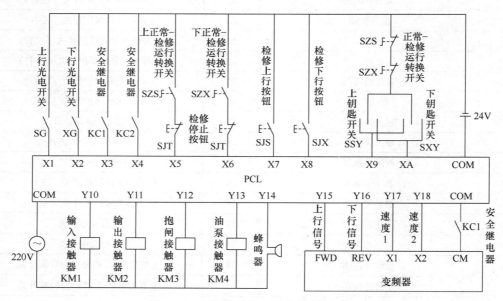

图 9-42　变频器和 PLC 综合控制电路图

控制电路配备的硬件设备：

1）PLC 选用富士 SPB 系列 NW0P30R－31，其有 30 点基本单元，16 点输入，14 点继电器输出。

2）PLC 外围控制输入设备：上/下行光电开关，上/下钥匙开关，上/下机房正常-检修运行转换开关，检修上行、下行、停止按钮，以及检测安全回路状态的安全继电器的常开触点。

3）PLC 外围控制输出设备：输入接触器、输出接触器、抱闸接触器、变频器的控制回路、油泵接触器及蜂鸣器。

3. 安全电路

为了保障乘客安全，防止发生意外事故，自动扶梯设置安全保护开关，如遇到非正常状况，自动切断自动扶梯的控制电源，使自动扶梯迅速地停止运行。

安全保护开关包括：上停止按钮、上部控制箱急停开关、热过载保护触点、缺相和错相保护触点、下部分线箱急停开关、下停止按钮、上部出入口保护开关（左右）、上部梳齿保护开关（左右）、驱动链断链保护开关、上部围裙板保护开关（左右）、上部梯级塌陷保护开关、下部梯级塌陷保护开关、梯级链断链保护开关（左右）、扶手带断带保护开关（左右）、下部围裙板保护开关（左右）、下部出入口保护开关（左右）、下部梳齿异常保护开关（左右），共25个开关。

将各安全开关串联在一起，就构成了安全电路。安全电路如图9-43所示。安全电路接通后，自动扶梯才能运行。自动扶梯于运行中突然停车，极大可能是安全电路的安全保护开关动作造成的。

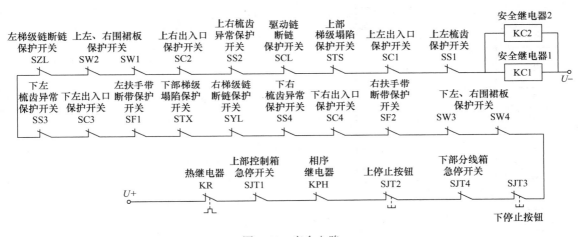

图9-43 安全电路

4. 抱闸制动电路

抱闸制动电路如图9-44所示。

扶梯起动、运行阶段，抱闸线圈通电，制动器松闸；扶梯停止运行，抱闸线圈断电，制动器抱闸。抱闸线圈两端电压是AC 220V。

5. 油泵电动机电路

油泵电动机配置三相异步电动机，额定电压AC 380V。油泵电动机电路如图9-45所示。

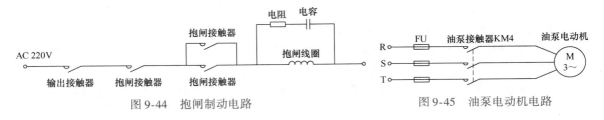

图9-44 抱闸制动电路

图9-45 油泵电动机电路

自动扶梯油路原理：

1）自动加油功能：当自动扶梯累计运行时间达到12h时，自动加油装置累计工作300s自停。

2）手动加油功能：当自动扶梯需要加油时，除了自动加油外，还可手动加油。手动加油时，自动扶梯在运行状态下，接通钥匙开关6s，加油装置累计工作300s后停止。

二、自动扶梯控制系统的软件设计

1. 变频器参数设置（见表9-3）

表9-3 变频器参数设置表

功能码	名 称	设定值	注 释
P02	电动机容量		根据曳引电动机的额定功率设置
P03	电动机额定电流		根据曳引电动机的额定电流设置
P99	电动机选择		设定电动机选择
F01	频率设定1	0	触摸式面板键操作
F02	运转、操作	1	设定外部信号控制运转
F07	加速时间	2s	设定加速时间为2s
F08	减速时间	6s	设定减速时间为6s
F14	瞬间停电再起动	5	设定瞬时停电再起动动作（以初始频率开始再起动，低惯性负载）
F15	频率限制上限	50.0Hz	设定频率上限为50.0Hz
F16	频率限制下限	0.0Hz	设定频率下限为0.0Hz
E01	端子X1	0	端子X1对应多步频率选择的『SS1』
E02	端子X2	1	端子X2对应多步频率选择的『SS2』
E98	端子FWD	98	设定FWD为正转运转、停止指令
E99	端子REV	99	设定REV为反转运转、停止指令
C05	多步频率1	50Hz	设定多步频率为50Hz
C06	多步频率2	10Hz	设定多步频率为10Hz
C07	多步频率3	20Hz	设定多步频率为20Hz

2. PLC控制的软件编程

（1）运行方向控制 自动扶梯运行方向控制梯形图如图9-46所示。安全回路接通，扶梯才能运行；用钥匙开关控制扶梯运行的方向；检修运行时，钥匙开关无效；上机房或下机房均可检修运行；上机房和下机房同时处于检修状态时，扶梯无法检修运行。

（2）主回路和抱闸回路控制 安全电路接通，PLC一上电，输入接触器得电；接收到运行信号时，输出接触器、抱闸接触器同时得电；运行信号消失时，输出接触器、抱闸接触器同时失电。主回路和抱闸回路控制梯形图如图9-47所示。

（3）开梯铃声提示控制 开梯后铃声响3s，提示扶梯已经开始运行。开梯铃声提示控制梯形图如图9-48所示。T0000是10ms时基的时间继电器。

（4）速度控制 自动扶梯正常运行时：有乘客时，触发光电开关，启动额定速度1；当最后一名乘客离开扶梯30s后，还没有乘客乘梯时，启动爬行速度2；扶梯检修运行时，触发速度端子1和2，启动检修速度3。自动扶梯速度控制梯形图如图9-49所示。T0001定时器是10ms时基定时器。

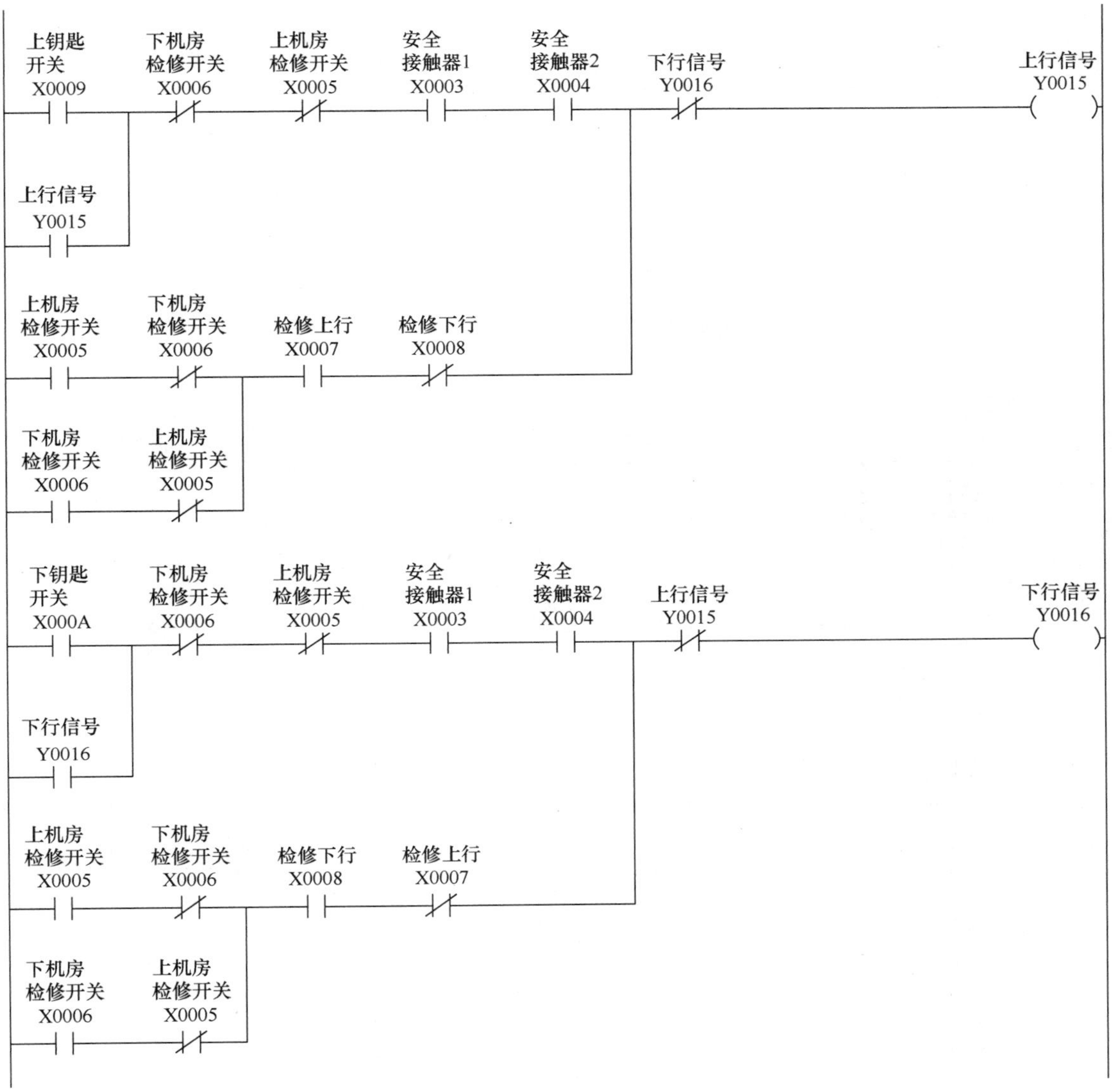

图 9-46 运行方向控制梯形图

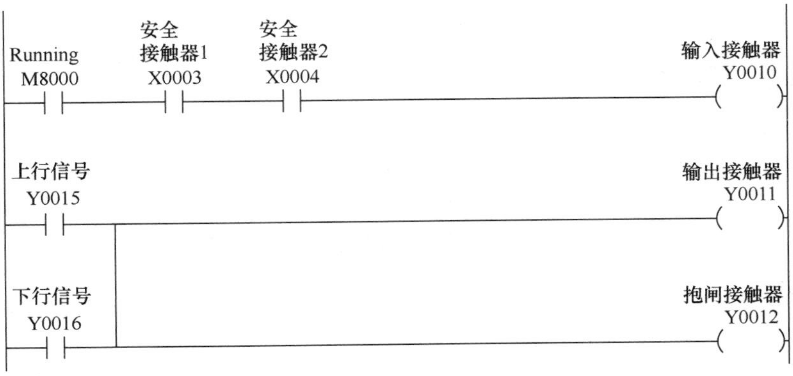

图 9-47 主回路和抱闸回路控制梯形图

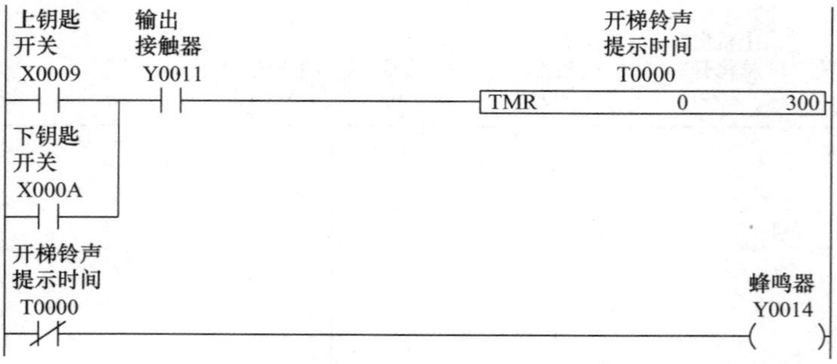

图 9-48　开梯铃声提示控制梯形图

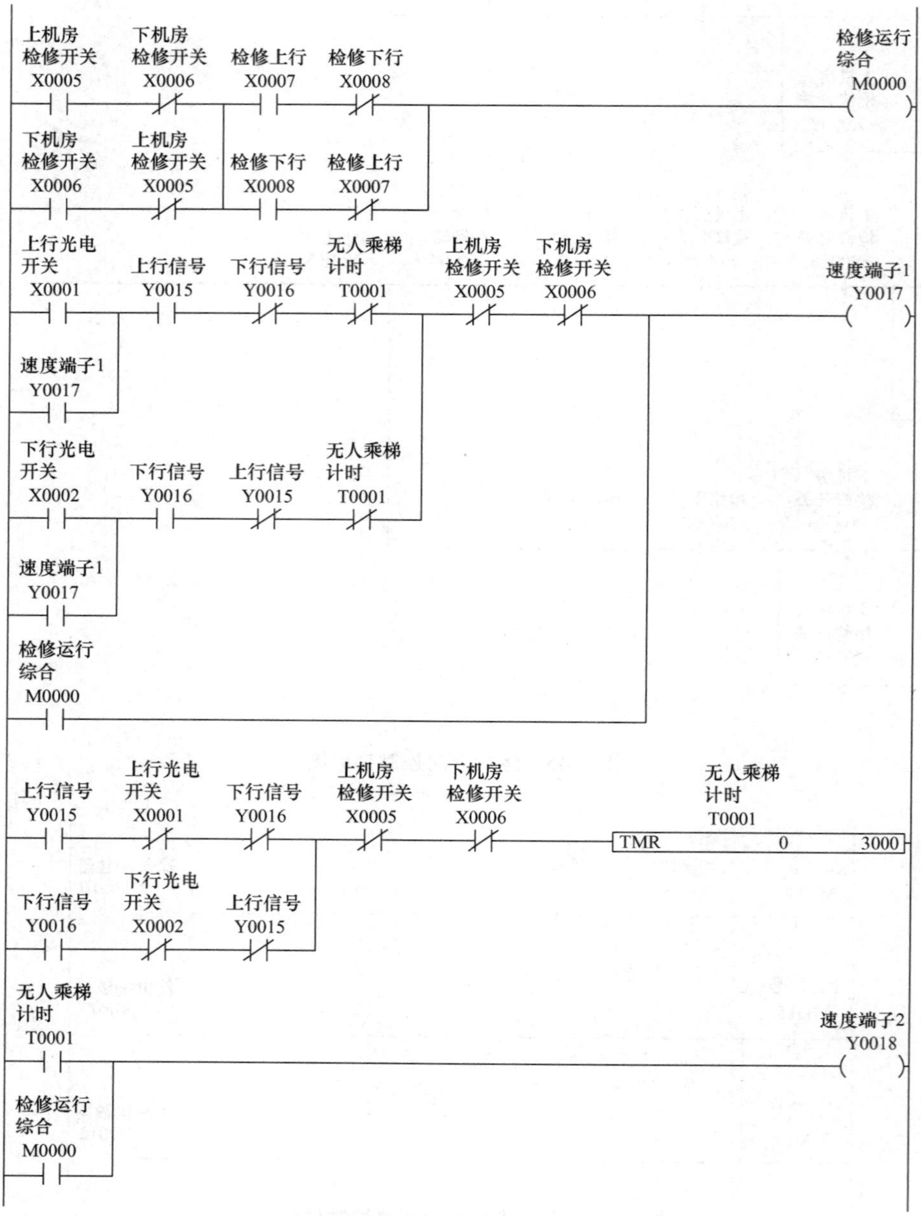

图 9-49　速度控制梯形图

（5）油泵加油控制　自动扶梯开梯运行后，每隔1h加油10min。油泵加油控制梯形图如图9-50所示。T0002和T0003定时器是10ms时基定时器。

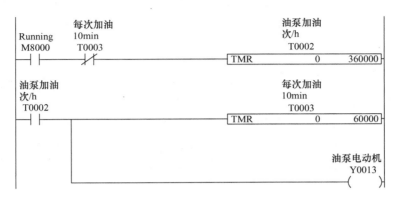

图9-50　油泵加油控制梯形图

实训9.5　基于PLC和变频器的自动扶梯控制系统

一、实训目的

1. 掌握基于PLC和变频器的自动扶梯控制系统硬件接线的特点和原理。

2. 掌握基于PLC和变频器的自动扶梯控制系统软件设计方法。

二、实训器材

用于教学且检验合格的自动扶梯。

三、实训内容

1. 画出基于PLC和变频器的自动扶梯控制系统的整体电路图。

2. 对自动扶梯进行功能设计，然后根据控制要求编制梯形图程序。

四、实训报告

自动扶梯控制系统的硬件电路图和软件梯形图程序。

一、判断题

1. （　　）自动扶梯的输送能力由运行速度和梯级宽度决定。

2. （　　）自动扶梯需要改变运行方向时，须扶梯可靠停止后，才能操作转换方向。

3. （　　）梯级的辅轮轮轴与牵引链条铰接在一起。

4. （　　）自动扶梯扶手带驱动与梯级驱动分别由不同的驱动装置驱动。

5. （　　）自动扶梯扶手带的运行应稍微落后于梯级的运行。

6. （　　）工作制动器均为常闭式制动器，即在通电的情况下处于制动状态。

7. （　　）自动扶梯制动距离是指满载向下运行时的制动距离。

8. （　　）自动扶梯在驱动机组与驱动主轴间用传动链条进行连接时，一旦传动链条突然断裂，工作制动器应立即动作，使自动扶梯停止运行。

9. （　　）转向壁与上分支辅轮导轨和下分支辅轮导轨相连接。

10. （　　）扶手带在运动时会产生静电，所以需要装设扶手带去静电装置。

11. （　　）自动扶梯的机械零件经过运动摩擦后会产生大量热量，所以需要配有自动加油润滑装置。

12. （　　）自动扶梯检修运行时，钥匙开关依然有效。

13. （　　）当自动扶梯的上下机房正常-检修运行转换开关同时置为"检修"时，可以检修运行，却不能正常运行。

14. （　　）检修控制装置使用时，安全开关可以不起作用。

15. （　　）倾斜角为35°的扶梯，提升高度不得超过6m，额定速度不超过0.5m/s。

16. （　　）自动扶梯主机的制动器回路需要两套独立的电气装置中断其供电，其主回路则不需要。

二、选择题

1. （　　）自动扶梯设置扶手带出入口保护开关，使_____免受伤害。

A. 扶手带　　　　　B. 人的手指和手　　　C. 围裙板　　　　　D. 梳齿板

2. （　　）自动扶梯和自动人行道的围裙板设置在梯级、踏板或扶手带的两侧，任何一侧的水平间隙应不大于_____mm，在两侧对称位置测得的间隙总和应不大于_____mm。

A. 3；7　　　　　　B. 3；8　　　　　　C. 4；7　　　　　　D. 4；8

3. （　　）扶手带的运行速度相对于梯级、踏板的运行速度允许偏差为_____。

A. -2%～2%　　　　B. 0%～2%　　　　　C. -1%～1%　　　　D. 0%～1%

4. （　　）自动扶梯设置扶手带出入口保护开关，使_____免受伤害。

A. 电梯　　　　　　B. 乘客　　　　　　C. 乘客携带物品　　D. 维修人员

5. （　　）自动扶梯的提升高度是指_____。

A. 所有梯级高度的总和　　　　　　B. 一个梯级的高度

C. 电梯入口至出口的距离　　　　　D. 电梯出入口两楼层板之间的垂直距离

6. （　　）自动扶梯的驱动装置通常位于自动扶梯的_____。

A. 上端部　　　　　B. 中间部　　　　　C. 下端部　　　　　D. 侧位部

7. （　　）由于自动扶梯的安全装置较多，分布在各个部位，一旦发生故障，则必须进行及时检修，恢复正常运行。根据用户需要，在电气控制箱内装一个_____，可以节省检修时间，尽最快速度排除故障。

A. 故障显示器　　　B. 故障蜂鸣器　　　C. 检修装置　　　　D. 以上都是

8. （　　）为了确保自动扶梯的正常工作，桁架结构必须有足够的_____。

A. 直线度　　　　　B. 水平度　　　　　C. 直线度和水平度　D. 强度和刚度

9. （　　）扶手带的运行是靠_____来驱动的。

A. 摩擦　　　　　　B. 齿轮　　　　　　C. 传动带　　　　　D. 磁力

10. （　　）当梯级与梳齿板啮合运动有异物卡住时，梳齿板向后移动，_____安全开关，使扶梯停止运行。

A. 切断　　　　　　B. 接通　　　　　　C. 切断或接通　　　D. 以上都不对

11. （　　）_____是自动扶梯的动力源，它通过主驱动链，将动力传递给梯级系统和扶手系统。

    A. 电动机   B. 控制柜   C. 主电源开关   D. 驱动装置

三、填空题

1. 自动扶梯是带有循环运行_____，用于向上或向下倾斜输送乘客的固定_____设备。

2. 自动扶梯的额定速度是指在_____时，梯级在运行方向上的速度。

3. 自动扶梯的提升高度是指起点和终点间的_____或输送的两个楼面间的_____。

4. 自动扶梯传动分为_____的载客升降运动和_____的同步运动。

5. 扶手带与梯级的同步误差为_____。

6. 自动扶梯的骨架结构和承载部件是_____。

7. 梯级由_____、_____、_____、_____等部分组成。

8. 自动扶梯驱动装置将动力传递给_____系统和_____系统。

9. 自动扶梯配用的制动器包括：_____、_____、_____。

10. 正常停车时使用的制动器是_____制动器，紧急情况时使用的制动器是_____制动器。

11. 自动扶梯的梯路分为_____分支和_____分支。

12. _____将与上分支辅轮导轨和下分支辅轮导轨相连接。

13. _____可以使牵引链条获得初始张力，牵引链条的伸长得到补偿。

14. 梯级的主轮轮轴与_____铰接在一起，而辅轮轮轴直接安装在_____上。

15. 自动扶梯制动距离，空载向下运行制动距离：额定速度为 0.5m/s 时，制动距离范围为_____；额定速度为 0.65m/s 时，制动距离范围为_____；额定速度为 0.75m/s 时，制动距离范围为_____。

四、简答题

1. 简述链条式自动扶梯的工作原理。

2. 简述摩擦轮驱动扶手系统的工作原理和特点。

参 考 文 献

[1] 张琦. 现代电梯构造与使用 [M]. 北京：清华大学出版社，2004.

[2] 陈家盛. 电梯实用技术教程 [M]. 北京：中国电力出版社，2006.

[3] 阮友德. 电气控制与 PLC 实训教程 [M]. 北京：人民邮电出版社，2006.

[4] 刘剑，朱德文，梁质林. 电梯电气设计 [M]. 北京：中国电力出版社，2006.

[5] 朱德文，刘剑. 电梯安全技术 [M]. 北京：中国电力出版社，2007.

[6] 常路德，常树斌，常路平，等. 电梯专用变频器调试手册 [M]. 北京：人民邮电出版社，2007.

[7] 叶安丽. 电梯控制技术 [M]. 2 版. 北京：机械工业出版社，2008.

[8] 吴志敏，阳胜峰. 西门子 PLC 与变频器、触摸屏综合应用教程 [M]. 北京：中国电力出版社，2009.

[9] 何乔治，熊春龄，何峰峰. 自动扶梯与自动人行道基本结构及安装维修 [M]. 北京：中国电力出版社，2004.

[10] 全国电梯标准化技术委员会. 电梯、自动扶梯、自动人行道术语：GB/T 7024—2008 [S]. 北京：中国标准出版社，2009.

[11] 全国电梯标准化技术委员会. 自动扶梯和自动人行道的制造与安装安全规范：GB 16899—2011 [S]. 北京：中国标准出版社，2011.

[12] 中国机械工业联合会. 电梯制造与安装安全规范：GB 7588—2003 [S]. 北京：中国标准出版社，2003.

[13] 段晨东，张彦宁. 电梯控制技术 [M]. 北京：清华大学出版社，2015.

[14] 董慧敏. 变频器应用技术 [M]. 北京：清华大学出版社，2017.

[15] 中华人民共和国国家质量监督检验检疫总局. 电梯监督检验和定期检验规则：自动扶梯与自动人行道：TSG T7005—2012 [S]. 北京：新华出版社，2020.

[16] 富士电机（中国）有限公司. FRENIC – MiNi 紧凑型变频器使用说明书 [Z]. 2002.

[17] 富士电机（中国）有限公司. 富士可编程序控制器 SPB 系列用户手册 [Z]. 2001.

[18] 富士电机（中国）有限公司. MICREX – SX 系列富士基板控制器用户手册 [Z]. 2001.

[19] 北京燕园图新电梯自动化技术有限公司. 仿真模拟电梯说明手册 [Z]. 2006.

[20] 上海辛格林纳新时达电机有限公司. AS320 系列电梯专用变频器操作手册 [Z]. 2016.

[21] 艾默生网络能源有限公司. EV3100 系列电梯专用变频器用户手册 [Z]. 2008.

[22] 富士电机（中国）有限公司. 富士变频器 FRN – Lift 电梯专用变频器调试使用说明书 [Z]. 2009.